TURING
图灵程序
设计丛书

SQL进阶教程

第2版

[日] MICK 著　　吴炎昌 侯振龙 译

DB2
Oracle
MySQL
PostgreSQL
SQL Server

U0300021

人民邮电出版社
北　京

图书在版编目（CIP）数据

SQL 进阶教程 /（日）MICK 著；吴炎昌，侯振龙译
. -- 2 版 . -- 北京：人民邮电出版社，2023.2
（图灵程序设计丛书）
ISBN 978-7-115-60976-2

Ⅰ.①S… Ⅱ.①M… ②吴… ③侯… Ⅲ.①关系数据
库系统—教材 Ⅳ.①TP311.132.3

中国国家版本馆 CIP 数据核字 (2023) 第 003581 号

内 容 提 要

　　本书是畅销书《SQL 基础教程》的作者 MICK 为志在向中级进阶的数据库工程师编写的一本 SQL 技能提升指南。全书可分为两大部分。第一部分介绍了 SQL 语言不同寻常的使用技巧，带领读者重新认识 CASE 表达式、窗口函数、自连接、EXISTS 谓词、HAVING 子句、外连接、行间比较、集合运算、数列处理等 SQL 常用技术，发掘它们的新用法。这部分不仅穿插讲解了这些技巧背后的逻辑和相关知识，而且辅以丰富的示例程序，旨在帮助读者从面向过程的思维方式转换为面向集合的思维方式。第二部分介绍了关系数据库的发展史，并从集合论和逻辑学的角度讲述了 SQL 和关系模型的理论基础，旨在帮助读者加深对 SQL 语言和关系数据库的理解。此外，本书很多节的末尾设置有练习题，并在书末提供了解答，方便读者检验自己对书中知识点的掌握程度。

　　本书适合具有半年以上 SQL 使用经验、已掌握 SQL 基础知识和技能、希望提升自己编程水平的读者阅读。

◆ 著　　　　　[日] MICK

　　译　　　　　吴炎昌　　侯振龙

　　责任编辑　　高宇涵

　　责任印制　　彭志环

◆ 人民邮电出版社出版发行　　　北京市丰台区成寿寺路 11 号

　　邮编　100164　　电子邮件　315@ptpress.com.cn

　　网址　https://www.ptpress.com.cn

　　北京天宇星印刷厂印刷

◆ 开本：800×1000　1/16

　　印张：22　　　　　　　　2023 年 2 月第 2 版

　　字数：455 千字　　　　　2025 年 5 月北京第 10 次印刷

　　著作权合同登记号　图字：01-2019-1634 号

定价：89.80 元

读者服务热线：(010)84084456-6009　　印装质量热线：(010)81055316

反盗版热线：(010)81055315

译者序

我曾在日本从事多年软件开发工作，工作中经常会跟各种数据库打交道，编写 SQL 代码也是常有的事情。但是对于 SQL 语言，我当时也只是通过大学里的一门讲授数据库系统的课程了解了基本的语法，在工作中积累了一些实用的经验而已，并没有进行过非常深入的研究。于是，我便打算找一本深入一些的书，最好是面向有一定编程经验的读者的，系统地学习一下。

后来我在书店遇见了 MICK 先生的这本书，翻看了前言和部分内容后，我便认为这本书正是我需要的，于是当场决定买下了。

几年过去，我由于个人原因回国了，工作中也不再使用日语，便想着借着业余时间翻译一些优秀的日语技术书。当图灵公司的老师问我是否有意向翻译这本书时，我立刻就答应了。当初回国时为了缩减行李，我只保留了几本日语原版的技术书，这本就是其中之一。有机会将这样一本多年前结缘、至今仍躺在我书架上的好书翻译成中文版，我实在没有什么理由拒绝。

这本书，我认为是作者的用心之作。书中大部分内容来自作者记录自己的实践总结和日常思考的个人博客，最大的特点是理论与实践相结合，除了讲述应该怎么做，还解释了其背后的原理。全书包含两部分内容，第一部分介绍了 SQL 在使用方面的一些技巧，第二部分介绍了关系数据库相关的内容。第一部分在介绍 SQL 的使用技巧时，作者并没有上来就展示各种酷炫的招式，而是先以简单的问题或者例题引出将要讨论的内容，在讲解之后进一步扩展，由点及面地引出更深的话题或者背后的原理。这种由浅入深的讲述方式，符合一般的学习习惯，读者能在轻松愉悦的阅读过程中，跟着作者一起思考，自然而然地掌握相应的思考方式。第二部分在介绍关系数据库时，作者先介绍了关系数据库诞生的历史背景及其解决的问题。关系数据库已经诞生了几十年，为了让现在的读者理解当初的问题和背景，作者大量引用了"关系数据库之父"埃德加·弗兰克·科德和关系数据库领域权威专家 C.J. 戴特的文献和言论，并按自己的理解给出了分析与解释，力图使读者体会到伟大人物在技术革新之际的心路历程。除此之外，在第二部分中，作者还从集合论和逻辑学的角度讲述了 SQL 和关系模型的理论基础。对于该部分内容，作者充分运用了自己在相关领域的深厚积累，以深入浅出的方式进行了阐述，我认为非常精彩。

书中引用了许多经典的图书和文献，作者都在边注和书末的参考文献中给出了详细的出处，方便有需要的读者进一步研读。更加可贵的是，在大多数小节的末尾，作者还提出了两三个精心设计的小问题。这些问题是正文内容的扩展和延伸，非常利于读者巩固相应的知识点。而且，针对这些问题，作者也给出了详细的解答，并指出了读者容易犯的错误。

推荐数据库工程师、经常需要和数据库打交道的软件工程师，以及所有希望提升 SQL 水平的读者阅读本书。在翻译过程中，我尽力还原了作者的意图，但是由于水平有限，难免存在问题，欢迎读者批评指正。读者在阅读中有任何问题，都可以通过电子邮件（ensho_go@hotmail.com）和我取得联系。

吴炎昌

2017 年 9 月

于北京

前言

距离本书第 1 版发行已经过去 10 年。当时，笔者是首次写书，完全不知道该如何通过写作来表达自己的见解。幸运的是，该书得到众多好评，成为一本长销的 SQL 图书。多亏大家的支持，才有了这次的修订，所以首先要感谢大家给我第 2 次机会。

本书之所以长销，最大的原因就是关系数据库和 SQL 的寿命较长。虽然 NoSQL 等数据库也兴盛起来，但关系数据库对许多系统的持久层来说仍然是首选。SQL 不但未被淘汰，反而凭借其直观、优秀的接口利器，延伸到了专业程序员和工程师之外的终端用户。不过，SQL 在这 10 年中也发生了巨大的变化。现在的 SQL 不仅要处理之前难以想象的大量数据，而且其相应的分析业务也不再是一小部分专家的任务。为了满足时代需求，SQL 的功能也大幅增加。本书第 2 版跟随这种新趋势，针对现代 SQL 编程进行了更新。特别是第 1 版中因 DBMS 支持不足而未广泛使用的窗口函数，在第 2 版中也得到了全面使用。

针对没有读过第 1 版的读者，笔者概括说明一下本书的主旨，那就是"中级 SQL 编程入门"。本书的目标读者是在实际工作中有半年到一年 SQL 编程经验的人。说得更直接一点，就是试着读过乔·塞尔科的《SQL 权威指南》[①]，但是最终放弃了的人（本书第 1 版中的一些内容原本也是对该书部分内容的详细解读）。

本书会介绍 SQL 的诸多工具，如 CASE 表达式、窗口函数、外连接、关联子查询、HAVING 子句和 EXISTS 谓词等。如果读者能大致掌握或者使用过这些基本语法，就能够流畅阅读本书。在本书的第 1 章中，每节都会介绍一种 SQL 工具，并通过案例介绍这种工具便利的使用方法。请大家在学习时务必实际动手执行一下书中的示例代码。大家可以从前往后依次阅读，也可以跳过已经了解的章节或从自己感兴趣的章节开始阅读。

另外，本书的目标读者中还包含了另一类人，那就是与个人水平无关，只是想知道"SQL 是什么"的读者。这样说可能有点奇怪，但实际上，SQL 是一种"不可思议"的语言。一些初学者认为 SQL 就是一种能够轻松实现简单操作的便捷语言，但稍微深入理解之后，就会发现它的不可思议之处，比如出现难以理解的语言规范，或者要实现复杂的操作时，语法变得非常复杂。为什么关于 NULL 的 SQL 操作会如此混乱？为什么像使用关联子查询进行行间比较这么难的语法是必不可少的？为什么没有像面向过程语言中的循环和变量那样的便捷工具？为什么在 SQL 中想表达"所有的"会这么难呢？……

---

① 原书名为 *Joe Celko's SQL for Smarties: Advanced SQL Programming*，共有 5 版，国内引进了第 4 版，书名为《SQL 权威指南（第 4 版）》，王渊、钟鸣、朱巍译，人民邮电出版社 2013 年出版。——编者注

如果对于这些疑问，有的人基于一定程度上的理解，认为"就是这样的"，那也无可厚非。实际上，虽然许多工程师和程序员对 SQL 怀有不满，但仍然会使用它。他们认为虽然深入使用 SQL 会很麻烦，但如果"保持适当的距离"，SQL 在工作上还是一个很好的帮手的。不过，有些人也想详细了解自己所使用的工具。对于这类读者，本书将充分满足其好奇心，**书中介绍了许多背景知识，如 SQL 的原理和发明 SQL 的人是如何将其创建成现在这种形式的**。本书的第 2 章会回答关于 SQL 语言本体的一些疑问。当然，笔者不敢断言能够解答所有的疑问，但本书提及的内容会帮助大家理解 SQL 语言的本质。

诚然，本书能够帮助大家提升 SQL 编程水平，但笔者还是希望能够让大家感受到探查编程语言这种文化产物的乐趣。

欢迎大家来到不可思议又有趣的 SQL 世界。

阅读本书时的注意事项

运行环境

本书中出现的 SQL 语句原则上都是按照标准 SQL（SQL:2003）来写的。因此，主流 DBMS 的最新版都可以执行（几乎所有的）示例代码。对于一些依赖具体数据库实现的地方，本书会有明确的说明。

示例代码在以下的 DBMS 中运行确认过。

- Oracle Database 12cR2
- PostgreSQL 10.3
- MySQL 8.0.2

本书的 SQL 语句省略了指定表的别名的关键字 AS。这是为了避免 SQL 程序在 Oracle 数据库中出错。在其他的 DBSM 中，省略了 AS 也不会出错。

关于本书第 1 版

2017 年出版的《SQL 进阶教程》是根据日本翔泳社面向开发者开设的网络媒体 CodeZine 上连载的以下内容编辑而成的。

- 《SQL 进阶教程》（2006 年 6 月—2007 年 7 月）

笔者从整体出发重新审视并更新第 1 版的内容，由此产生了本书第 2 版。除上述内容之外的知识点和参考文献都会在书中标明。

下载配套资料

本书的配套资料（示例代码）可以从下面的网址下载。

ituring.cn/book/2724（点击页面中的"随书下载"）

本书中出现的主要人物

本书中会频繁提及一些人物。即使不知道他们，也不会对理解内容产生影响，不过作为预备知识，笔者还是先简单说明一下相关内容。

- 埃德加·弗兰克·科德（E. F. Codd，1923—2003）：1969 年在 IBM 工作时，提出了成为关系数据库和 SQL 原型的关系模型理论，被誉为"关系数据库之父"。
- C. J. 戴特（C. J. Date，1941— ）：与科德是好朋友，是致力于关系数据库发展的技术咨询工程师，还编写了一些优秀的教材。
- 乔·塞尔科（Joe Celko，1947— ）：专门研究关系数据库和 SQL 的技术咨询工程师，撰写了关于 SQL 的经典力作《SQL 权威指南》。笔者曾使用他撰写的书来学习 SQL。

目录

第 **1** 章

神奇的SQL

1-1 CASE 表达式

▶ 在 SQL 里表达条件分支

　　CASE 表达式是 SQL 里非常重要而且使用起来非常便利的技术，我们应该学会用它来描述条件分支。能否熟练掌握 CASE 表达式，可以说是 SQL 初级者和中级者之间的区别。本节将通过行列转换、已有数据重分组（分类）、与约束的结合使用、针对聚合结果的条件分支等例题，来介绍 CASE 表达式的用法。

写在前面

　　CASE 表达式是从 SQL-92 标准开始被引入的。它虽然已经被引入了二十多年，但在主流 DBMS 中仍然可以正常使用。不过，可能因为它是相对较新的技术，所以尽管使用起来非常便利，但人们（尤其是初级者）并不怎么理解其真正的价值。很多人不用它，或者用它的简略版函数，例如 DECODE（Oracle）、IF（MySQL）等。然而，正如著名的 SQL 专家乔·塞尔科所说，CASE 表达式也许是 SQL-92 标准里加入的最有用的特性。如果能用好它，那么 SQL 能解决的问题就会更广泛，写法也会更加漂亮。而且，CASE 表达式是不依赖于具体数据库的技术，具有提高 SQL 代码的可移植性等优点 ❶。

注❶

例如，DECODE 是 Oracle 用户很熟悉的函数，它有以下 4 个不如 CASE 表达式的地方。

· 它是 Oracle 独有的函数，所以不具有可移植性
· 分支数最多支持 127 个（参数上限为 255 个，1 个分支需要 2 个参数）
· 如果分支数增加，代码会变得非常难读
· 表达能力较弱。具体来说，就是参数里不能使用谓词，也不能嵌套子查询

CASE 表达式的写法

　　首先，我们来学习一下基本的写法。CASE 表达式有简单 CASE 表达式（simple case expression）和搜索 CASE 表达式（searched case expression）两种写法，它们分别如下所示。

■ CASE 表达式的写法

```
-- 简单 CASE 表达式
CASE sex
    WHEN '1' THEN '男'
    WHEN '2' THEN '女'
ELSE '其他' END


-- 搜索 CASE 表达式
```

```
CASE WHEN sex = '1' THEN '男'
     WHEN sex = '2' THEN '女'
ELSE '其他' END
```

　　这两种写法的执行结果是相同的，sex 列（字段）如果是 '1'，那么结果为男；如果是 '2'，那么结果为女。简单 CASE 表达式正如其名，写法简单，但能实现的事情比较有限。简单 CASE 表达式能写的条件，搜索 CASE 表达式也能写，所以本书基本上采用搜索 CASE 表达式的写法。

　　我们在编写 SQL 语句的时候需要注意，在发现结果为真的 WHEN 子句时，CASE 表达式的真假值判断就会中止，而剩余的 WHEN 子句会被忽略（不再判断）❶。为了避免引起不必要的混乱，使用 WHEN 子句时要注意条件的排他性。

■ 剩余的 WHEN 子句被忽略的写法示例

```
-- 例如，这样写的话，结果里不会出现"第二"
CASE WHEN col_1 IN ('a', 'b') THEN '第一'
     WHEN col_1 IN ('a')      THEN '第二'
ELSE '其他' END
```

　　此外，使用 CASE 表达式的时候，还需要注意以下几点。

注意事项 1 统一各分支返回的数据类型

　　虽然这一点无须多言，但这里还是要强调一下：一定要注意 CASE 表达式里各个分支返回的数据类型是否一致。某个分支返回字符型，而其他分支返回数值型的写法是不正确的。这是因为，CASE 表达式是最终要得出单一值的表达式，这一点与"＜数值＞＋＜数值＞"是一样的。如果"＜数值＞＋＜数值＞"的结果会随具体情况而发生变化，有时是数值，有时是日期，那运算就不成立了。

注意事项 2 不要忘了写 END

　　使用 CASE 表达式的时候，最容易出现的语法错误是忘记写 END。END 是必不可少的，如果忘记写，就会发生语法错误。虽然我们忘记写的时候，程序会返回比较容易理解的错误消息，不算多么致命的错误，但是感觉自己写得没问题，执行时却出错的情况大多是由这个原因引起的，所以请一定注意一下。

注意事项③ 养成写 **ELSE** 子句的习惯

与 END 不同，ELSE 子句是可选的，不写也不会出错。不写 ELSE 子句时，CASE 表达式的执行结果是 NULL，但是不写可能会造成"语法没有错误，结果却不对"这种不易追查原因的麻烦，所以最好明确地写上 ELSE 子句（即便是在结果可以为 NULL 的情况下）。养成这样的习惯后，我们从代码上就可以清楚地看到这种条件下会生成 NULL，而且将来代码有修改时也能减少失误。

如果单纯地看 CASE 表达式的使用方法，大家可能会有"CASE 表达式只是将标签换种说法而已"之类的感觉。

实际上也确实如此（图 1.1.1）。

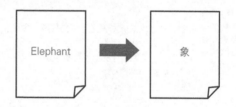

■ 图 1.1.1　CASE 表达式就是将标签换种说法

在单独使用 CASE 表达式的情况下，它只是一个将某列的值换为其他值的工具。这样的话，它与 IF 或 DECODE 等依赖于具体实现的函数没有什么区别。当与其他的 SQL 工具搭配使用时，CASE 表达式才能发挥出真正的价值，特别是与聚合函数（SUM 或 AVG）和 GROUP BY 子句一起使用时，甚至会发挥出巨大的威力。接下来，我们通过几个示例，来看一下 CASE 表达式的真正价值。

▌将已有编号方式转换为新的方式并统计

在进行非定制化统计时，我们经常会遇到将已有编号方式转换为另外一种便于分析的方式并进行统计的需求。例如，现在有一张以北海道、青森等县（日本的县级市）为单位记录人口的表，我们需要以东北、关东、九州等地区❶为单位来分组，并统计人口数量。具体来说，就是统计下页

注❶

日本的省级行政单位有都、道、府、县，包含一都（东京都）、二府（京都府和大阪府）、一道（北海道）和诸多的县，统称都道府县。多个较近的县被划归到一个地区，如关东地区、九州地区等，类似我国的华北地区、华南地区等概念。——译者注

表 PopTbl 中的内容，得出如右表"统计结果"所示的结果。从表的设计上来说，这种表其实最好使用"县的编号"作为键，但这里为了方便理解，我们使用"县的名称"作为键（本书的讲解优先考虑 SQL 语句的可读性，示例中基本上使用的是名称，而不是键）。

■ 统计数据源表 PopTbl

pref_name（县名）	population（人口）
德岛	100
香川	200
爱媛	150
高知	200
福冈	300
佐贺	100
长崎	200
东京	400
群马	50

（人口单位：万人）

■ 统计结果 ❶

地区名	人口
四国	650
九州	600
其他	450

（人口单位：万人）

注❶

在"统计结果"这张表中，"四国"对应的是表 PopTbl 中的"德岛、香川、爱媛、高知"，"九州"对应的是表 PopTbl 中的"福冈、佐贺、长崎"。——编者注

大家会怎么实现呢？定义一个包含"地区编号"列的视图是一种做法，但是这样一来，需要添加的列的数量将等同于统计对象的编号个数，而且很难动态地修改。

如果使用 CASE 表达式，则用如下所示的一条 SQL 语句就可以完成。

```
-- 把县名转换成地区名 (1)
SELECT  CASE pref_name
                WHEN '德岛' THEN '四国'
                WHEN '香川' THEN '四国'
                WHEN '爱媛' THEN '四国'
                WHEN '高知' THEN '四国'
                WHEN '福冈' THEN '九州'
                WHEN '佐贺' THEN '九州'
                WHEN '长崎' THEN '九州'
        ELSE '其他' END AS district,
        SUM(population)
  FROM  PopTbl
 GROUP BY CASE pref_name
                WHEN '德岛' THEN '四国'
                WHEN '香川' THEN '四国'
                WHEN '爱媛' THEN '四国'
                WHEN '高知' THEN '四国'
                WHEN '福冈' THEN '九州'
```

```
            WHEN '佐贺' THEN '九州'
            WHEN '长崎' THEN '九州'
        ELSE '其他' END;
```

这里将 SELECT 子句里的 CASE 表达式复制到 GROUP BY 子句里。需要注意的是，如果对转换前的 pref_name 列进行 GROUP BY，就得不到正确的结果（因为这并不会引起语法错误，所以容易被忽视）。

同样地，也可以将数值按照适当的级别进行分类统计。例如，要按人口数量等级（pop_class）查询都道府县个数的时候，就可以像下面这样写 SQL 语句。

```
-- 按人口数量等级划分都道府县
SELECT  CASE WHEN population <  100 THEN '01'
             WHEN population >= 100 AND population < 200  THEN '02'
             WHEN population >= 200 AND population < 300  THEN '03'
             WHEN population >= 300 THEN '04'
        ELSE NULL END AS pop_class,
        COUNT(*) AS cnt
  FROM  PopTbl
 GROUP BY CASE WHEN population < 100 THEN '01'
              WHEN population >= 100 AND population < 200  THEN '02'
              WHEN population >= 200 AND population < 300  THEN '03'
              WHEN population >= 300 THEN '04'
        ELSE NULL END;
```

■ 执行结果

```
pop_class  cnt
---------  ----
01           1
02           3
03           3
04           2
```

这个技巧非常好用。不过，必须在 SELECT 子句和 GROUP BY 子句这两处写一样的 CASE 表达式，这有点麻烦。后期需要修改的时候，很容易发生只改了这一处而忘掉改另一处的失误。

所以，如果我们可以像下页这样写，这就方便多了。

```
-- 把县编号转换成地区编号 (2) : 将 CASE 表达式归纳到一处
SELECT   CASE pref_name
                WHEN '德岛' THEN '四国'
                WHEN '香川' THEN '四国'
                WHEN '爱媛' THEN '四国'
                WHEN '高知' THEN '四国'
                WHEN '福冈' THEN '九州'
                WHEN '佐贺' THEN '九州'
                WHEN '长崎' THEN '九州'
         ELSE '其他' END AS district,
         SUM(population)
FROM   PopTbl
GROUP BY district;  ◀—— GROUP BY 子句里引用了 SELECT 子句中定义的别名
```

没错，这里的 GROUP BY 子句使用的正是 SELECT 子句里定义的列的别称——district。有的 DBMS 支持这种 SQL 语句。例如在 PostgreSQL 和 MySQL 中，这个查询语句就可以顺利执行，因为这些数据库在执行查询语句时，会先对 SELECT 子句里的列表进行扫描，并对列进行计算。但遗憾的是，在 Oracle、DB2、SQL Server 等数据库里采用这种写法时，程序就会报错❶。由于 DBMS 之间并不兼容，所以这里不是很推荐大家使用这种写法。不过，按照这种方式写出来的 SQL 语句确实非常简洁，而且可读性很好。希望将来所有的 DBMS 都能够支持这种语法。

用一条 SQL 语句进行多条件统计

多条件统计是 CASE 表达式的著名用法之一。例如，我们需要往存储各县人口数量的表 PopTbl 里添加上"性别"列，然后求按性别、县名汇总的人数。具体来说，就是统计表 PopTbl2 中的数据，然后求出如表"统计结果"所示的结果。其中，1 表示男性，2 表示女性。

注❶

例如，在 Oracle 中执行该 SELECT 子句，就会出现下面的错误消息。

第 12 行发生了错误：
ORA-00904:'DISTRICT' : 无 ↵ 效的标识符。

这表示 "PopTbl 中并没有列名 DISTRICT"，倒也确实如此，但笔者觉得这个查询也可以更灵活一点，比如去查询 SELECT 子句中定义的虚拟列名。

■ 统计源表 PopTbl2

pref_name（县名）	sex（性别）	population（人口）
德岛 .	1	60
德岛	2	40
香川	1	100
香川	2	100
爱媛	1	100
爱媛	2	50
高知	1	100
高知	2	100
福冈	1	100
福冈	2	200
佐贺	1	20
佐贺	2	80
长崎	1	125
长崎	2	125
东京	1	250
东京	2	150

（人口单位：万人）

■ 统计结果

县名	男	女
德岛	60	40
香川	100	100
爱媛	100	50
高知	100	100
福冈	100	200
佐贺	20	80
长崎	125	125
东京	250	150

（人口单位：万人）

通常的做法是像下面这样，分别在 WHERE 子句里写上不同的条件，然后执行两条 SQL 语句。

```
-- 男性人口
SELECT pref_name,
       population
  FROM PopTbl2
 WHERE sex = '1';

-- 女性人口
SELECT pref_name,
       population
  FROM PopTbl2
 WHERE sex = '2';
```

接着，还需要通过宿主语言或者应用程序将查询结果按列展开。如果使用 UNION，只用一条 SQL 语句就可以实现查询，但使用这种做法时，工作量是一样的，性能并没有得到优化，SQL 语句也会变得很长。如果使用 CASE 表达式，一条简单的 SQL 语句就可以搞定。

```
SELECT pref_name,
       -- 男性人口
       SUM( CASE WHEN sex = '1' THEN population ELSE 0 END) AS cnt_m,
       -- 女性人口
       SUM( CASE WHEN sex = '2' THEN population ELSE 0 END) AS cnt_f
  FROM  PopTbl2
 GROUP BY pref_name;
```

■ 执行结果

```
pref_name    cnt_m   cnt_f
-----------  -----   -----
德岛            60      40
香川           100     100
爱媛           100      50
高知           100     100
福冈           100     200
佐贺            20      80
长崎           125     125
东京           250     150
```

　　上面这段代码所做的是，分别统计每个县的男性（即 '1'）人口和女性（即 '2'）人口。也就是说，这里是将"行结构"的数据转换成了"列结构"的数据。除了 SUM，COUNT、AVG 等聚合函数也都可以用于将行结构的数据转换成列结构的数据。

　　这个技巧可贵的地方在于，它能将 SQL 的查询结果转换为二维表的格式。如果只是简单地用 GROUP BY 进行聚合，那么查询后必须通过宿主语言或者 Excel 等应用程序将结果的格式转换一下，才能使之成为交叉表。看上面的执行结果会发现，此时输出的已经是侧栏为县名、表头为性别的交叉表了。在制作统计表时，这个功能非常方便。如果用一句话来形容这个技巧，可以这样说：

　　新手用 WHERE 子句进行条件分支，高手用 SELECT 子句进行条件分支。

　　如此好的技巧，请大家多使用。

　　第一次看到这个 SELECT 语句，可能会有人产生疑问："又不是计算人口总数，有必要使用这个 SUM 函数吗？"（笔者也曾有过这样的疑问）。

从结论来讲，该 SUM 函数是必须使用的。我们试着去掉 SUM 函数，再进行查询，就知道原因了。

```sql
SELECT pref_name,
       -- 男性人口
       CASE WHEN sex = '1' THEN population ELSE 0 END AS cnt_m,
       -- 女性人口
       CASE WHEN sex = '2' THEN population ELSE 0 END AS cnt_f
  FROM PopTbl2;
```

■ 执行结果

```
pref_name    cnt_m   cnt_f
----------   -----   -----
德岛            60       0
德岛             0      40
香川           100       0
香川             0     100
爱媛           100       0
爱媛             0      50
高知           100       0
高知             0     100
福冈           100       0
福冈             0     200
佐贺            20       0
佐贺             0      80
长崎           125       0
长崎             0     125
东京           250       0
东京             0     150
```

看到这样的结果，大家应该都能理解了吧？确实，通过使用 CASE 表达式，我们就可以创建男性人口列（cnt_m）和女性人口列（cnt_f）。不过，仅这样并不能聚合记录，因此原始的表 PopTbl2 中的记录数就直接作为结果输出了。因此，聚合记录就要用到聚合函数 SUM，CASE 表达式本身并没有聚合记录的功能。正如前面所讲，CASE 表达式只是将标签换种说法而已，这里就是性别条件不满足时将人口换为 0 了。

用 CHECK 约束定义多个列的条件关系

其实，CASE 表达式和 CHECK 约束是很般配的一对组合。也许有很多数据库工程师不怎么用 CHECK 约束，但是一旦他们了解了 CHECK 约束和 CASE 表达式结合使用之后的强大威力，就一定会跃跃欲试的 **❶**。

注❶

MySQL 8.0 还不支持 CHECK 约束。

假设某公司规定"女性员工的工资必须在 20 万日元以下"，而在这个公司的人事表中，这条无理的规定是使用 CHECK 约束来描述的，代码如下所示。

```
CONSTRAINT check_salary CHECK
   ( CASE WHEN sex = '2'
          THEN CASE WHEN salary <= 200000
                    THEN 1 ELSE 0 END
     ELSE 1 END = 1 )
```

在这段代码里，CASE 表达式被嵌入 CHECK 约束里，描述了"如果是女性员工，则工资是 20 万日元以下"这个命题（判断事情的语句）。在命题逻辑中，该命题是名为蕴含式（conditional）的逻辑表达式，记作 $P \rightarrow Q$。这里的 P 和 Q 表示任意命题，整体读作"P 蕴含 Q"。

这里需要重点理解的是蕴含式和逻辑与（logical product）的区别。逻辑与也是一个逻辑表达式，意思是"P 且 Q"，记作 $P \land Q$。用逻辑与改写的 CHECK 约束如下所示。

```
CONSTRAINT check_salary CHECK
    ( sex = '2' AND salary <= 200000 )
```

当然，这两个约束的程序行为不一样。究竟哪里不一样呢？请先思考一下，再看下面的答案和解释。

答案

如果在 CHECK 约束里使用逻辑与，该公司将不能雇佣男性员工。而如果使用蕴含式，男性也可以在这里工作。

解释

要想让逻辑与 $P \land Q$ 为真，需要命题 P 和命题 Q 均为真，或者一个为真且另一个无法判定真假。也就是说，能在这家公司工作的是"性别为女且工资在 20 万日元以下"的员工，以及性别或者工资无法确定的员工（如果一个条件为假，那么即使另一个条件无法确定真假，也不能在这里工作）。

> 而要想让蕴含式 P → Q 为真,需要命题 P 和命题 Q 均为真,或者 P 为假,或者 P 无法判定真假。也就是说如果不满足"是女性"这个前提条件,则无须考虑工资约束。

请参考下面这个关于逻辑与和蕴含式的真值表。U 是 SQL 中三值逻辑的特有值 unknown 的缩写(关于三值逻辑,1-4 节将详细介绍)。

■ 逻辑与和蕴含式

逻辑与			蕴含式		
P	Q	P∧Q	P	Q	P→Q
T	T	T	T	T	T
T	F	F	T	F	F
T	U	U	T	U	F
F	T	F	F	T	T
F	F	F	F	F	T
F	U	F	F	U	T
U	T	U	U	T	T
U	F	F	U	F	T
U	U	U	U	U	T

蕴含式的结果为 T

如上表所示,蕴含式在员工性别不是女性(或者无法确定性别)的时候为真,可以说相比逻辑与约束,它更加宽松。

在 UPDATE 语句里进行条件分支

下面思考一下这样一种需求:以某数值型的列的当前值为判断对象,将其更新成别的值。这里的问题是,此时 UPDATE 操作的条件会有多个分支。例如,我们通过下面这样一张出自某公司人事部的员工工资信息表 Salaries 来看一下这种情况。

Salaries

name	salary
相田	300 000
神崎	270 000
木村	220 000
齐藤	290 000

假设现在需要根据以下条件对该表的数据进行更新。

1. 对当前工资为 30 万日元以上的员工，降薪 10%。

2. 对当前工资为 25 万日元以上且不满 28 万日元的员工，加薪 20%。

按照这些要求更新完的数据应该如下表所示。

name	salary	
相田	270 000	←降薪
神崎	324 000	←加薪
木村	220 000	←不变
齐藤	290 000	←不变

乍一看，分别执行下面两个 UPDATE 操作好像就可以做到，但这样做的结果是不正确的。

```
-- 条件 1
UPDATE Salaries
SET salary = salary * 0.9
WHERE salary >= 300000;

-- 条件 2
UPDATE Salaries
SET salary = salary * 1.2
WHERE salary >= 250000 AND salary < 280000;
```

我们来分析一下不正确的原因。例如这里有一个员工，当前工资是 30 万日元，按"条件 1"执行 UPDATE 操作后，工资会被更新为 27 万日元，但继续按"条件 2"执行 UPDATE 操作后，工资又会被更新为 32.4 万日元。这样一来，本来应该被降薪的员工却被加薪了 2.4 万日元。

name	salary	
相田	324 000	←错误的更新
神崎	324 000	
木村	220 000	
齐藤	290 000	

这样的结果当然并非人事部所愿。员工相田的工资必须被准确地降为

27万日元。问题在于，第 1 次的 UPDATE 操作执行后，"当前工资"发生了变化，如果还拿它当作第 2 次 UPDATE 的判定条件，结果就会不准确。然而，即使将两条 SQL 语句的执行顺序颠倒一下，当前工资为 27 万日元的员工，其工资的更新结果也会出现问题。为了避免出现这些问题，准确地表达出可恶的人事部长的意图，可以像下面这样用 CASE 表达式来写 SQL。

```
UPDATE Personnel
   SET salary = CASE WHEN salary >= 300000
                     THEN salary * 0.9
                     WHEN salary >= 250000 AND salary < 280000
                     THEN salary * 1.2
                ELSE salary END;
```

这条 SQL 语句不仅执行结果正确，而且因为只需执行 1 次，所以性能也更高。这样的话，人事部长就会满意了吧？

需要注意的是，SQL 语句最后一行的 ELSE salary 非常重要，必须写上。因为如果没有它，条件 1 和条件 2 都不满足的员工的工资就会被更新成 NULL。这一点与 CASE 表达式的设计有关，在前面介绍 CASE 表达式的时候我们就已经了解到，如果 CASE 表达式里没有明确指定 ELSE 子句，执行结果会被默认地处理成 ELSE NULL。现在大家明白笔者最开始强调使用 CASE 表达式时要习惯性地写上 ELSE 子句的理由了吧？

这个技巧的应用范围很广。例如，可以用它轻松完成主键值调换这种繁重的工作。通常，当我们想调换主键值 a 和 b 时，需要将主键值临时转换成某个中间值。使用这种方法时需要执行 3 次 UPDATE 操作，但是如果使用 CASE 表达式，1 次就可以做到。

SomeTable

p_key（主键）	col_1（第 1 列）	col_2（第 2 列）
a	1	一
b	2	二
c	3	三

如果在调换上表的主键值 a 和 b 时不用 CASE 表达式，则需要像下页这样写 3 条 SQL 语句。

```
--1. 将 a 转换为中间值 d
UPDATE SomeTable
   SET p_key = 'd'
 WHERE p_key = 'a';

--2. 将 b 调换为 a
UPDATE SomeTable
   SET p_key = 'a'
 WHERE p_key = 'b';

--3. 将 d 调换为 b
UPDATE SomeTable
   SET p_key = 'b'
 WHERE p_key = 'd';
```

　　像上面这样做，结果确实没有问题。只是，这里没有必要执行 3 次 UPDATE 操作，而且中间值 d 是否总能使用也是问题。如果使用 CASE 表达式，就不必担心这些，1 次就可以完成调换。

```
-- 用 CASE 表达式调换主键值
UPDATE SomeTable
   SET p_key = CASE WHEN p_key = 'a'
                    THEN 'b'
                    WHEN p_key = 'b'
                    THEN 'a'
               ELSE p_key END
 WHERE p_key IN ('a', 'b');
```

　　显而易见，这条 SQL 语句按照"如果是 a 则更新为 b，如果是 b 则更新为 a"这样的条件分支进行了 UPDATE 操作。不只是主键，唯一键的调换也可以用同样的方法进行。本例的关键点和上一例的加薪与降薪一样，即用 CASE 表达式的条件分支进行的更新操作是一气呵成的，因此可以避免出现主键重复所导致的错误 ❶。

　　但是，一般来说需要进行这样的调换是因为表的设计出现了问题，所以请先重新审视一下表的设计，去掉不必要的约束。

▌表之间的数据匹配

　　与 DECODE 函数等相比，CASE 表达式的一大优势在于能够判断表达式。也就是说，在 CASE 表达式里，我们能使用 BETWEEN、LIKE 和 <、> 等便利的谓词组合，还能嵌套子查询的 IN 和 EXISTS 谓词。因此，CASE

注❶

如果在 PostgreSQL 和 MySQL 数据库执行这条 SQL 语句，会因主键重复而出现错误。例如，PostgreSQL 数据库中会显示下面的错误消息。

Error：重复键违反唯一约↵束 "sometable_pkey"

DETAIL：键 (p_key)=(b) 已↵经存在

之所以会发生错误，是因为在将主键为 'a' 的行的主键修改为 'b' 时，主键 'b' 还是修改前的值。但是，约束的检查本来就发生在更新完成后，因此在更新过程中主键一时出现重复也没有问题。事实上，在 Oracle、DB2 和 SQL Server 数据库中执行该 UPDATE 语句也都没有问题。在 PostgreSQL 数据库中，建表时如果使用延迟约束（DEFERRABLE）选项，执行也不会发生错误。

表达式具有非常强大的表达能力。

如下所示，这里有一张培训学校的课程一览表和一张展示每个月所设课程的表。

■ 课程管理

CourseMaster

course_id	course_name
1	会计入门
2	财务知识
3	簿记考试
4	税务师

OpenCourses

month	course_id
201806	1
201806	3
201806	4
201807	4
201808	2
201808	4

我们要用这两张表来生成下面这样的交叉表，以便于一目了然地知道每个月开设的课程。

■ 执行结果

```
course_name   6 月   7 月   8 月
-----------   ----   ----   ----
会计入门        ○      ×      ×
财务知识        ×      ×      ○
簿记考试        ○      ×      ×
税务师          ○      ○      ○
```

我们需要做的是，检查表 OpenCourses 中的各月里有表 CourseMaster 中的哪些课程。这个匹配条件可以用 CASE 表达式来写。

```
-- 表的匹配：使用 IN 谓词
SELECT course_name,
       CASE WHEN course_id IN
                   (SELECT course_id FROM OpenCourses
                       WHERE month = 201806) THEN '○'
           ELSE '×' END AS "6 月",
       CASE WHEN course_id IN
                   (SELECT course_id FROM OpenCourses
                       WHERE month = 201807) THEN '○'
           ELSE '×' END AS "7 月",
       CASE WHEN course_id IN
                   (SELECT course_id FROM OpenCourses
                       WHERE month = 201808) THEN '○'
```

```
                ELSE 'x' END  AS "8月"
  FROM CourseMaster;

-- 表的匹配：使用 EXISTS 谓词
SELECT  CM.course_name,
        CASE WHEN EXISTS
                    (SELECT course_id FROM OpenCourses OC
                      WHERE month = 201806
                        AND OC.course_id = CM.course_id) THEN 'O'
             ELSE 'x' END AS "6月",
        CASE WHEN EXISTS
                    (SELECT course_id FROM OpenCourses OC
                      WHERE month = 201807
                        AND OC.course_id = CM.course_id) THEN 'O'
             ELSE 'x' END AS "7月",
        CASE WHEN EXISTS
                    (SELECT course_id FROM OpenCourses OC
                      WHERE month = 201808
                        AND OC.course_id = CM.course_id) THEN 'O'
             ELSE 'x' END  AS "8月"
  FROM CourseMaster CM;
```

这样的查询没有进行聚合，因此也不需要排序，月份增加的时候仅修改 SELECT 子句就可以了，扩展性比较好。

无论使用 IN 还是 EXISTS，得到的结果是一样的，但从性能方面来说，EXISTS 更好。通过 EXISTS 进行的子查询能够用到 "month, course_id" 这样的主键索引，因此当表 OpenCourses 里的数据比较多时，使用 EXISTS 的优势会更大。

换个角度来看，表之间的数据匹配就是生成一张表侧栏固定的交叉表，因此使用外连接的方法也可以完成。关于外连接的思路，我们将在 1-8 节进行学习。

在 CASE 表达式中使用聚合函数

接下来介绍一下稍微高级的用法。这个用法乍一看可能让人觉得是语法错误，实际上并非如此，而且它在所有的 DBMS 中都可以使用。我们来看一道例题，假设这里有一张显示了学生及其加入的社团的一览表。这张表的主键是"学号、社团 ID"。

StudentClub

std_id（学号）	club_id（社团 ID）	club_name（社团名）	main_club_flg（主社团标志）
100	1	棒球	Y
100	2	管弦乐	N
200	2	管弦乐	N
200	3	羽毛球	Y
200	4	足球	N
300	4	足球	N
400	5	游泳	N
500	6	围棋	N

有的学生同时加入了多个社团（如学号为 100、200 的学生），有的学生只加入了一个社团（如学号为 300、400、500 的学生）。对于加入了多个社团的学生，我们通过将其"主社团标志"列设置为 Y 或者 N 来表明哪一个社团是他的主社团；对于只加入了一个社团的学生，我们将其"主社团标志"列设置为 N。

接下来，我们按照下面的条件查询这张表里的数据。

1. 获取只加入了一个社团的学生的社团 ID。

2. 获取加入了多个社团的学生的主社团 ID。

很容易想到的办法是，针对两个条件分别写 SQL 语句来查询。要想知道学生"是否加入了多个社团"，我们需要用 HAVING 子句对聚合结果进行判断。

■ 条件 1 的 SQL

```
-- 条件 1：选择只加入了一个社团的学生
SELECT std_id, MAX(club_id) AS main_club
  FROM StudentClub
 GROUP BY std_id
HAVING COUNT(*) = 1;
```

■ 执行结果 1

```
std_id    main_club
------    ----------
300       4
400       5
500       6
```

■ 条件 2 的 SQL

```
-- 条件 2：选择加入了多个社团的学生
SELECT std_id, club_id AS main_club
  FROM StudentClub
 WHERE main_club_flg = 'Y' ;
```

■ 执行结果 2

```
std_id  main_club
------  ----------
100     1
200     3
```

　　这样做也能得到正确的结果，但需要写多条 SQL 语句，存在性能问题。如果使用 CASE 表达式，下面这一条 SQL 语句就可以了。

```
SELECT  std_id,
        CASE WHEN COUNT(*) = 1  -- 只加入了一个社团的学生
             THEN MAX(club_id)
        ELSE MAX(CASE WHEN main_club_flg = 'Y'
                           THEN club_id
                 ELSE NULL END) END AS main_club
  FROM StudentClub
 GROUP BY std_id;
```

■ 执行结果

```
std_id   main_club
------   ----------
100      1
200      3
300      4
400      5
500      6
```

这条 SQL 语句在 CASE 表达式里使用了聚合函数，又在聚合函数里使用了 CASE 表达。这种嵌套的写法让人有点眼花缭乱，其主要目的是用 CASE WHEN COUNT(*) = 1 ... ELSE ... 这样的 CASE 表达式来表示"只加入了一个社团还是加入了多个社团"这样的条件分支。

这种写法比较新颖，因为我们在初学 SQL 的时候，都学过对聚合结果进行条件判断时要用 HAVING 子句，但从这道例题可以看出，在 SELECT 语句里使用 CASE 表达式也可以完成同样的工作，如果用一句话来形容这个技巧，可以这样说：

新手用 HAVING 子句进行条件分支，高手用 SELECT 子句进行条件分支。

通过这道例题我们可以明白：CASE 表达式用在 SELECT 子句里时，既可以写在聚合函数内部，也可以写在聚合函数外部。这种高度自由的写法正是 CASE 表达式的魅力所在。那么，为什么 CASE 表达式中可以使用聚合函数呢？这是因为聚合函数是函数，而 SELECT 子句中的最终结果是单个数值，所以这个数值可以成为外部 CASE 表达式的输入。

▍本节小结

本节，我们一起领略了 CASE 表达式的灵活性和强大的表达能力。CASE 表达式是支撑 SQL 声明式编程的根基之一，也是灵活运用 SQL 时不可或缺的基础技能，请一定要学会它。即便在本书的后半部分，也几乎没有哪一节是不用 CASE 表达式的，这也是笔者把它放在本书开头来介绍的原因。

面向过程语言中也有"CASE 语句"这样的条件分支，因此 CASE 表达式经常会与其混淆，被叫作 CASE"语句"。这是错误的。准确来说，它并不是语句，而是和 1+1 或者 a/b 一样，属于表达式的范畴。结束符 END 确实看起来像是在标记一连串处理过程的终结，所以初次接触 CASE 表达式的人容易对这一点感到困惑。"表达式"和"语句"的名称区别恰恰反映了二者在功能处理方面的差异。

作为表达式，CASE 表达式在执行时会被判定为一个固定值，因此它可以写在聚合函数内部；也正因为它是表达式，所以还可以写在 SELECT 子句、GROUP BY 子句、WHERE 子句、ORDER BY 子句里。简单点说，**在能**

写列名和常量的地方，通常都可以写 CASE 表达式。从这个意义上来说，与 CASE 表达式最接近的不是面向过程语言里的 CASE 语句，而是 Lisp 和 Scheme 等函数式语言里的 case 和 cond 这样的条件表达式。关于 SQL 和函数式语言的对比，第 2 章会进行介绍。

CASE 表达式可以写在任何地方

      -SELECT 子句

      -WHERE 子句

      -GROUP BY 子句

      -HAVING 子句

      -ORDER BY 子句

      -PARTITION BY 子句

      - 在 CHECK 约束中

      - 函数的参数

      - 谓词的参数

      - 在其他表达式中（也包含 CASE 表达式本身）

我们来回顾一下本节要点。

1. 在 GROUP BY 子句里使用 CASE 表达式，可以灵活地选择聚合单位的编号或等级。这一点在进行非定制化统计时能发挥巨大的威力。

2. 在聚合函数中使用 CASE 表达式，可以轻松地将行结构的数据转换成列结构的数据。

3. 聚合函数也可以嵌套进 CASE 表达式里，因此可以在不使用 HAVING 子句的情况下汇总查询。

4. 相比依赖于具体数据库的函数，CASE 表达式拥有更强大的表达能力和更好的可移植性。

5. 正因为 CASE 表达式是一种表达式而不是语句，才有了这诸多的优点。

6. 使用 CASE 表达式，可以将多条 SQL 语句汇总为一条，可读性和性能都能得到提升。

如果想了解更多关于 CASE 表达式的内容，请参考下页的文献资料。

■ 塞尔科 . SQL 权威指南（第 4 版）[M]. 王渊，钟鸣，朱巍，译 . 北京：人民邮电出版社，2013.

请参考 15.3.5 节"在 UPDATE 中使用 CASE 表达式"和 18.1 节 "CASE 表达式"等。从 CASE 表达式的详细用法到具体事例，这两节都有细致的介绍。

■ 塞尔科 . SQL 解惑（第 2 版）[M]. 米全喜，译 . 北京：人民邮电出版社，2008.

关于在 CASE 表达式中嵌入聚合函数，请参考"谜题 13 教师""谜题 36 双重职务""谜题 43 毕业"。另外，"谜题 44 成对的款式"运用了在 UPDATE 里进行条件分支的技巧，"谜题 45 辣味香肠比萨饼"用 CASE 表达式巧妙地将行结构的数据转换成了列结构的数据。

练习题

● 练习题 1-1-1：多列数据的最大值

用 SQL 从多行数据里选出最大值或最小值很容易——通过 GROUP BY 子句对合适的列进行聚合操作，并使用 MAX 或 MIN 聚合函数就可以求出。那么，从多列数据里选出最大值该怎么做呢？

样本数据如下表所示。

Greatests

key	x	y	z
A	1	2	3
B	5	5	2
C	4	7	1
D	3	3	8

先思考一下从表里选出 x 和 y 二者中较大的值的情况。此时，求得的结果应该如下所示。

■ 执行结果

```
key    greatest
-----  ---------
A              2
B              5
C              7
D              3
```

　　Oracle、PostgreSQL 和 MySQL 数据库直接提供了可以实现这个需求的 GREATEST 函数，但是这里请不要用这些函数，而是用标准 SQL 的方法来实现。

　　求出 x 和 y 二者中较大的值后，再试着将列数扩展到 3 列以上吧。这次求的是 x、y 和 z 三者中的最大值，因此结果应该如下所示。

■ 执行结果

```
key    greatest
-----  ---------
A              3
B              5
C              7
D              8
```

● 练习题 1–1–2：转换行列——在表头里加入汇总和再揭 ❶

　　使用正文中的表 PopTbl2 作为样本数据，练习一下把行结构的数据转换为列结构的数据吧。

PopTbl2（再揭）

pref_name （县名）	sex （性别）	population （人口）
德岛	1	60
德岛	2	40
香川	1	100
香川	2	100
爱媛	1	100
爱媛	2	50
高知	1	100
高知	2	100

注 ❶

"再揭"一词常用于表示再次使用前述内容，这里指的是在表格中以合计值的形式再次体现德岛、香川、爱媛和高知这 4 个县的数据。
——译者注

（续）

pref_name （县名）	sex （性别）	population （人口）
福冈	1	100
福冈	2	200
佐贺	1	20
佐贺	2	80
长崎	1	125
长崎	2	125
东京	1	250
东京	2	150

（人口单位：万人）

这次请生成下面这样的表头里带有汇总和再揭的二维表。

■执行结果

性别	全国	德岛	香川	爱媛	高知	四国（再揭）
1	855	60	100	100	100	360
2	845	40	100	50	100	290

"全国"列里是表 PopTbl2 中所有都道府县（限于篇幅，还有一些都道府县未列出）人口的合计值。另外，最右边的"四国（再揭）"列里是四国地区 4 个县的合计值。

● 练习题 1-1-3：用 ORDER BY 生成"排序"列

最后这个练习题用到的是比较小众的技巧，但有时又必须使用它，所以我们也来看一下。

对练习题 1-1-1 里用过的表 Greatests 正常执行 SELECT key FROM Greatests ORDER BY key; 这个查询后，结果通常会按照 key 列的值的字母表顺序显示出来。

那么，请思考一个查询语句，使得结果按照 B-A-D-C 这样的指定顺序进行排列。这个顺序并没有什么具体的意义，大家也可以在实现完上述需求后，试着实现让结果按照其他顺序排列。

1-2 必知必会的窗口函数

▶ 顺序编程的复活

　　本节将介绍窗口函数。窗口函数出现于 20 世纪 90 年代后半期，在 21 世纪初得到了 Oracle、DB2 和 SQL Server 等 DBMS 的支持。随着 2017 年 MySQL 也开始支持窗口函数，现在的主流 DBMS 中就都可以使用窗口函数了。如果熟练掌握了窗口函数，从某种意义上来说，我们就可以像使用面向过程语言那样操作数据。窗口函数能够大幅扩展 SQL 编程的可能性，是一个非常重要的工具。通过本节，我们能够加深自己对窗口函数的理解。

　　虽然窗口函数被 SQL 引入的时间比较晚，但它非常重要。可以说没有窗口函数，就没有现代 SQL 编程。在 2008 年编写本书的第 1 版时，因为有些 DBMS 还不支持窗口函数，所以笔者当时并未对其进行详细介绍，但在本书中，窗口函数成了重点内容。

　　窗口函数的应用方法有很多，特别是在进行行间比较时必须依赖相关子查询的情况下，通过使用窗口函数，我们可以去掉相关的子查询，让 SQL 语句变得更加优雅（相关内容将在 1-7 节中详细介绍）。为了帮助大家熟练掌握便捷的窗口函数，本节将重点介绍窗口函数的基本操作。把介绍的重点放在基本操作上还有一个原因，那就是窗口函数乍一看很难理解，常常让 SQL 用户感到困惑。传统的 SQL 编码基于面向集合的思维方式，对熟悉这种编码的数据库工程师来说，窗口函数很难理解，因为它使用了"行的顺序"这一面向过程语言的概念，而这个概念很早之前就脱离关系数据库和 SQL 了。对初次接触 SQL 的新手来说，若一个函数中包含诸多功能，便很难想象它是怎么工作的。

　　不过，如果因为这样的理由就对窗口函数敬而远之，那就太可惜了。本节，笔者会通过一些示例来讲解窗口函数。这里以读者大致掌握窗口函数的基本语法为前提，如果读者完全没有见过或使用过窗口函数，那么请先阅读书末参考文献中列举的面向新手的有关窗口函数的图书，这样理解起来会更容易些。另外，不记得详细的可选项语法并不会影响理解本节的内容，请大家放心阅读。

什么是窗口

注❶

窗口函数出现于 20 世纪 90 年代到 21 世纪初，当时它也被称为 "OLAP 函数"。人们打算把它用于 OLAP（联机分析处理，online analytical processing），所以才取了这个名称，但现在已经不怎么使用该名称了。笔者认为现在这个 "窗口函数" 的名称要好一些，因为它能清楚地描述动作特征。

首先，初次见到窗口函数的人会觉得这个名字有些不可思议 ❶。大家可能会想象这个函数是使用了某种类似于 "窗口" 的东西，但看到语法示例时，却发现并没有哪句代码表明了 "这是窗口"，只看到那些使用了 PARTITION BY 子句或 ORDER BY 子句的查询示例。

我们来看一下窗口函数的典型用例——计算移动平均值的语法的示例。这里不需要具体的数据，所以省略了表的定义。

■ 匿名窗口

```
SELECT products_id, products_name, sale_price,
       AVG (sale_price) OVER (ORDER BY products_id
                                   ROWS BETWEEN 2 PRECEDING
                                          AND CURRENT ROW) AS moving_avg
  FROM Products;
```

上面的代码按商品 ID 的升序来排列商品表，计算包含当前 ID 之前的两个商品的价格移动平均值。虽然出现了 AVG、OVER、ROWS BETWEEN、CURRENT ROW 等窗口函数的关键字，但我们看不到窗口本身的定义。

然而，这并不是说该查询并未使用窗口。实际上，该语法中也定义了窗口，只是操作是悄悄进行的，乍一看会让人以为没有窗口。

显式定义窗口的语法如下所示。

注❷

窗口（window）在英语中原本就有 "范围" "宽度" 的意思，在系统开发领域也存在 "批处理窗口" "维护窗口" 这样的术语。在这种情况下，"窗口" 与普通意义上的窗口并无直接关系。用这个词表示时间段含义时也是如此。一般来说，该术语不仅用作将集合分割开的子集，还用作默认内含某种顺序性的 "范围"。笔者知道的其他示例还有世界一级方程式锦标赛（F1 比赛）中使用的术语 "Pit Stop 窗口"，其含义是赛车进行 Pit Stop（进入维护站换油及加油）的合适的时间间隔。这也是在确定某个时间段时使用的词语。

■ 有名称的窗口

```
SELECT products_id, products_name, sale_price,
       AVG(sale_price) OVER W AS moving_avg
  FROM Products
WINDOW W AS (ORDER BY products_id
                   ROWS BETWEEN 2 PRECEDING
                          AND CURRENT ROW);
```

这里显式定义了窗口，并对其应用了 AVG 函数。这里所说的窗口，就是针对通过 FROM 子句选择的记录集，**使用 ORDER BY 排序和使用 ROWS BETWEEN 定义帧之后所形成的数据集**。窗口会通过各种可选项对记录集进行数据加工，这就是它和记录集的不同之处 ❷。

通过比较这两种语法可以知道，我们常用的窗口函数的语法，是默认使用 "匿名窗口" 的简略版语法（这与匿名存储过程或匿名函数是一样的）。其优点是内容简练，而带名称的窗口的优点是窗口可以重复使用，能避免编辑错误。这与通过公用表表达式（CTE）重复使用视图，以及在存储过程中定义有名称的存储过程的效果是一样的。

```
-- 有名称的窗口可以被重复使用
SELECT products_id, products_name, sale_price,
       AVG(sale_price)   OVER W AS moving_avg,
       SUM(sale_price)   OVER W AS moving_sum,
       COUNT(sale_price) OVER W AS moving_count,
       MAX(sale_price)   OVER W AS moving_max
  FROM Products
WINDOW W AS (ORDER BY products_id
                     ROWS BETWEEN 2 PRECEDING
                            AND CURRENT ROW);
```

匿名窗口和有名称的窗口各有优势，要根据具体情况进行选择，但有一点必须注意，即有的 DBMS 不支持有名称的窗口，一旦使用就会发生错误❶。人们通常认为有名称的窗口是"正式"的语法，但实际情况恰好相反，被普遍使用的是匿名窗口。

这种语法上的不兼容会给 DBMS 之间的迁移带来风险，因此原则上要使用匿名窗口（在理解了有名称的窗口定义之后），这种做法或许更稳妥一些。这和"爬完梯子要将其扔掉"❷是一个道理。

注❶
例如，有名称的窗口函数可以用在 PostgreSQL 和 MySQL 中，但在 Oracle 中使用就会发生错误。

注❷
出自哲学家路德维希·维特根斯坦。——编者注

一张图看懂窗口函数

前面介绍了窗口函数的定义，下面我们来看一下窗口函数的功能（图 1.2.1）

注❸
这张图参考自论文 "Efficient Processing of Window Functions in Analytical SQL Queries"（分析型 SQL 查询中窗口函数的高效处理）。

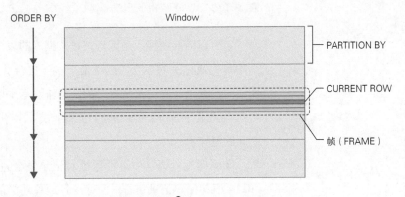

■ 图 1.2.1 　一张图看懂窗口函数 ❸

窗口函数让人难以理解的原因之一是 1 个窗口函数中包含多个操作，而如果像图 1.2.1 那样从整体来看，窗口函数实际上只包含下面 3 个功能（或许仍有人认为包含 3 个功能已经很复杂了，这里我们暂且抛开这个问题）。

1. 使用 PARTITION BY 子句分割记录集合。

2. 使用 ORDER BY 子句对记录排序。

3. 使用帧子句定义以当前记录为中心的子集。

其中，第 1 个功能和第 2 个功能因为与现有的 GROUP BY 和 ORDER BY 的功能几乎一样，所以对于已经掌握 SQL 基本语法的人来说都很容易理解 ❶。窗口函数真正特有的功能是上面列出的第 3 个功能。传统的 SQL 编程中并没有显式地使用 "当前记录" 的概念。另外，使用关系数据库构建过系统的人应该能立刻注意到，这个 "当前记录" 源自 "游标"（cursor）的引入——关系数据库一直使用游标向面向过程语言传递数据（图 1.2.2）。

> 注❶
>
> PARTITION BY 子句只用来分割窗口，并不会像 GROUP BY 子句那样对记录进行聚合，因此在应用窗口函数时，记录的行数不会发生改变，这一点与 GROUP BY 子句的功能并不完全一样。大家记住 "PARTITION BY = GROUP BY – 聚合"，就能更容易理解这个功能了。关于二者的不同，请参考本书 2-6 节的内容。

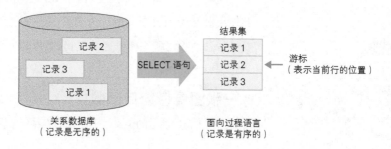

■ 图 1.2.2　帧子句的原理是 "游标"

之所以需要游标，是因为关系数据库的表中的记录是无序的，操作的基本单位是记录的集合，也就是一次一集合（set at a time）的操作方式，而面向过程语言的记录是有序的，操作的基本单位是一行记录，也就是是一次一记录（record at a time）的操作方式，我们需要用游标来填补二者之间的差异。

在面向过程语言中，根据键对记录集合进行排序，通过 for 语句或 while 语句循环记录集合，一行一行地移动当前记录进行处理，这种操作方法至今都没有变过。即使在引入地址隐藏和面向对象后，也没有发生改变。在这一点上，窗口函数可以说是将面向过程语言的思想引入到了 SQL 中 ❶。

注❶

可能有人会认为 "在传统的 SQL 中，ORDER BY 子句也会定义记录的顺序"，但实际上 ORDER BY 子句并不是 SQL，而是游标定义的一部分。关于关系数据库（的设计者）去掉编程中非常重要的记录顺序这一概念的原因，请参考本书的 2-1 节；关于记录顺序的概念去掉又恢复的原委，请参考本书的 2-5 节。

使用帧子句将其他行移至当前行

帧子句的作用是能通过 SQL 简单计算出移动平均值等以当前记录为基准计算的统计指标。除此之外，帧子句还有很广泛的用途。直观来讲，帧子句可以将其他行移至当前行。之前使用 SQL 进行行间比较很困难，现在则变得很自如。

求过去最临近的值

我们先来思考一下基本的时间序列分析。当比较时间序列中的数据时，SQL 基本上是沿着时间序列，一行一行地向前追溯或向后推进。作为示例，我们来看一张记录了服务器各个时点的负载量的表 LoadSample（这里选用了较为合适的数值作为负载量，大家不用关注其具体含义）。由于采样是不定期的，所以存储的日期并不连续，间隔随机。

LoadSample

sample_date （测量日）	load_val （负载量）
2018-02-01	1024
2018-02-02	2366
2018-02-05	2366
2018-02-07	985
2018-02-08	780
2018-02-12	1000

首先计算各行的 "过去最临近的日期"，也就是计算 "上一行" 的日期。

```
SELECT sample_date AS cur_date,
       MIN(sample_date)
          OVER (ORDER BY sample_date ASC
                ROWS BETWEEN 1 PRECEDING AND 1 PRECEDING) AS latest_date
  FROM LoadSample;
```

■ 执行结果

```
cur_date      latest_date
-----------   -----------
2018-02-01
2018-02-02    2018-02-01
2018-02-05    2018-02-02
2018-02-07    2018-02-05
2018-02-08    2018-02-07
2018-02-12    2018-02-08
```

　　由于该表中并没有 2 月 1 日之前的数据，所以 2 月 1 日这行之前的日期是 NULL。这一点应该不难理解。从 2 月 2 日起，每行日期的过去最临近的日期都存在于表中，它们保存在 latest 列中。该查询的重点是通过 ROWS BETWEEN 1 PRECEDING AND 1 PRECEDING 将帧子句的范围限定在按 sample_date 排序后的上一行。一般来说，BETWEEN 大多用来指定多行的范围，而这里用来将范围限定为一行，自然就不会发生错误。

　　可以说，这里的帧子句以游标位于"当前行"为前提，创建了范围是"上一行"的记录集合。

　　除日期之外，计算与日期相对应的负载量也很简单。当前记录的负载量可以直接用 load 列计算出来。在相同的窗口定义下仅将列修改为 load 列，就可以计算出上一行的负载量。

```sql
SELECT sample_date AS cur_date,
       load_val AS cur_load,
       MIN(sample_date)
         OVER (ORDER BY sample_date ASC
                 ROWS BETWEEN 1 PRECEDING AND 1 PRECEDING) AS latest_date,
       MIN(load_val)
         OVER (ORDER BY sample_date ASC
                 ROWS BETWEEN 1 PRECEDING AND 1 PRECEDING) AS latest_load
  FROM LoadSample;
```

■ 执行结果

cur_date	cur_load	latest_date	latest_load
2018-02-01	1024		
2018-02-02	2366	2018-02-01	1024
2018-02-05	2366	2018-02-02	2366

2018-02-07	985	2018-02-05	2366
2018-02-08	780	2018-02-07	985
2018-02-12	1000	2018-02-08	780

大家注意到了吗? 这段代码中出现了两次相同的窗口定义。如果使用有名称的窗口语法, 就可以像下面这样将窗口函数汇总为一个 (结果是一样的)。

```
SELECT sample_date AS cur_date,
       load_val    AS cur_load,
       MIN(sample_date) OVER W AS latest_date,
       MIN(load_val)    OVER W AS latest_load
  FROM LoadSample
WINDOW W AS (ORDER BY sample_date ASC
             ROWS BETWEEN 1 PRECEDING AND 1 PRECEDING);
```

这是使用帧子句进行行间移动的基本内容。这里, 笔者来回答一些常见的疑问。

Q1 除向前移动之外, 帧还可以向 "后" 移动吗

可以。这时要使用 FOLLOWING 关键字。例如, 在过去最临近的值的查询中, 将帧的范围向后移动一行。

```
SELECT sample_date AS cur_date,
       load_val    AS cur_load,
       MIN(sample_date) OVER W AS next_date,
       MIN(load_val)    OVER W AS next_load
  FROM LoadSample
WINDOW W AS (ORDER BY sample_date ASC
             ROWS BETWEEN 1 FOLLOWING AND 1 FOLLOWING);
```

■ 执行结果

cur_date	cur_load	next_date	next_load
2018-02-01	1024	2018-02-02	2366
2018-02-02	2366	2018-02-05	2366
2018-02-05	2366	2018-02-07	985
2018-02-07	985	2018-02-08	780
2018-02-08	780	2018-02-12	1000
2018-02-12	1000		

这次在 next_date 和 next_load 列中显示将来最临近的日期的记

录值。

另外，同时使用 PRECEDING 和 FOLLOWING，将当前记录夹在中间，还可以设置范围为"前后各 *n* 行"的帧。

Q2 这里使用了 MIN 函数，请问它有什么含义呢

如果是像示例这样将帧的范围限定为一行，那么 MIN 并没有什么特别的含义。即使使用的是 MAX、AVG 或 SUM，结果也是一样的，因为这相当于对一行应用聚合函数。如果帧的范围是多行，就需要应用相应的聚合函数了。

```
-- 执行结果与使用 MIN 函数时相同
SELECT sample_date AS cur_date,
       load_val    AS cur_load,
       MAX(sample_date) OVER W AS latest_date,
       MAX(load_val)    OVER W AS latest_load
  FROM LoadSample
WINDOW W AS (ORDER BY sample_date ASC
             ROWS BETWEEN 1 PRECEDING AND 1 PRECEDING);
```

Q3 可以设置"一天前"或"两天前"这样基于列值（而不是行）的帧吗

可以。这时要使用 RANGE 关键字来代替 ROWS[1]。

注❶

sample_date 是日期类型，所以 interval '1' day 是根据日期类型指定日期间隔的语法。如果使用 RANGE，就需要注意列的数据类型了（笔者认为它只能用于数值、日期和时间）。

```
SELECT sample_date AS cur_date,
       load_val    AS cur_load,
     MIN(sample_date)
       OVER (ORDER BY sample_date ASC
              RANGE BETWEEN interval '1' day PRECEDING
                        AND interval '1' day PRECEDING
            ) AS day1_before,
     MIN(load_val)
       OVER (ORDER BY sample_date ASC
              RANGE BETWEEN interval '1' day PRECEDING
                        AND interval '1' day PRECEDING
            ) AS load_day1_before
  FROM LoadSample;
```

■ 执行结果

```
cur_date    cur_load   day1_before   load_day1_before
--------    ---------  -----------   ----------------
18-02-01      1024
18-02-02      2366     18-02-01           1024
18-02-05      2366
18-02-07       985
18-02-08       780     18-02-07            985
18-02-12      1000
```

　　表 LoadSample 中的数据不是连续的，如果没有一天前的数据，day1_before 列和 load_day1_before 列中就会显示 NULL。这样看起来比较直观。

　　下面是帧子句中可以使用的选项，大家可以参考。

- **ROWS**：按行设置移动单位
- **RANGE**：按列值设置移动单位。使用 ORDER BY 子句来指定基准列
- **n PRECEDING**：仅向前（行号较小的方向）移动 *n* 行。*n* 为正整数
- **n FOLLOWING**：仅向后（行号较大的方向）移动 *n* 行。*n* 为正整数
- **UNBOUNDED PRECEDING**：一直移动到最前面
- **UNBOUNDED FOLLOWING**：一直移动到最后面
- **CURRENT ROW**：当前行

行间比较的一般化

　　现在这样已经可以求出过去最临近的日期了，但在实际工作中，人们还可能希望将比较范围再扩大一些，比如将某个日期与其"过去最临近的日期"或"过去第二临近的日期"进行比较，甚至与"前面 *n* 行的日期"进行比较。这就是行间比较的一般化。

　　为了满足该需求，我们首先要思考如何以某个日期为起点开始依次追溯之前的日期。假设我们先追溯前面三个临近的日期，那么结果会像下页这样呈阶梯形。之所以会呈现出这种形状，是因为当追溯的日期数据不存在时，数据为 NULL。

■ 设想的执行结果

```
cur_date    latest_1    latest_2    latest_3
--------    --------    --------    --------
2018-02-01
2018-02-02  2018-02-01
2018-02-05  2018-02-02  2018-02-01
2018-02-07  2018-02-05  2018-02-02  2018-02-01
2018-02-08  2018-02-07  2018-02-05  2018-02-02
2018-02-12  2018-02-08  2018-02-07  2018-02-05
```

求解的窗口函数如下所示。

```
SELECT sample_date AS cur_date,
       MIN(sample_date)
         OVER (ORDER BY sample_date ASC
               ROWS BETWEEN 1 PRECEDING AND 1 PRECEDING) AS latest_1,
       MIN(sample_date)
         OVER (ORDER BY sample_date ASC
               ROWS BETWEEN 2 PRECEDING AND 2 PRECEDING) AS latest_2,
       MIN(sample_date)
         OVER (ORDER BY sample_date ASC
               ROWS BETWEEN 3 PRECEDING AND 3 PRECEDING) AS latest_3
  FROM LoadSample;
```

这里只是将 BETWEEN 的指定行修改为"前一行""前两行""前三行"……实现起来非常简单。不管是前几行，我们都可以使用相同的方法进行扩展。在这种情况下，可能有人认为可以使用有名称的窗口来汇总定义，但是很遗憾，由于帧的定义不一样，这一点无法实现。

使用窗口函数进行行间比较的应用方式有很多种，我们将在 1-7 节中详细了解。

窗口函数的内部动作

前面介绍过，窗口函数拥有下面 3 个功能。

1. 使用 PARTITION BY 子句分割记录集合。

2. 使用 ORDER BY 子句对记录排序。

3. 使用帧子句定义以当前记录为中心的子集。

看起来这是将复杂的功能集中在一个函数中，但实际上这些功能在

SQL 内部是怎样实现的呢？本节要讲解的就是这个问题。

查看 SQL 语句内部动作的手段通常是查看"执行计划"（execution plan）。所谓执行计划，其实就是一份由数据库提供的计划书，以帮助我们确定 DBMS 在执行 SQL 语句时，以什么样的访问路径获取数据、执行什么样的计算是最高效的。可以说，它就像是一份用来判断登山路线的参考书。

虽然执行计划的格式会随 DBMS 的不同而发生改变，但只要是经过一定培训的人，应该就能看懂。因此，当 SQL 语句执行较慢时，我们就要输出并解析执行计划，查明原因并进行优化（SQL 语句越复杂，执行计划就越复杂，解析也就越辛苦）。

本书的目的不是教大家读懂执行计划，所以书中并未讲解执行计划的细节内容，而窗口函数的执行计划很简单，即使是第一次看到的人也能明白其含义。请试着看一下本节开头介绍的查询移动平均值的执行计划。

```sql
SELECT products_id, products_name, sale_price,
       AVG (sale_price) OVER (ORDER BY products_id
                               ROWS BETWEEN 2 PRECEDING
                                    AND CURRENT ROW) AS moving_avg
  FROM Products;
```

■执行结果 PostgreSQL

```
                            QUERY PLAN
-------------------------------------------------------------------
WindowAgg  (cost=20.76..24.61 rows=220 width=274)
  -> Sort  (cost=20.76..21.31 rows=220 width=242)
        Sort Key: products_id
        -> Seq Scan on products (cost=0.00..12.20 rows=220 width=242)
```

■执行结果 MySQL

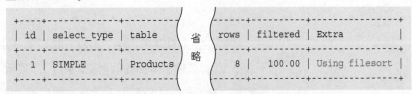

id	select_type	table	省略	rows	filtered	Extra
1	SIMPLE	Products		8	100.00	Using filesort

该示例展示了 PostgreSQL 和 MySQL 的执行计划。MySQL 的执行计划是横向布局，一页放不下，所以这里只摘录了重点内容。

这两个执行计划的含义都是扫描（读取）表 Products 的数据，并对读取的数据进行排序。PostgreSQL 的执行计划中出现了 SORT 关键字，MySQL 的执行计划中出现了 Using filesort 关键字，它们都表示排序。

窗口函数的本质是排序

由刚才讲解的内容可知，窗口函数在内部对记录集合进行了排序。在笔者编写本书时（2018 年），所有的 DBMS 都是如此。之所以要在窗口函数中进行排序，是出于使用 PARTITION BY 子句进行分组和使用 ORDER BY 子句对记录排序时的需要。在关系数据库中，表的记录并不一定是物理排序的，因此一般来说，如果要基于键值对记录排序，就需要先对记录集合进行排序 ❶。

所谓"进行排序"，就是执行使用 for 语句或 while 语句的循环。虽然我们无法根据执行计划确定使用的是什么排序算法，但不管是快速排序，还是归并排序，在面向过程语言中通常都是通过循环来实现的。实际上，如果大家不使用 SQL 而使用面向过程语言，对 CSV 或文本文件等适当形式的数据执行与窗口函数同样的计算，使用循环进行排序也可以解决问题。

散列和排序

不过，排序作为窗口函数的实现方法在性能方面是否最优，也存在不同的意见。在图 1.2.1 的边注所提到的论文中，实际的测试结果显示从原理上来说，某些情况下使用散列来计算 PARTITION BY 子句的性能会更好。

> 对于输入行数 n，如果分割数是 $O(n)$，那么散列就是 $O(n)$，最优排序也得是 $O(n \log n)$。
>
> ——出自论文 4.2 节 "Determining the Window Frame Bounds"
>
> （笔者摘译）

散列函数拥有这样的特性：若输入值不同，输出值基本上也不会一样（值不会重复）。该输出值称为散列值。图 1.2.3 展示了 "30" → "cdae7jh02" 的转换。成对的输入值和散列值称为散列表。使用散列表进行分组，就可以在不进行排序的情况下执行聚合操作（虽然输入值不转换为散列值也可以进行分组，但散列值的优点是无须在意列数或数据类型，即可使用各种需要输入散列值的函数）。

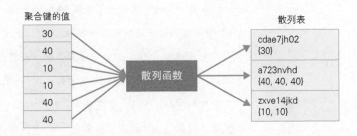

■ 图 1.2.3　散列分组的示意图

　　实际上，GROUP BY 子句的功能与 PARTITION BY 子句的功能几乎是一样的。在 Oracle 或 PostgreSQL 中，GROUP BY 子句除排序之外，还可以使用散列进行计算。不过，前述论文中也指出，散列要想发挥优势是有几个前提的，并不是说它在任何情况下都有优势。或许，窗口函数早晚有一天会像 GROUP BY 子句那样能使用散列进行计算。

本节小结

我们来回顾一下本节要点。

1. 窗口函数中的“窗口”（原则上是有序的）是“范围”的意思。
2. 窗口函数在语法上是通过 PARTITION BY 子句和 ORDER BY 子句被赋予某种特征的记录集合。由于较为常用的是窗口函数的简略形式，所以我们很难注意到窗口。
3. PARTITION BY 子句去掉了 GROUP BY 子句的聚合功能，只保留了分割功能，而 ORDER BY 子句用于对记录排序。
4. 帧子句通过将游标功能引入 SQL 中来定义以“当前记录”为中心的记录集合的范围。
5. 通过帧子句，我们可以将不同行的数据移至同一行，轻松地进行行间比较。
6. 目前，窗口函数的内部动作是对记录进行排序，将来或许会采用散列来处理。

专栏 为何是 OVER，而不是 ON

在窗口函数中，定义了使用 PARTITION BY 子句进行分割、使用 ORDER BY 子句进行排序这些操作的 SQL 语句，使用的关键字是 OVER。如果没有这些 SQL 语句，AVG 或 SUM 就不算是窗口函数，只能作为聚合函数来执行操作。因此，OVER 可以说是窗口函数的标记。

众所周知，OVER 在英语中是表示"在（某个对象的）上面"的介词。这里的"对象"当然就是记录集合。不过，ON 也有"在上面"的意思，那么窗口函数为什么不使用 ON 呢？

由于 SQL 中已经将 ON 用作指定连接条件的关键字，所以不使用 ON 的直接原因或许是为了避免混淆。不过笔者认为，窗口函数中之所以使用 OVER，是因为 ON 与 OVER 的语感稍有不同，OVER 有更积极的含义。下面就来聊一聊笔者的推测。

大家在英语课上学过，ON 与 OVER 的语感存在细微的差别。ON 给人的印象是在某个对象上处于静止（贴合）状态，而 OVER 包含在上面穿过的动作或移动的含义（图 1.2.4）。

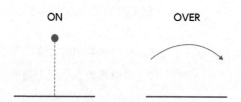

■ 图 1.2.4 ON 与 OVER 的区别

不管是对于人还是物，OVER 这个词都拥有"从一端移动到另一端"这样的语感，请看下面的例句。

> The airplane is flying over the sea.〔飞机在海上飞行〕
> The ball flew over the pond.〔（高尔夫）球越过池塘〕

当表示这种移动时，如果使用 ON，会让人感觉有点奇怪吧？

正如本节介绍的那样，窗口函数按顺序扫描多个记录，并进行计算。为此，窗口函数内部会进行排序。笔者认为，单词 OVER 与该动作的形象一致，所以窗口函数中才使用了 OVER 一词。虽然没有确凿的证据证明是这样的，但应该不外乎如此吧。

练习题

● **练习题 1-2-1：窗口函数的结果预测 (1)**

本节中使用了记录了服务器负载量的表 LoadSample，假设我们要像下面这样将其扩展为记录了多台服务器数据的表。

ServerLoadSample

server （服务器）	sample_date （测量日）	load_val （负载量）
A	2018-02-01	1024
A	2018-02-02	2366
A	2018-02-05	2366
A	2018-02-07	985
A	2018-02-08	780
A	2018-02-12	1000
B	2018-02-01	54
B	2018-02-02	39008
B	2018-02-03	2900
B	2018-02-04	556
B	2018-02-05	12600
B	2018-02-06	7309
C	2018-02-01	1000
C	2018-02-07	2000
C	2018-02-16	500

请大家猜测一下对该表执行下述 SELECT 语句的结果。

```
SELECT server, sample_date,
       SUM(load_val) OVER () AS sum_load
  FROM ServerLoadSample;
```

这里的窗口函数非常简单，其中并未定义 PARTITION BY 子句、ORDER BY 子句和帧子句。

这些子句都是可选的，因此该 SQL 语句并不会发生语法错误，会正确地返回结果，那么它会返回什么样的结果呢？也请大家猜测一下，并思考其原因。

● **练习题 1-2-2：窗口函数的结果预测 (2)**

对上一题中的表 ServerLoadSample 执行下述 SELECT 语句，并猜测一下结果。

```
SELECT server, sample_date,
       SUM(load_val) OVER (PARTITION BY server) AS sum_load
  FROM ServerLoadSample;
```

这次添加了 PARTITION BY 子句，结果会发生什么变化呢？也请大家猜测一下，并思考其原因。

这两道题可能让人觉得自己是在做有关窗口函数详细规范的竞赛题。其实，这些规范在一些情境下使用起来非常便利。我们将在 1-7 节中了解详细内容。

1-3 自连接的用法

▶ 从物理到逻辑的跳跃

　　自连接（self join）是使用 SQL 进行高级数据处理时常用的技术，但与通常的连接相比，其处理过程让人很难理解，原因在于人们经常不知道该如何解释针对同一张表的连接条件。

　　实际上，自连接与普通的连接没有什么不同。本节就将讲解这个稍显特别的连接的思路。

　　本节的关键字是"物理"和"逻辑"，以及这两个层面之间的跳跃。

　　SQL 的连接运算根据其特征的不同，有着不同的名称，如内连接、外连接和交叉连接等。一般来说，这些连接大都是以不同的表或视图为对象进行的，但针对相同的表或相同的视图的连接也并没有被禁止。针对相同的表进行的连接被称为"自连接"。一旦熟练掌握自连接技术，我们便能快速地解决很多问题。但是，其处理过程不太容易想象，以至于常常被人们敬而远之。因此在本节里，我们将通过例题来体会一下自连接的便利性，试着去理解它的处理过程。

可重排列、排列、组合

　　假设这里有一张存放了商品名称及价格的表，表里有"苹果、橘子、香蕉"这 3 条记录。在生成用于查询销售额的报表等的时候，我们有时会需要获取这些商品的组合。

Products

name（商品名称）	price（价格）
苹果	50
橘子	100
香蕉	80

　　这里所说的组合其实分为两种类型。一种是有顺序的有序对（ordered pair），另一种是无顺序的无序对（unordered pair）。有序对用尖括号括起来，如 <1, 2>；无序对用花括号括起来，如 {1, 2}。这是数学中常用的记法。在有序对里，如果元素顺序相反，那就是不同的对，因此 <1, 2> ≠

<2, 1>；而无序对与顺序无关，因此 {1, 2} = {2, 1}。用学校里学到的术语来说，这两类分别对应着"排列"和"组合"。

用 SQL 生成有序对非常简单。像下面这样通过交叉连接生成笛卡儿积（直积），就可以得到有序对。

```
-- 用于获取可重排列的 SQL 语句
SELECT P1.name AS name_1, P2.name AS name_2
  FROM Products P1 CROSS JOIN Products P2;
```

交叉连接的特征是没有连接条件，因为交叉连接是通过遍历两张表来列举所有记录的组合的。

■ 执行结果

```
name_1      name_2
------      ------
苹果         苹果
苹果         橘子
苹果         香蕉
橘子         苹果
橘子         橘子
橘子         香蕉
香蕉         苹果
香蕉         橘子
香蕉         香蕉
```

执行结果里每一行（记录）都是一个有序对。因为是可重排列，所以执行结果的行数为 $3^2 = 9$。执行结果里出现了（苹果，苹果）这种由相同元素构成的对，而且（橘子，苹果）和（苹果，橘子）这种只是调换了元素顺序的对也被当作不同的对了。这是因为，该查询在生成结果集合时会区分顺序。

另外，交叉连接也可以写成下面这样。

```
SELECT P1.name AS name_1, P2.name AS name_2
  FROM Products P1, Products P2;
```

不过，我们最好避免这种写法，因为可能会出现原本想执行有连接条件的内连接，却因为忘了写连接条件，所以最终按交叉连接执行的危险。交叉连接的消耗极高，一不小心就会浪费服务器资源，导致处理

延迟 ❶。

　　接下来，我们思考一下如何更改才能排除由相同元素构成的对。我们
先去掉（苹果，苹果）这种由相同元素构成的对，为此需要像下面这样加
上一个条件，然后进行连接运算。

```
-- 用于获取排列的 SQL 语句
SELECT P1.name AS name_1, P2.name AS name_2
  FROM Products P1 INNER JOIN Products P2
    ON P1.name <> P2.name;
```

■ 执行结果

```
name_1     name_2
------     ------
苹果        橘子
苹果        香蕉
橘子        苹果
橘子        香蕉
香蕉        苹果
香蕉        橘子
```

　　加上 ON P1.name <> P2.name 这个条件以后，就能排除由相同元素
构成的对，执行结果的行数为排列 $P_3^2 = 6$。理解这个连接的关键，在于想
象一下这里存在下面这样的两张表。

■ 不能有（苹果，苹果）这样的组合

P1

name（商品名称）	price（价格）
苹果	50
橘子	100
香蕉	80

P2

name（商品名称）	price（价格）
苹果	50
橘子	100
香蕉	80

　　当然，无论是 P1 还是 P2，实际上数据都来自同一张物理表 Products
（参见第 41 页）。但是，在 SQL 里，只要被赋予了不同的名称，即便是相
同的表也应该当作不同的表（集合）来对待。也就是说，P1 和 P2 可以看
成碰巧存储了相同数据的两个集合。这样的话，这个自连接的处理结果就
成了下页这样。

- P1 里的"苹果"行的连接对象为 P2 里的"橘子、香蕉"这两行
- P1 里的"橘子"行的连接对象为 P2 里的"苹果、香蕉"这两行
- P1 里的"香蕉"行的连接对象为 P2 里的"苹果、橘子"这两行

由此我们可以认为，相同的表的自连接和不同表间的普通连接并没有什么区别，自连接里的"自"这个前缀也没有太大的意义。

在旧式写法里还可以像下面这样写，但这种写法只要一步出错，就会变为前面提到的交叉连接，因此我们应该避免使用这种写法。

```
-- 用于获取排列的 SQL 语句
SELECT P1.name AS name_1, P2.name AS name_2
  FROM Products P1, Products P2
 WHERE P1.name <> P2.name;
```

如果使用了这种写法，那么即使忘记写 WHERE P1.name <> P2.name，DBMS 也会将其解析成交叉连接并执行，而在采用 INNER JOIN 的情况下，如果忘记写 ON P1.name <> P2.name，多数 DBMS 就会报错 **❶**，所以是一种防呆法（fool-proof）的机制。

这次的处理结果依然是有序对。接下来我们进一步对（苹果，橘子）和（橘子，苹果）这种只是调换了元素顺序的对进行去重。请看下面的 SQL 语句。

```
-- 用于获取组合的 SQL 语句
SELECT P1.name AS name_1, P2.name AS name_2
  FROM Products P1 INNER JOIN Products P2
    ON P1.name > P2.name;
```

■ 执行结果

```
name_1        name_2
------        ------
苹果          橘子
香蕉          橘子
香蕉          苹果
```

同样，请想象这里存在 P1 和 P2 两张表。在加上"不等于"这个条件后，这条 SQL 语句所做的是按字符顺序排列各商品，只与"字符顺序比自己靠前"的商品进行配对，执行结果的行数为组合 $C_3^2 = 3$。到这里，

注❶
在有的 DBMS 中不会发生语法错误，如 MySQL，这也是个问题，但在 Oracle、PostgreSQL 中确实会发生语法错误。

我们终于得到了无序对。恐怕平时我们说到组合的时候，首先想到的就是这种类型的组合吧。

想要获取 3 个以上元素的组合时，像下面这样简单地扩展一下就可以了。这次的样本数据只有 3 行，所以结果应该只有 1 行，具体的 SQL 语句如下所示。

```
-- 用于获取组合的 SQL 语句：扩展成 3 列
SELECT P1.name AS name_1,
       P2.name AS name_2,
       P3.name AS name_3
  FROM Products P1
         INNER JOIN Products P2
         ON P1.name > P2.name
           INNER JOIN Products P3
             ON P2.name > P3.name;
```

■ 执行结果

```
name_1    name_2    name_3
--------  --------  --------
苹果       橘子       香蕉
```

如这道例题所示，使用等号"＝"以外的比较运算符，如"<""">"""<>"进行的连接称为非等值连接。这里将非等值连接与自连接结合使用了，因此称为"非等值自连接"。虽然这个技术在实际工作中并不怎么常用，但在需要获取列的组合时，我们会用到它。

最后补充一点，">"和"<"等比较运算符不仅可以用于比较数值的大小，也可以用于比较字符串（比如按字典序进行比较）或者日期等。当然，这些比较运算符也可以用在日期等有序数据中。

删除重复行

在关系数据库的世界里，重复行和 NULL 一样，都不受欢迎 ❶。因此，人们想了很多办法来排除重复行。前面的例题用过一张商品表，现在我们假设在这张表里，"橘子"这种商品存在重复。可怕的是，这张表里连主键都没有（其实是根本没法设置主键）。我们现在就需要马上清理一下，去掉重复行。

注❶

我们在设计表时不应允许存在重复行，原因这里恕不赘述。有兴趣的读者可以自行参考 C.J. 戴特的著作《深度探索关系数据库：实践者的关系理论》中的 3.5 节"为什么重复元组是被禁止的"。

■ 存在重复行的表

name（商品名称）	price（价格）
苹果	50
橘子	100
橘子	100
橘子	100
香蕉	80

 重复

■ 删除重复行后的表

name（商品名称）	price（价格）
苹果	50
橘子	100
香蕉	80

　　这回，我们来学习一下使用关联子查询删除重复行的方法。连接和关联子查询虽然是不同的运算，但是思路很像，而且很多时候它们的 SQL 语句在功能上是等价的，所以在这里我们一并了解一下。

　　重复行有多少行都没有关系。通常，只要重复的列里不包含主键，就可以用主键来处理，但像这道例题一样所有的列都重复的情况，则需要使用由数据库独自实现的行 ID。这里的行 ID 可以理解成拥有"任何表都可以使用的主键"这种特征的虚拟列。在下面的 SQL 语句里，我们使用的是 Oracle 数据库里的 rowid❶。

注❶
像这样给用户提供了可用的行 ID 的数据库只有 Oracle（rowid）和 PostgreSQL（oid）。如果是在 PostgreSQL 数据库里，那么我们必须在建表时指定 WITH OIDS 才能使用它。关于其他 DBMS 中删除重复行的方法，请参考练习题 1-3-2。

```
-- 用于删除重复行的 SQL 语句 (1)：使用极值函数
DELETE FROM Products P1
 WHERE rowid < ( SELECT MAX(P2.rowid)
                   FROM Products P2
                  WHERE P1.name = P2. name
                    AND P1.price = P2.price ) ;
```

　　这个关联子查询的处理乍看起来不是很好理解。顾名思义，关联子查询原本是用来查找两张表之间的关联性的，而这里只有一张表，却也跟"关联"（correlated）扯上了关系，想必大家都心存疑问吧。

　　之所以大家会有这种疑问，是因为没有从正确的层面来理解这条 SQL 语句。请像前面的例题里讲过的一样，将关联子查询理解成对两个拥有相同数据的集合进行的关联操作。

P1

rowid（行 ID）	name（商品名称）	price（价格）
1	苹果	50
2	橘子	100
3	橘子	100
4	橘子	100
5	香蕉	80

P2

rowid（行 ID）	name（商品名称）	price（价格）
1	苹果	50
2	橘子	100
3	橘子	100
4	橘子	100
5	香蕉	80

这里的重点也与前面的例题一样，对于在 SQL 语句里被赋予了不同名称的集合，我们应该将其看作完全不同的集合。尽管它们在物理层面上是同一张表（Products），但从逻辑层面上来讲，它们是不同的表（P1 和 P2）。

这个子查询会比较两个集合 P1 和 P2，然后返回商品名称和价格都相同的行里最大的 rowid 所在的行。于是，由于苹果和香蕉没有重复行，所以返回的行是 "1：苹果" "5：香蕉"，而判断条件是不等号，所以该行不会被删除。而对于 "橘子" 这个商品，程序返回的行是 "4：橘子"，那么 rowid 比 4 小的两行—— "2：橘子" 和 "3：橘子" 就会被删除。

通过这道例题我们明白，如果从物理表的层面来理解 SQL 语句，抽象度是非常低的。"表" "视图" 这样的名称只反映了不同的存储方法，而存储方法并不影响 SQL 语句的执行和结果，因此无须有什么顾虑（在不考虑性能的前提下）。无论是表，还是视图，本质上都是集合——集合是 SQL 唯一能处理的数据结构 ❶。

此外，用前面介绍过的非等值连接的方法也可以写出与这里的执行过程一样的 SQL 语句。请在纸上画一画 P1 和 P2，分析一下该 SQL 语句的执行过程。

注❶

请参考本书 2-3 节的内容。

```
-- 用于删除重复行的 SQL 语句 (2)：使用非等值连接
DELETE FROM Products P1
 WHERE EXISTS ( SELECT *
                    FROM Products P2
                  WHERE P1.name = P2.name
                    AND P1.price = P2.price
                    AND P1.rowid < P2.rowid );
```

查找局部不一致的列

　　假设有下面这样一张住址表，主键是人名，同一家人的家庭 ID 是一样的。在寄送新年贺卡等时，肯定会有人制作这样一张表吧。

Addresses

name（姓名）	family_id（家庭 ID）	address（住址）
前田义明	100	东京都港区虎之门 3-2-29
前田由美	100	东京都港区虎之门 3-2-92
加藤茶	200	东京都新宿区西新宿 2-8-1
加藤胜	200	东京都新宿区西新宿 2-8-1
福尔摩斯	300	贝克街 221B
华生	400	贝克街 221B

　　一般来说，同一家人应该住在同一个地方（如加藤家），但也有像福尔摩斯和华生这样不是一家人却住在一起的情况。接下来，我们看一下前田夫妇。这两个人并没有分居，只是夫人的住址写错了而已。前面说了，如果家庭 ID 一样，住址也必须一样，因此这里需要修改一下。那么，我们该如何找出像前田夫妇这样的"是同一家人，但住址不同的记录"呢？

　　实现办法有几种，不过如果用非等值自连接来实现，代码会非常简洁。

```
-- 用于查找是同一家人但住址不同的记录的 SQL 语句
SELECT DISTINCT A1.name, A1.address
  FROM Addresses A1 INNER JOIN Addresses A2
    ONA1.family_id = A2.family_id
   AND A1.address <> A2.address ;
```

这条 SQL 语句逐词翻译了"是同一家人，但住址不同"这个条件，相信大家都能看明白。可以看到，像这样把自连接和非等值连接结合起来确实非常好用。这条 SQL 语句不仅可以用于发现不规则的数据，而且修改后也可以用来查找商品，比如下面这道例题。

问题 从下面这张商品表里找出价格相等的商品的组合。

Products

name（商品名称）	price（价格）
苹果	50
橘子	100
葡萄	50
西瓜	80
柠檬	30
草莓	100
香蕉	100

回答 和前面的住址表那道题的结构完全一样。

家庭 ID ➡ 价格

住址 ➡ 商品名称

请像上面这样替换一下。然后，代码就会变成下面这样。

```
-- 用于查找价格相等但商品名称不同的记录的 SQL 语句
SELECT DISTINCT P1.name, P1.price
  FROM Products P1 INNER JOIN Products P2
    ON P1.price = P2.price
   AND P1.name <> P2.name
 ORDER BY P1.price;
```

■ 执行结果

```
name      price
------    ------
苹果         50
葡萄         50
草莓        100
橘子        100
香蕉        100
```

请注意，这里与住址表那道题不同的是，如果代码中不加上 DISTINCT，结果里就会出现重复行。出现不同的关键，在于价格相同的记录的条数。就住址表的例题来说，不加 DISTINCT 就会出现重复行的前提是前田家有孩子。不过，这道例题使用的是连接查询，如果改用关联子查询，就不需要 DISTINCT 了。大家可以试着改写一下，就当作练习了。

本节小结

本节，我们通过几个应用实例学习了自连接的一些知识。自连接是一门非常重要的技术，大家一定要熟练掌握。我们来总结一下本节要点。

1. 自连接经常和非等值连接结合起来使用。
2. 自连接和 GROUP BY 结合使用可以生成递归集合。
3. 将自连接看作不同表之间的连接更容易理解。
4. 用逻辑而非物理的方法来思考。

自连接是用途很广泛的技术，在本书中的出现频率很高。如果想要了解更多信息，可以参考下面的文献资料。

■ 塞尔科 . SQL 解惑（第 2 版）[M]. 米全喜，译 . 北京：人民邮电出版社，2008.

该书中用到自连接的具有代表性的谜题有用冯·诺依曼递归集合更新连续编号的"谜题 4 门禁卡"，以及用非等值自连接求最大下限的"谜题 30 平均销售等待时间"和将排列转换成组合的"谜题 44 成对的款式"等。

专栏　　SQL 与冯·诺依曼

　　在使用数据库制作各种票据和统计表的工作中，我们经常需要按分数、人数或销售额等对数值进行排序。现在，我们要按照价格从高到低的顺序，对下面这张表里的商品进行排序。价格相同的商品位次也一样，在它们后一位的商品有两种排序方法，一种是跳过之后的位次，另一种是不跳过之后的位次。

Products

name（商品名称）	price（价格）
苹果	50
橘子	100
葡萄	50
西瓜	80
柠檬	30
香蕉	50

在现在的 SQL 中，如果使用 1-2 节介绍的窗口函数，可以像下面这样轻松实现。

```
-- 排序：使用窗口函数
SELECT name, price,
       RANK() OVER (ORDER BY price DESC) AS rank_1,
       DENSE_RANK() OVER (ORDER BY price DESC) AS rank_2
  FROM Products;
```

■ 执行结果

```
name        price     rank_1    rank_2
-------     ------    -------   -------

橘子         100        1         1
西瓜         80         2         2
苹果         50         3         3
香蕉         50         3         3
葡萄         50         3         3
柠檬         30         6         4
```

在出现相同位次后，rank_1 跳过了之后的位次，rank_2 没有跳过。代码很简洁，也很容易理解。

不过，在窗口函数还未出现时，使用 SQL 进行排序需要下一番功夫。下面是用非等值自连接写的代码。

```
-- 排序从 1 开始。如果已出现相同位次，则跳过之后的位次
SELECT P1.name, P1.price,
       (SELECT COUNT(P2.price)
          FROM Products P2
         WHERE P2.price > P1.price) + 1 AS rank_1
  FROM Products P1
  ORDER BY rank_1;
```

■ 执行结果

```
name     price     rank
-----    ------    ------
橘子       100        1
西瓜        80        2
苹果        50        3
葡萄        50        3
香蕉        50        3
柠檬        30        6
```

这段代码的排序方法看起来很普通，但很容易扩展。例如，去掉标量子查询后边的 +1，就可以从 0 开始给商品排序，而且如果使用 COUNT(DISTINCT P2.price)，那么存在相同位次的记录时，就可以不跳过之后的位次，而是连续输出（相当于 DENSE_RANK 函数）。

这条 SQL 语句很好地体现了面向集合的思维方式。子查询所做的，是计算出价格比自己高的记录的条数，并将其作为自己的位次。为了便于理解，我们先思考从 0 开始，对去重之后的 4 个价格 100、80、50、30 进行排序的情况。

首先是价格最高的 100，因为不存在比它更高的价格，所以 COUNT 函数返回 0。接下来是价格第二高的 80，比它高的价格只有一个 100，所以 COUNT 函数返回 1。同样，价格为 50 的时候返回 2，价格为 30 的时候返回 3。这样，就生成了下面的集合。

■ 同心圆状的递归集合

集合	价格	比自己高的价格	比自己高的价格的个数（这就是位次）
S0	100	–	0
S1	80	100	1
S2	50	100, 80	2
S3	30	100, 80, 50	3

也就是说，这条 SQL 语句会生成下面这种同心圆状的递归集合，然后数这些集合的元素个数。

$S0 = \varnothing$

$S1 = \{100\}$

$S2 = \{100, 80\}$

$S3 = \{100, 80, 50\}$

正如"同心圆状"这一形容的字面意思所示，这几个集合之间如图 1.3.1 所示，存在 $S3 \supset S2 \supset S1 \supset S0$ 的包含关系。

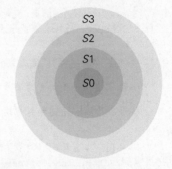

■ 图 1.3.1　集合里有集合，再往里还有集合……

这是一个很好用的技巧，但实际上，"通过递归集合来定义数"的想法并不算新颖。有趣的是，它和集合论里沿用了 100 多年的自然数（包含 0）的递归定义（recursive definition）在思想上不谋而合。研究这种思想的学者形成了几个流派，其中与这道例题具有相同思路的是计算机之父、数学家冯·诺依曼。冯·诺依曼首先将空集定义为 0，然后按照下面的规则定义了全体自然数 ❶。

$0 = \varnothing$

$1 = \{0\}$

$2 = \{0, 1\}$

$3 = \{0, 1, 2\}$

$\vdots$

定义完 0 之后，用 0 来定义 1，然后用 0 和 1 来定义 2，再用 0、1 和 2 来定义 3……以此类推。这种做法与上面例题里的集合 S0 ~ S3 在生成方法和结构上都是一样的（正是为了便于比较，例题里的位次才从 0 开始）。这道题很好地直接结合了 SQL 和集合论，而联系二者的正是自连接。

除关联子查询之外，该查询还可以按照自连接的写法来写。这种写法让我们更容易掌握执行情况。

```sql
-- 排序 : 使用自连接
SELECT P1.name, MAX(P1.price) AS price,
       COUNT(P2.name) +1 AS rank_1
  FROM Products P1 LEFT OUTER JOIN Products P2
    ON P1.price < P2.price GROUP BY P1.name;
```

去掉这条 SQL 语句里的聚合并展开成下面这样，就可以更清楚地看出同心圆状的包含关系（为了看得更清楚，我们从表中去掉价格重复的行，只留下橘子、西瓜、葡萄和柠檬这 4 行）。

```sql
-- 不聚合，查看集合的包含关系
SELECT P1.name, P2.name
  FROM Products P1 LEFT OUTER JOIN Products P2
    ON P1.price < P2.price;
```

■ 执行结果

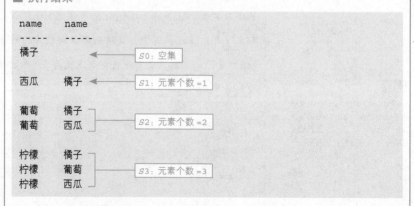

从执行结果可以看出，集合每增多 1 个，元素也增多 1 个，通过数集合里元素的个数就可以算出位次。

▍练习题

●练习题 1-3-1：可重组合

请使用第 41 页的表 Products，求出两列可重组合。结果应该如下所示。

```
name_1   name_2
------   ------
香蕉      橘子
香蕉      苹果
香蕉      香蕉
苹果      橘子
苹果      苹果
橘子      橘子
```

因为是组合，所以（香蕉，橘子）和（橘子，香蕉）这样顺序相反的对被视为相同的对。此外，因为允许重复，所以结果里也出现了（橘子，橘子）这样的对。

●练习题 1-3-2：使用窗口函数去重

请思考一下不使用依赖实现的功能来删除重复行（第 45 页）的方法。

提示：使用在上一节中学过的窗口函数将唯一的标识符赋给记录，同时再使用一张表。

1-4 三值逻辑和 NULL

▶ **SQL 的温柔陷阱**

编程语言大多是基于二值逻辑的，即逻辑真值只有真和假两个，而 SQL 语言则采用一种特别的逻辑体系——三值逻辑，即逻辑真值除了真和假，还有第三个值 "不确定"。三值逻辑经常会带来一些意想不到的情况，这让程序员很是烦恼。本节，我们将通过理论和实例深入理解一下三值逻辑。

总之，数据库里只要存在一个 NULL，查询的结果就可能不正确。而且，一般没有办法确定具体是哪个查询返回了不正确的结果，所以所有的结果看起来都很可疑。没有谁能保证一定能从包含 NULL 的数据库里查询出正确的结果。要我说，这种情况着实令人束手无策。[1]

——C.J. 戴特

注 [1]

引自 *Database in Depth: Relational Theory for Practitioners*。中文版可参考《深度探索关系数据库：实践者的关系理论》（电子工业出版社，2007 年），但在本书中，该书的引文均由本书译者翻译，后文不再一一说明，仅标注书名。

——编者注

▌写在前面

大多数编程语言包括布尔型（BOOL 型、BOOLEAN 型）这种数据类型。当然，SQL 语言里也有。SQL:1999 里将布尔型定义为可以由用户直接操作的数据类型。此外，在 WHERE 子句等语句中进行条件判断时也经常会用到布尔型的运算。

然而，大家知道普通编程语言里的布尔型和 SQL 语言里的布尔型之间有什么区别吗？普通语言里的布尔型只有 **true** 和 **false** 两个值，这种逻辑体系被称为二值逻辑。而 SQL 语言里，除此之外还有第三个值 **unknown**，因此这种逻辑体系被称为三值逻辑（three-valued logic）。

那么，为什么 SQL 语言采用了三值逻辑呢？作为计算机基础的布尔代数是二值逻辑的，我们在中小学里学的数学和逻辑学也是基于二值逻辑的，作为关系模型理论基础之一的谓词逻辑也是二值逻辑的。在二值逻辑的应用如此广泛的情况下，为什么关系数据库的世界特立独行，选择了三值逻辑这种风格迥异的逻辑体系呢？

问题的答案就在于 NULL。关系数据库里引进了 NULL，所以不得不同时引进第三个值。但是三值逻辑不仅违背人的直觉，而且处理起来也比较棘手，这深深地困扰着数据库工程师们。

　　本节，我们将学习三值逻辑，并通过具体的代码了解哪些情况需要格外留意。从标题可以看出，本节前半部分偏向于理论介绍，可能会有些枯燥。如果大家对相关理论已经有了一定的了解，或者觉得通过看具体示例更容易理解，也可以从后半部分的"实践篇"开始阅读，并根据情况适当参考"理论篇"的相关内容。

理论篇

两种 NULL、三值逻辑还是四值逻辑

　　说到三值逻辑，笔者认为话题应该从 NULL 开始说起，因为 NULL 正是产生三值逻辑的"元凶"。

　　"两种 NULL"这种说法大家可能会觉得很奇怪，因为 SQL 里只存在一种 NULL。然而在讨论 NULL 时，人们一般都会将它分成两种类型来思考。因此，这里先来介绍一些基础知识，即两种 NULL 之间的区别。

　　两种 NULL 分别指的是"未知"（unknown）和"不适用"（not applicable, inapplicable）。以"不知道戴墨镜的人眼睛是什么颜色"这种情况为例，这个人的眼睛肯定是有颜色的，但是如果他不摘掉眼镜，别人就不知道他的眼睛是什么颜色。这就叫作未知。而"不知道冰箱的眼睛是什么颜色"则属于"不适用"。因为冰箱根本就没有眼睛，所以"眼睛的颜色"这一属性并不适用于冰箱。

　　"冰箱的眼睛的颜色"这种说法和"圆的体积""男性的分娩次数"一样，都是没有意义的。平时，我们习惯了说"不知道"，但是"不知道"也分很多种。"不适用"这种情况下的 NULL，在语义上更接近于"无意义""从逻辑上来说不可能"，而不是"不确定"。这里总结一下："不确定"指的是"虽然现在不知道，但加上某些条件后就可以知道"；而"不适用"指的是"无论怎么努力，都无法知道"。大家可能在很多办公表格中见过"N/A"符号，它就是"Not Applicable"的缩写。

　　关系模型的发明者科德最先给出了这种分类。图 1.4.1 是他对"丢失的信息"的分类。

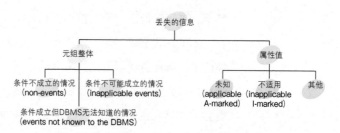

■ 图 1.4.1　关系数据库中关于"丢失的信息"的分类

科德曾经认为应该严格地区分两种类型的 NULL，并提倡在关系数据库中使用四值逻辑 ❶。不知道是幸运还是不幸（笔者认为肯定是幸运），他的这个想法并没有得到广泛支持，现在所有的 DBMS 都将两种类型的 NULL 归为一类并采用了三值逻辑。但是他的这种分类方法本身还是有很多优点的，因此后来依然得到了很多学者的支持。

为什么必须写成 "IS NULL"，而不是 " = NULL"

应该有不少人对上面这个标题里的问题感到困惑吧？相信刚学 SQL 的时候，大部分人有过这样的经历：写了下面这样的 SQL 语句来查询某一列中值为 NULL 的行，结果却执行失败了。

```
-- 查询 NULL 时出错的 SQL 语句
SELECT *
  FROM tbl_A
 WHERE col_1 = NULL;
```

通过这条 SQL 语句，我们无法得到正确的结果。因为正确的写法是 col_1 IS NULL。这个错误和有些人刚学 C、Java、Python 等语言时写出的 if(hoge = 0) 错误非常相似 ❷。那么，为什么在 SQL 中用 "＝" 去进行比较会失败呢？表示相等关系时用 "＝"，这明明是我们在小学里就学过的常识。

这当然是有原因的。那就是，对 NULL 使用比较谓词后得到的结果总是 **unknown**。查询结果只会包含 WHERE 子句里的判断结果为 **true** 的行，不会包含判断结果为 **false** 和 **unknown** 的行。不只是等号，对 NULL 使用其他比较谓词，结果也都是一样的。所以无论 col_1 是不是 NULL，比较结果都是 **unknown**。

```
-- 以下式子都会被判为 unknown
1 = NULL
2 > NULL
3 < NULL
4 <> NULL
NULL = NULL
NULL > NULL
NULL < NULL
NULL <> NULL
```

那么，为什么对 NULL 使用比较谓词后得到的结果永远不可能为真呢？这是因为，NULL 既不是值也不是变量。NULL 只是一个表示"没有值"的标记，而比较谓词只适用于值。因此，对并非值的 NULL 使用比较谓词本来就是没有意义的 ❶。

"列的值为 NULL""NULL 值"这样的说法本身就是错误的。因为 NULL 不是值，所以它原本就不在定义域（domain）中 ❷。如果有人认为 NULL 是值，那么笔者倒想请教一下：它是什么类型的值？关系数据库中存在的值必然属于某种类型，比如字符型或数值型等。因此，假如 NULL 是值，那么它就必须属于某种类型。如果非要定义 NULL，那么它就是"这里没有值"的缩写。

NULL 容易被认为是值的原因恐怕有两个。第一个是在 C 语言等编程语言里面，NULL 被定义为一个常量（很多语言将其定义为了整数 0），这导致了人们的混淆。但是，其实 SQL 里的 NULL 和其他编程语言里的 NULL 是完全不同的东西（请参考本节末尾参考文献中的"C 语言初级 Q&A"）。

第二个原因是，IS NULL 这样的谓词是由两个单词构成的，所以人们容易把 IS 当作谓词，而把 NULL 当作值。特别是 SQL 里还有 IS TRUE、IS FALSE 这样的谓词，人们由此类推，从而这样认为也不是没有道理。但是正如讲解标准 SQL 的书里提醒人们注意的那样，我们应该把 IS NULL 看作一个谓词。因此，如果可以的话，写成 IS_NULL 这样也许更合适 ❸。

unknown、第三个真值

终于轮到真值 **unknown** 登场了。本节开头也提到过，它是因关系数

注❶

可能有人会觉得"NULL 不是值？怎么可能不是？！你说的我不相信！"对于这些人，请允许笔者引用一下科德和戴特的话以示权威。

我们先从定义一个表示'虽然丢失了，但却适用的值'的标记开始。我们把它叫作 A-Mark。这个标记在关系数据库里既不被当作值（value），也不被当作变量（variable）。——埃德加·弗兰克·科德，*The Relational Model for Database Management：Version 2*（《数据库管理的关系模型（第 2 版），尚无中文版》，大家可自行参考）。

关于 NULL 的很重要的一件事情是，NULL 并不是值。——C. J. 戴特，*An Introduction to Database System：6th edition*（该书第 8 版由机械工业出版社于 2007 年引进，书名为《数据库系统导论》，大家可自行参考）。

注❷

定义域（domain）在数学中是表示某个变量（输入值）取值范围的术语。在关系数据库中，它表示表中的列的取值范围，主要是根据数据类型来定义的（用户还可以使用 CHECK 约束来限制定义域）

注❸

请参考 C.J. 戴特和休·达温的著作 *A Guide to SQL Standard, Fourth Edition*（《标准 SQL 指南（第 4 版）》，尚无中文版）。

据库采用了 NULL 而被引入的"第三个真值"。

　　这里有一点需要注意：真值 **unknown** 和作为 NULL 的一种的 UNKNOWN（未知）是不同的东西。前者是明确的布尔型的真值，后者既不是值也不是变量。为了便于区分，在这里，前者采用粗体的小写字母 **unknown**，后者用普通的大写字母 UNKNOWN 来表示。为了让大家理解二者的不同，我们来看一下 x=x 这样的简单等式。x 是真值 **unknown** 时，x=x 被判断为 **true**，而 x 是 UNKNOWN 时，x=x 被判断为 **unknown**。

```
-- 这个是明确的真值的比较
unknown = unknown  ◄─── true
```

```
-- 这个相当于 NULL = NULL
UNKNOWN = UNKNOWN  ◄─── unknown
```

　　接下来，我们看一下 SQL 遵循的三值逻辑的真值表。

■ 三值逻辑的真值表（NOT）

x	NOT x
t	f
u	u
f	t

■ 三值逻辑的真值表（AND）

AND	t	u	f
t	t	u	f
u	u	u	f
f	f	f	f

■ 三值逻辑的真值表（OR）

OR	t	u	f
t	t	t	t
u	t	u	u
f	t	u	f

　　图中浅蓝色的部分是三值逻辑中独有的运算，这在二值逻辑中是没有的。其余的 SQL 谓词全部都能由这三个逻辑运算组合而成。从这个意义

上讲，这个矩阵可以说是 SQL 的母体（matrix）。

NOT 的话，因为真值表比较简单，所以很好记；但是对于 AND 和 OR，因为组合出来的真值较多，所以全部记住非常困难。为了便于记忆，请注意这三个真值之间有下面这样的优先级顺序。

- **AND 的情况**：false > unknown > true
- **OR 的情况**：true > unknown > false

优先级高的真值会决定计算结果。例如 **true AND unknown**，因为 **unknown** 的优先级更高，所以结果是 **unknown**。而 **true OR unknown** 的话，因为 **true** 优先级更高，所以结果是 **true**。记住这个顺序后就能更方便地进行三值逻辑运算了。特别需要记住的是，当 AND 运算中包含 **unknown** 时，结果肯定不会是 **true**（反之，如果 AND 运算结果为 **true**，则参与运算的双方必须都为 **true**）。这一点对理解后文非常关键。

关于理论就介绍这么多吧。接下来我们将以具体的代码为例，来分析一下三值逻辑是如何带来意料之外的结果的。有些地方违反了我们已经习以为常的二值逻辑的一些常识，一开始可能会不好理解。届时，请翻回来看一看这里的真值表，实际动手分析一下运算过程。

下面，请看一个练习题。

> **问题**　假设 a = 2，b = 5，c = NULL，此时下面这些式子的真值是什么？
>
> **1.** a < b AND b > c　　　　　　　**2.** a > b OR b < c
> **3.** a < b OR b < c　　　　　　　　**4.** NOT (b <> c)

> **回答**
> 　1. unknown；2. unknown；3. true；4. unknown

实践篇

1. 比较谓词和 NULL(1)：排中律不成立

我们假设约翰是一个人。那么，下页的这条语句（后文称之为"命题"）是真是假？

约翰是 20 岁，或者不是 20 岁，二者必居其一。——P

大家觉得正确吗？没错，在现实世界中，毫无疑问这是个真命题。我们不知道约翰是谁，但只要是人就有年龄。而且只要有年龄，那么就要么是 20 岁，要么不是 20 岁，不可能有别的情况。类似的还有"恺撒渡过了卢比孔河，或者没有渡过，二者必居其一""有外星人，或者没有外星人，二者必居其一"等，这些都是真命题。像这样，"把命题和它的否命题通过'或者'连接而成的命题全都是真命题"这个命题在二值逻辑中被称为排中律（law of excluded middle）。顾名思义，排中律就是指不认可中间状态，对命题真伪的判定黑白分明，是古典逻辑学的重要原理。"是否承认这一原理"被认为是古典逻辑学和非古典逻辑学的分界线。由此可见，排中律非常重要。

如果排中律在 SQL 里也成立，那么下面的查询应该能选中表里的所有行。

```sql
-- 查询年龄是 20 岁或者不是 20 岁的学生
SELECT *
  FROM Students
 WHERE age = 20 OR age <> 20;
```

遗憾的是，在 SQL 的世界里，排中律是不成立的。假设表 Students 里的数据如下所示。

Students

name（名字）	age（年龄）
布朗	22
拉里	19
约翰	
伯杰	21

NULL！

那么这条 SQL 语句无法查询到约翰，因为约翰年龄不详。关于这个原因，我们在理论篇里学习过，即对 NULL 进行比较运算的结果是 **unknown**。具体来说，约翰这一行是按照下页的这些步骤被判断的。

```
-- 1. 约翰的年龄是 NULL（未知的 NULL ！）
SELECT *
  FROM Students
 WHERE NULL = 20 OR NULL <> 20;
```

```
-- 2. 对 NULL 使用比较谓词后，结果为 unknown
SELECT *
  FROM Students
 WHERE unknown OR unknown;
```

```
-- 3. unknown OR unknown 的结果是 unknown（参考"理论篇"里真值表中的矩阵）
SELECT *
  FROM Students
 WHERE unknown;
```

SQL 语句的查询结果里只有判断结果为 **true** 的行。因此，判断结果为 **unknown** 的约翰并不在查询结果里。要想让约翰出现在结果里，需要添加下面这样的"第 3 个条件"。

```
-- 添加第 3 个条件：年龄是 20 岁，或者不是 20 岁，或者年龄未知
SELECT *
  FROM Students
 WHERE age = 20 OR age <> 20
    OR age IS NULL;
```

像这样，现实世界中正确的事情在 SQL 里却不正确的情况时有发生。实际上约翰这个人是有年龄的，只是我们无法从这张表中知道而已。换句话说，关系模型并不是用于描述现实世界的模型，而是用于描述人类对现实世界的认知状态的心智（知识）模型。因此，我们有限且不完备的知识也会直接反映在表里。

大家肯定会觉得，即使我们不知道约翰的年龄，他在现实世界中也一定"要么是 20 岁，要么不是 20 岁"。然而，这样的常识在三值逻辑里却未必正确。为了解决该问题，标准 SQL 中引入了 IS [NOT] DISTINCT FROM 谓词。它可以将 NULL 作为一个值来处理（尽管 NULL 并不是值）。该谓词在 PostgreSQL、Firebird 等一些 DBMS 中可以使用，但还未获得广泛支持。另外，Oracle 中的 LNNVL 函数和 MySQL 的 "<=>" 等单独的实现也具有相同的功能。

2. 比较谓词和 NULL(2)：CASE 表达式和 NULL

下面，我们来看一下在 CASE 表达式里将 NULL 作为条件使用时经常会出现的错误。首先，请看下面的简单 CASE 表达式。

```
--col_1 为 1 时返回〇、为 NULL 时返回 × 的 CASE 表达式?
CASE col_1
    WHEN 1      THEN '〇'
    WHEN NULL   THEN '×'
END
```

这个 CASE 表达式一定不会返回 ×。这是因为，第二个 WHEN 子句是 col_1 = NULL 的缩写形式。正如大家所知，这个式子的真值永远是 **unknown**。而且 CASE 表达式的判断方法与 WHERE 子句一样，只认可真值为 **true** 的条件。正确的写法是像下面这样使用搜索 CASE 表达式。

```
CASE WHEN col_1 = 1      THEN '〇'
     WHEN col_1 IS NULL THEN '×'
END
```

这种错误很常见，其原因是将 NULL 误解成了值。这一点从 NULL 和第一个 WHEN 子句里的 1 写在了同一列就可以看出。这里请大家再次确认自己已经记住"NULL 并不是值"这一点。

3. NOT IN 和 NOT EXISTS 不是等价的

在对 SQL 语句进行性能优化时，经常用到的一个技巧是将 IN 改写成 EXISTS[1]。这是等价改写，并没有什么问题。问题在于，将 NOT IN 改写成 NOT EXISTS 时，结果未必一样。

例如，请看下面这两张班级学生表。

注[1]
详见 1-11 节。

Class_A

name（名字）	age（年龄）	city（住址）
布朗	22	东京
拉里	19	埼玉
伯杰	21	千叶

Class_B

name（名字）	age（年龄）	city（住址）
齐藤	22	东京
田尻	23	东京
山田		东京
和泉	18	千叶
武田	20	千叶
石川	19	神奈川

◀— 年龄是 NULL

请注意，B 班山田的年龄是 NULL。我们考虑一下如何根据这两张表查询"与 B 班住在东京的学生年龄不同的 A 班学生"。也就是说，希望查询到的是拉里和伯杰。因为布朗与齐藤年龄相同，所以不是我们想要的结果。如果单纯地按照这个条件去实现，则 SQL 语句如下所示。

```
-- 查询与 B 班住在东京的学生年龄不同的 A 班学生的 SQL 语句?
SELECT *
  FROM Class_A
 WHERE age NOT IN
       ( SELECT age
           FROM Class_B
          WHERE city = '东京' );
```

这条 SQL 语句真的能正确地查询到这两名学生吗？遗憾的是不能。结果是空，查询不到任何数据。

实际上，如果山田的年龄不是 NULL（且与拉里和伯杰年龄不同），是能顺利找到拉里和伯杰的。然而，这里 NULL 又一次作怪了。我们一步一步地看看究竟发生了什么吧。

```
--1. 执行子查询，获取年龄列表
SELECT *
  FROM Class_A
 WHERE age NOT IN (22, 23, NULL);
```

```
--2. 用 NOT 和 IN 等价改写 NOT IN
SELECT *
  FROM Class_A
 WHERE NOT age IN (22, 23, NULL);
```

```
--3. 用 OR 等价改写谓词 IN
SELECT *
  FROM Class_A
 WHERE NOT ( (age = 22) OR (age = 23) OR (age = NULL) );
```

```
--4. 使用德·摩根定律等价改写
SELECT *
  FROM Class_A
 WHERE NOT (age = 22) AND NOT(age = 23) AND NOT (age = NULL);
```

```
--5. 用 <> 等价改写 NOT 和 =
SELECT *
  FROM Class_A
 WHERE (age <> 22) AND (age <> 23) AND (age <> NULL);
```

```
--6. 对 NULL 使用 <> 后，结果为 unknown
SELECT *
  FROM Class_A
 WHERE (age <> 22) AND (age <> 23) AND unknown;
```

```
--7. 如果 AND 运算里包含 unknown,则结果不为 true（参考 "理论篇" 里真值表中的矩阵）
SELECT *
  FROM Class_A
 WHERE false 或 unknown;
```

可以看出，这里对 A 班的所有行都进行了烦琐的判断，然而没有一行在 WHERE 子句里被判断为 **true**。也就是说，如果在 NOT IN 子查询用到的表的已选列中存在 NULL，则 SQL 语句整体的查询结果永远都是空。这是很可怕的现象。

为了得到正确的结果，我们需要使用 EXISTS 谓词。

```
-- 正确的 SQL 语句：拉里和伯杰将被查询到
SELECT *
  FROM Class_A A
 WHERE NOT EXISTS
       ( SELECT *
           FROM Class_B B
          WHERE A.age = B.age
            AND B.city = '东京' );
```

■ 执行结果

name	age	city
拉里	19	埼玉
伯杰	21	千叶

同样地，我们再来一步一步地看看这段 SQL 是如何处理年龄为 NULL 的行的。

```sql
--1. 在子查询里和 NULL 进行比较运算
SELECT *
  FROM Class_A A
 WHERE NOT EXISTS
       ( SELECT *
           FROM Class_B B
          WHERE A.age = NULL
            AND B.city = '东京' );
```

```sql
--2. 对 NULL 使用 "=" 后，结果为 unknown
SELECT *
  FROM Class_A A
 WHERE NOT EXISTS
       ( SELECT *
           FROM Class_B B
          WHERE unknown
            AND B.city = '东京' );
```

```sql
--3. 如果 AND 运算里包含 unknown，结果不会是 true
SELECT *
  FROM Class_A A
 WHERE NOT EXISTS
       ( SELECT *
           FROM Class_B B
          WHERE false 或 unknown);
```

```sql
--4. 子查询没有返回结果，因此相反地，NOT EXISTS 为 true
SELECT *
  FROM Class_A A
 WHERE true;
```

也就是说，山田被作为"与任何人的年龄都不同的人"来处理了（但是，还要把与年龄不是 NULL 的齐藤及田尻进行比较后的处理结果通过 AND 连接，才能得出最终结果）。产生这样的结果，是因为 EXISTS 谓词永远不会返回 **unknown**。EXISTS 只会返回 **true** 或者 **false**。因此就有了 IN 和 EXISTS 可以互相替换使用，而 NOT IN 和 NOT EXISTS 却不可以互相替换的混乱现象。虽然写代码的时候很难做到绝对不依赖直觉，但作为数据库工程师来说，还是需要好好理解一下这种现象。

4. 限定谓词和 NULL

SQL 里有 ALL 和 ANY 两个限定谓词。因为 ANY 与 IN 是等价的，所以人们不经常使用 ANY。在这里，我们主要看一下更常用的 ALL 的一些注意事项。

ALL 可以和比较谓词一起使用，用来表达"与所有的 ×× 都相等"，或"比所有的 ×× 都大"的意思。接下来，我们给 B 班表里为 NULL 的列填上具体的值。然后，使用这张新表来思考一下用于查询"比 B 班住在东京的所有学生年龄都小的 A 班学生"的 SQL 语句。

Class_A

name（名字）	age（年龄）	city（住址）
布朗	22	东京
拉里	19	埼玉
伯杰	21	千叶

Class_B

name（名字）	age（年龄）	city（住址）
齐藤	22	东京
田尻	23	东京
山田	20	东京
和泉	18	千叶
武田	20	千叶
石川	19	神奈川

使用 ALL 谓词时，SQL 语句可以像下面这样写。

```
-- 查询比 B 班住在东京的所有学生年龄都小的 A 班学生
SELECT *
  FROM Class_A
 WHERE age < ALL ( SELECT age
                     FROM Class_B
                    WHERE city = '东京' );
```

■ 执行结果

```
name    age    city
-----   ----   ----
拉里     19     埼玉
```

查询到的只有比山田年龄小的拉里，到这里都没有问题。但是如果山田年龄不详，就会有问题了：凭直觉来说，此时查询到的可能是比22岁的齐藤年龄小的拉里和伯杰，然而这条SQL语句的执行结果还是空。这是因为，ALL谓词其实是多个以AND连接的逻辑表达式的省略写法。具体的分析步骤如下所示。

```
--1.执行子查询获取年龄列表
SELECT *
  FROM Class_A
 WHERE age < ALL ( 22, 23, NULL );
```

```
--2.将ALL谓词等价改写为AND
SELECT *
  FROM Class_A
 WHERE (age < 22) AND (age < 23) AND (age < NULL);
```

```
--3.对NULL使用"<"后，结果变为unknown
SELECT *
  FROM Class_A
 WHERE (age < 22)  AND (age < 23) AND unknown;
```

```
--4.如果AND运算里包含unknown，则结果不为true
SELECT *
  FROM Class_A
 WHERE false 或 unknown;
```

怎么样？NULL的随意和混乱，想必大家都感受到了吧？

5. 限定谓词和极值函数不是等价的

使用极值函数代替ALL谓词的人应该不少吧。如果用极值函数重写刚才的SQL，应该是下面这样。

```
-- 查询比B班住在东京的年龄最小的学生还要小的A班学生
SELECT *
  FROM Class_A
 WHERE age < ( SELECT MIN(age)
                 FROM Class_B
                WHERE city = '东京' );
```

■ 执行结果

```
name    age    city
-----   ----   ----
拉里     19     埼玉
伯杰     21     千叶
```

没有问题。即使山田的年龄无法确定，这段代码也能查询到拉里和伯杰两人。这是因为，**极值函数在统计时会把为 NULL 的数据排除掉**。使用极值函数能使 Class_B 这张表里看起来就像不存在 NULL 一样。

"什么！如果是这样，任何时候都使用极值函数岂不是更安全？"也许有人会这么想。然而在三值逻辑的世界里，事情没有这么简单。ALL 谓词和极值函数表达的命题含义分别如下所示。

- **ALL 谓词**：他的年龄比在东京住的所有学生都小　　　　—— Q1
- **极值函数**：他的年龄比在东京住的年龄最小的学生还要小　—— Q2

在现实世界中，这两个命题是一个意思。但是，正如我们通过前面的例题看到的那样，表里存在 NULL 时它们是不等价的。其实还有一种情况下它们也是不等价的，大家知道是什么吗？

答案是，谓词（或者函数）的输入为空集的情况。例如，Class_B 这张表为如下所示的情况。

Class_B 没有住在东京的学生！

name（名字）	age（年龄）	city（住址）	
和泉	18	千叶	
武田	20	千叶	没有住在东京的学生！
石川	19	神奈川	

如上表所示，B 班里没有学生住在东京。这时，使用 ALL 谓词的 SQL 语句会查询到 A 班的所有学生。然而，用极值函数查询时一行数据都查询不到。这是因为，**极值函数在输入为空表（空集）时会返回 NULL**。因此，使用极值函数的 SQL 语句会按照下面的步骤被执行。

```
--1.极值函数返回 NULL
SELECT *
  FROM Class_A
 WHERE age < NULL;
```

```
--2. 对 NULL 使用 "<" 后结果为 unknown
SELECT *
  FROM Class_A
 WHERE unknown;
```

比较对象原本就不存在时，根据业务需求有时需要返回所有行，有时需要返回空集。需要返回所有行时（感觉这类似于"不战而胜"），需要使用 ALL 谓词，或者使用 COALESCE 函数将极值函数返回的 NULL 处理成合适的值。

6. 聚合函数和 NULL

实际上，当输入为空表时返回 NULL 的不只是极值函数，COUNT 以外的聚合函数也是如此。所以，下面这条看似普通的 SQL 语句也会带来意想不到的结果。

```
-- 查询比住在东京的学生的平均年龄还要小的 A 班学生的 SQL 语句?
SELECT *
  FROM Class_A
 WHERE age < ( SELECT AVG(age)
                 FROM Class_B
                WHERE city = '东京' );
```

没有住在东京的学生时，AVG 函数会返回 NULL。因此，外侧的 WHERE 子句永远是 **unknown**，也就查询不到行。使用 SUM 也是一样的。这种情况的解决方法只有两种：要么把 NULL 改写成具体值，要么闭上眼睛接受 NULL。但是如果某列有 NOT NULL 约束，而我们需要往其中插入平均值或汇总值，那么就只能选择将 NULL 改写成具体值了。

聚合函数和极值函数的这个陷阱是由函数自身带来的，所以仅靠为具体的列加上 NOT NULL 约束是无法从根本上消除的。因此，我们在编写 SQL 代码的时候需要特别注意。

▌本节小结

本节，我们针对编写 SQL 时 NULL 和三值逻辑带来的诸多问题，从理论和实践两方面分别进行了探讨。因为这个话题有些复杂，所以之前从未了解过 SQL 三值逻辑的人可能会觉得非常混乱。不过，这并不是读者的问题，SQL 三值逻辑和 NULL 相关的规范本就十分混乱。

最后这里，我们再次整理一下本节要点。

1. NULL 不是值。

2. 因为 NULL 不是值，所以不能对其使用谓词。

3. 对 NULL 使用谓词后的结果是 **unknown**。

4. **unknown** 参与到逻辑运算时，SQL 的运行会和预想的不一样。

5. 按步骤追踪 SQL 的执行过程能有效应对 4 中的情况。

最后说明一下，要想解决 NULL 带来的各种问题，最佳方法应该是往表里添加 NOT NULL 约束以尽力排除 NULL。这样，就可以回到美妙的二值逻辑世界了（虽然并不能完全回到）。具体方法将在本书 2-10 节里介绍。

此外，如果大家对这个虽然麻烦但是越看越有兴趣的话题想更进一步研究，可以参考下面的资料，再结合本书 2-8 节中将要介绍的三值逻辑在逻辑学中的意义与历史，应该会发现比较有意思的内容。

- 塞尔科 . SQL 权威指南（第 4 版）[M]. 王渊，钟鸣，朱巍，译 . 北京：人民邮电出版社，2013.

  第 13 章 "NULL：SQL 中的缺失数据"、22.6 节 "EXISTS 和三值逻辑" 的内容与本章密切相关。

- 戴特 . 深度探索关系数据库：实践者的关系理论 [M]. 熊建国，译 . 北京：电子工业出版社，2007.

  戴特在书中明确地说明了他反对 NULL 和三值逻辑的主张。与塞尔科的书相比，这本书更注重理论方面的内容。

- 户田山和久 . 論理学をつくる [M]. 名古屋：名古屋大学出版会，2000.

  作为逻辑学的入门书，《逻辑学的创立》一书难得地稍微介绍了三值逻辑的内容，但是需要注意，该书中的三值逻辑与 SQL 中采用的逻辑体系还是有一些不同的（三值逻辑体系也分好几种）。作为谓词逻辑的入门书来说，该书值得推荐。

- 初級 C 语言 Q&A（3）[EB/OL]. (1996–03–12).

  Q 【0 和 NULL】

  我曾经见到过使用 0 代替空指针的代码，为什么可以这样用呢？

A

原本该出现指针的地方如果出现了 0, 编译器会把它当成空指针来理解。比如像 if (p != 0) 这样写时, 如果 p 是指针类型, 编译器会认为右边也是指针, 所以就把 0 当成空指针来处理了。

前面讲解的都是具有代表性的情况, 但在面向过程语言的处理系统中, NULL 可以作为 0 的别称来处理。越是经验丰富、习惯了这种思维的程序员, 就越会对 SQL 的 NULL 处理感到困惑。

> **专 栏** 字符串和 NULL
>
> 本节已经介绍了在 SQL 中处理 NULL 的注意事项, 这里再介绍一下在实际应用中需要稍加注意的一项内容, 即字符串和 NULL 的处理。关于这部分处理, NULL 的操作也非常烦琐 (虽说有时也视情况而定)。
>
> ## 原则 1: NULL 与空字符是不一样的
>
> 我们再次确认一下在 SQL 中处理 NULL 的原则:NULL 既不是值也不是变量, 它只是一个表示 "没有值" 的标记。因此, NULL 的运算处理与数值或字符串是不一样的。
>
> 空字符的情况也是如此, NULL 与空字符也是不一样的。例如, 我们思考一下连接字符串的运算。如下所示, 字符串与空字符连接后, 结果并不会发生变化, 但与 NULL 连接后, 结果就会变为 NULL。
>
> ■ 字符串与空字符连接后, 结果没有变化 ❶
>
> ```
> SELECT 'abc' || '' AS string;
> ```
>
>
>
> ■ 执行结果
>
> ```
> string
> --------
> abc
> ```
>
> ■ 字符串与 NULL 连接后, 结果是 NULL
>
> ```
> SELECT 'abc' || NULL AS string;
> ```

注❶

在标准 SQL 中, 字符串连接的运算符是 "||", 而 MySQL 并不支持该运算符, 所以需要使用 CONCAT 函数。

■ MySQL 中连接字符串的语法

```
SELECT CONCAT('abc', '');
```

```
SELECT CONCAT('abc', NULL);
```

■ 执行结果

```
string
--------
 NULL
```

空字符在页面上是看不到的，但它确实是存在的字符串，只是长度为 0 而已。换句话说，它就相当于数值 0。因此，如果将字符串连接的运算符比作"加法"，那么空字符就起着单位元的作用 ，字符串与空字符的连接就好比四则运算中的 a＋0＝a。即使运算对象左右交换，结果也不会发生变化，这就是单位元的性质。

由于 NULL 既不是字符串也不是任何类型的值，所以其运算结果是 NULL。要想避免出现这种结果，我们就需要事先使用 COALESCE 函数将 NULL 转换为空字符。

原则 2：任何原则都存在例外

刚才介绍的内容看起来很容易理解，是所有人都会自然而然地遵守的规则。NULL 是让 SQL 语法变得非直观和复杂的元凶，但在这里，它好像并没有引起什么问题。那么，问题到底是什么呢？

实际上，关于原则 1 中介绍的处理，除了标准 SQL 中进行了相关规定以外，大部分 DBMS 也遵循该规则，但有一个 DBMS 存在例外，那就是 Oracle。

我们来看一下在 Oracle 中，将字符串与空字符或 NULL 进行连接时，会出现什么样的结果。

■ 字符串与空字符的连接（Oracle）

```
SELECT 'abc' || '' AS string FROM dual;
```

■ 执行结果

```
string
--------
 abc
```

字符串与空字符连接的结果并没有什么变化，问题在于其与 NULL 的连接。

注❶

SELECT CONCAT('abc', '');
SELECT CONCAT('abc', NULL);

如下所示，戴特在文献中将空字符比作连接运算中的单位元。

并不是只有＋或＊等算术运算符才持有单位元。例如，'||'（字符串连接符）中的单位元是空字符。另外，逻辑运算符 OR 中的单位元是 false。——C. J. 戴特，*Relational Database Writings, 1991-1994*，第 50 页

另外，所谓单位元（identity element），就是对所有的运算对象 a 应用某个二元运算符 "*"，使 a * e = e * a = a 成立的那个 e。简而言之，就是 "不改变二元运算结果的元素"，在整数加法中 0 就是单位元，在乘法中 1 就是单位元。

■ 字符串与 NULL 的连接（Oracle）

```
SELECT 'abc' || NULL AS string FROM dual;
```

■ 执行结果

```
 string
 --------
 abc
```

　　大家也感很奇怪吧？当字符串与 NULL 连接时，结果应该是 NULL，可实际的结果与连接空字符时的情况一样，是字符串 'abc'，这里仿佛将 NULL 视为空字符了。这是为什么呢？

　　我们再来看一个例子：在表中插入含有空字符和 NULL 的行。

```
CREATE TABLE EmptyStr
( str          CHAR(8),
  description  CHAR(16));

INSERT INTO EmptyStr VALUES('',   'empty string');
INSERT INTO EmptyStr VALUES(NULL, 'NULL' );
```

　　我们将这张表中的字符串 'abc' 与空字符、NULL 进行连接。

■ 字符串与空字符、NULL 连接（Oracle）

```
SELECT 'abc' || str AS string,  description
  FROM EmptyStr;
```

■ 执行结果

```
string    description
--------  --------------
abc       empty string
abc       NULL
```

　　字符串 'abc' 与空字符的连接结果没有什么问题，问题还是出在 NULL 这里——这里的结果也是 'abc'。这与字符串直接和 NULL 连接时的情况一样。也就是说，从现有的结果来判断，我们可以推测出 Oracle 特有的规则是"将 NULL 视为空字符"。

这就已经很复杂了，但事情还不止于此。我们来看看下面这个 SELECT 子句的结果。

■ 查询空字符（Oracle）

```
SELECT *
  FROM EmptyStr
 WHERE str = '';
```

■ 执行结果

| 未查询到记录 |

大家又感到很奇怪了吧？如果"将 NULL 视为空字符"，那应该查询到 2 行记录才对呀！

我们来试着指定 IS NULL。这样做之后，终于查询到 2 行记录了。

■ 指定 IS NULL（Oracle）

```
SELECT *
  FROM EmptyStr
 WHERE str IS NULL;
```

■ 执行结果

```
str     description
------  -------------
        empty string
        NULL
```

从该结果来看，不如说 Oracle 是"将空字符视为 NULL"。这到底发生了什么呢？

"0" 真的存在吗

笔者还是来解释一下吧。关于字符串和 NULL，Oracle 中有如下 3 个规则。

1. 原则上将空字符作为 NULL 进行处理。

2. 不过，仅在进行字符串连接时，才将NULL视为空字符。

3. 进一步来讲，仅在字符串连接的2个运算对象都是NULL的情况下，
才将它们视为NULL（等同于结果是NULL）。

在最后一个查询中，使用IS NULL条件可以查询到2行记录，根据的是
原则1；字符串与NULL连接的结果不是NULL，根据的是原则2。

下面这段话引自Oracle的正式文档❶。

尽管Oracle将长度为0的字符串视为NULL，但将长度为0的字符串与另
一个操作数连接时，总是会得到另一个操作数。因此，仅在两个NULL字符串
相连接时才会得到NULL。不过，在Oracle Database将来的版本中，这种情况
可能会消失。

这是Oracle特有的规则，其他DBMS则严格区分空字符和NULL，包括标
准SQL。不过，虽说该规则是Oracle特有的，但鉴于Oracle在关系数据库领
域占据很大的市场份额，所以这条规则的影响范围还是很广的❷。Oracle用户
必须遵循该规则，如果与其他DBMS互相迁移时没有注意到规范不一致，就
会发生意想不到的错误（就连同属甲骨文公司的MySQL的规范也和Oracle的
不一样）。

另外，即使抛开实际使用方面的困难，空字符和NULL的概念也很容易混
淆。空字符是不可见的，通常也不可以表示为符号。这与数值0和NULL容易
混淆的情况相同。在很久以前的数学史上，符号"0"的作用是与"无"相区分，
正是得益于此，我们才能轻松理解它们之间的区别。众所周知，在0获得数字
世界"居民权"的过程中，关于其身份的正当性也经历了许多波折（之后的空
集也有争议）。

如果人们发明了特殊的符号来表示空字符，或许就能避免这样的混乱了。
不过，与拥有数千年历史的数学相比，字符串运算是近几十年随着计算机科学
的兴起才进入人们视野的。这样想来，我们人类还需要更多的时间来完善处理
字符串的规则和方法论。

练习题

●**练习题 1-4-1：调查一下！使用 ORDER BY 子句排序后的 NULL 的顺序**

请大家调查一下在自己常用的 DBMS 中，使用 ORDER　BY 子句排序后 NULL 的顺序是什么（由于顺序会根据设置发生变化，所以请注意默认设置与当前设置的不同）。

●**练习题 1-4-2：调查一下！字符串和 NULL 的连接**

请大家调查一下在自己常用的 DBMS 中，当字符串与 NULL 连接时结果是什么。

●**练习题 1-4-3：调查一下！COALESCE 函数**

COALESCE 函数用于将 NULL 转换成值，请调查一下该函数的语法与使用参考。NULLIF 函数在指定条件下输出 NULL，请再调查一下该函数的语法与使用参考。

由于是调查类的练习题，所以本书中并未提供这 3 道题的答案，还请大家自行尝试。

1-5 EXISTS 谓词的用法

▶ **SQL 中的谓词逻辑**

　　支撑 SQL 的基础理论有两个：一个是我们之前花大篇幅介绍过的集合论，另一个是作为现代逻辑学标准的谓词逻辑。本节主要介绍谓词逻辑，尤其是用于在 SQL 中表示量化的重要谓词 **EXISTS** 的特性，这里将通过介绍它的一些用途来加深我们对 SQL 的理解。

写在前面

　　支撑 SQL 和关系数据库的基础理论主要有两个：一个是数学领域的集合论，另一个是作为现代逻辑学标准体系的谓词逻辑（predicate logic），准确地说是"一阶谓词逻辑"。本书前面的内容着重介绍了 SQL 中与集合论相关的内容。本节换个角度，介绍一下另一个重要内容——谓词逻辑。

　　本节将重点介绍 EXISTS 谓词。EXISTS 不仅可以将多行数据作为整体来表达高级的条件，而且使用关联子查询时性能仍然非常好，这对 SQL 来说是不可或缺的功能。但是引入这个谓词的目的是什么，它的机制又是什么，有很多人不太了解。

　　先说一下结论，EXISTS 是为了实现谓词逻辑中"量化"（quantification）这一强大功能而被引入 SQL 的。如果能理解这个概念并且能灵活运用 EXISTS 谓词，数据库工程师的能力会提升许多。

　　本节前半部分的"理论篇"将简单介绍一下与谓词逻辑和 EXISTS 相关的理论知识，后半部分的"实践篇"会介绍一下实际的应用。如果觉得边看例题边理解内容的效果更好，也可以从"实践篇"开始阅读，根据自身需要适当参考"理论篇"的内容。

理论篇

什么是谓词

　　SQL 的保留字中，有很多被归为谓词一类。例如，"=、<、>"等比较谓词，以及 BETWEEN、LIKE、IN、IS NULL 等。在写 SQL 语句时我们几乎离不开这些谓词,那么到底什么是谓词呢?几乎每天都在用,但是突然被问起来时却答不上来的人应该不少吧。当然,我们说的谓词和主语/谓语中的谓语,以及英语中的动词是不一样的。

在前面几节,我们多次用到了谓词这个说法,现在给出它的定义。用一句话来说,谓词就是函数。当然,谓词与 SUM 或 AVG 这样的函数并不一样,否则就无须再分出谓词这一类,而是统一都叫作函数了。

实际上,谓词是一种特殊的函数,其返回值是真值 ❶。前面提到的每个谓词,返回值都是 **true**、**false** 或者 **unknown**(一般的谓词逻辑里没有 **unknown**,但是 SQL 采用的是三值逻辑,因此具有三种真值)。

谓词逻辑提供谓词是为了判断命题(可以理解成陈述句)的真假。例如,我们假设存在"x 是男的"这样的谓词,那么我们只要指定 x 为"小明"或者"小红",就能判断命题"小明是男的""小红是男的"是真命题还是假命题。在谓词逻辑出现之前,命题逻辑中并没有像这样能够深入调查命题内部的工具。谓词逻辑的出现具有划时代的意义,原因就在于为命题分析提供了函数式的方法。

在关系数据库里,表中的一行数据可以看作一个命题。

Tbl_A

name(姓名)	sex (性别)	age(年龄)
田中	男	28
铃木	女	21
山田	男	32

例如,这张表里第一行数据就可以认为表示这样一个命题:田中性别是男,而且年龄是 28 岁。表常常被认为是行的集合,但从谓词逻辑的观点看,也可以认为它是命题的集合(=陈述句的集合)。C.J. 戴特曾经这样调侃过:数据库这种叫法有点名不副实,它存储的与其说是数据,还不如说是命题 ❷。

同样,我们平时使用的 WHERE 子句,其实也可以看成由多个谓词组合而成的新谓词。只有能让 WHERE 子句的返回值为真的命题,才能从表(命题的集合)中查询到 ❸。

注❶

谓词就是返回值为真值的函数,即接受合适的自变量参数后,返回结果为真或假的函数。例如,">" 就是谓词。">(x,y)" 用更普遍的写法来写就是 "x>y",表示如果相应于 x 的变元大于相应于 y 的变元,则函数返回真值;否则,返回假值。

——C. J. 戴特,*An Introduction to Database System : 6th edition*(请参考《数据库系统导论》)

注❷

"确实,1969 年科德在开始思考关系模型时曾强调过,数据库(和名字无关)实际上并非是数据的集合,而是事实(即真命题)的集合。"(请参考《深度探索关系数据库:实践者的关系理论》)

注❸

从这个意义上来说,集合和谓词实际上可以被看作是相同的东西,因为谓词也是定义集合的函数。本书在强调函数方面时会使用 "谓词",在强调静态数据方面时会使用 "集合"。

实体的阶层

同样是谓词，但是与 =、BETWEEN 等相比，EXISTS 的用法还是大不相同的。概括来说，区别在于"谓词的参数可以取什么值"。

"x = y"或"x BETWEEN y"等谓词可以取的参数是像"13"或者"本田"这样的单一值，我们称之为标量值。而 EXISTS 可以取的参数究竟是什么呢？从下面这条 SQL 语句来看，EXISTS 的参数不像是单一值。

```
SELECT id
  FROM Foo F
 WHERE EXISTS
        (SELECT *
           FROM Bar B
          WHERE F.id=B.id );
```

不过，看不出来也不用苦恼。因为如果有人问 SUM() 函数的参数是什么，我们只要看一下括号里的内容就知道了。同样地，看一下 EXISTS()的括号中的内容，我们就能知道它的参数是什么。现在再看上面的 SQL 语句，就能知道它的参数是下面这样一条 SELECT 子句。

```
SELECT *
  FROM Bar B
 WHERE A.id = T2.id
```

换言之，参数是行数据的集合（图 1.5.1）。之所以这么说，是因为无论子查询中选择什么样的列，对于 EXISTS 来说都是一样的。在 EXISTS 的子查询里，SELECT 子句的列表可以有下面这三种写法。

1. 通配符：**SELECT ***
2. 常量：**SELECT** '这里的内容任意'
3. 列名：**SELECT col**

但是，不管采用上面这三种写法中的哪一种，得到的结果都是一样的。

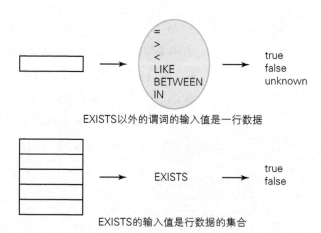

EXISTS以外的谓词的输入值是一行数据

EXISTS的输入值是行数据的集合

■ 图 1.5.1　EXISTS 的动作

　　从上图和前文我们可以知道，EXISTS 的特殊性在于输入值的阶数（输出值和其他谓词一样，都是真值）。谓词逻辑中，我们可以根据输入值的阶数对谓词进行分类。= 或者 BETWEEN 等输入值为一行的谓词叫作"一阶谓词"，而像 EXISTS 这样输入值为行的集合的谓词叫作"二阶谓词"（图 1.5.2）。阶（order）是用来区分集合或谓词的阶数的概念。

　　　　三阶谓词＝输入值为"集合的集合"的谓词
　　　　四阶谓词＝输入值为"集合的集合的集合"的谓词
　　　　　　　　　　　⋮

　　我们可以像上面这样无限地扩展阶数，但是 SQL 里并不会出现三阶以上的情况，所以不用太在意。

　　使用过 List、Haskell 等函数式语言或者 Java 的读者可能知道"高阶函数"这一概念。它指的是不以一般的原子性的值为参数，而以函数为参数的函数。这里说的"阶"和谓词逻辑里的"阶"是一个意思（"阶"的概念原本就源于集合论和谓词逻辑）。EXISTS 因接受的参数是集合这样的一阶实体（entity）而被称为二阶谓词，但是谓词也是函数的一种，因此我们也可以说 EXISTS 是高阶函数。

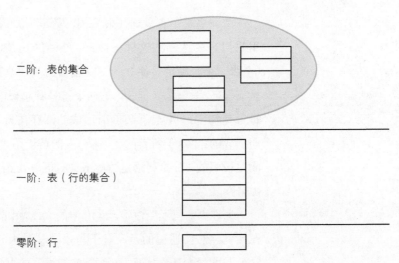

二阶：表的集合

一阶：表（行的集合）

零阶：行

■ 图 1.5.2　关系数据库中实体的阶层

在本节开头我们说过，SQL 中采用的是狭义的"一阶谓词逻辑"，这是因为 SQL 里的 EXISTS 谓词最高只能接受一阶的实体作为参数。如果想要支持二阶、三阶等更高阶的实体，SQL 必须提供相应的支持。理论上这也是可以做到的 ❶，只是目前还没有实现。

如果将来 SQL 能支持二阶谓词逻辑，那么我们就能对表进行量化。正如 C.J. 戴特所说 ❷，现在的 SQL 只能进行"是否存在包含供应商 S1 的行？"这样的查询，而如果能支持二阶谓词逻辑，那么就能够表达更复杂的查询，比如"是否存在包含供应商 S1 的表？"等。这样一来，SQL 的查询能力就能提升一个等级。到那时，SQL 作为一门编程语言将有质的飞跃。

全称量化和存在量化

我们先来看一下 C.J. 戴特的一段话。

从这些我们可以知道，形式语言没必要同时显式地支持 EXISTS 和 FORALL 两者。但是实际上，我们希望这两者能同时获得支持，因为有些问题适合使用 EXISTS 来解决，而有的问题适合使用 FORALL。例如，SQL 支持 EXISTS，但不支持 FORALL，于是会有一些查询只能选择用 EXISTS，那么代码写起来就会非常麻烦 ❸。

注❶
其实，1969 年科德在开始思考关系模型时，曾经考虑过以二阶谓词逻辑作为基础，但是在次年的 1970 年，他就改变了想法，选择以一阶谓词逻辑为基础。

注❷
请参考 *The Database Relational Model: A Retrospective Review and Analysis*（《关系数据库模型：回顾性调查与分析》，尚无中文版）一书。

注❸
请参考《深度探索关系数据库：实践者的关系理论》。

　　谓词逻辑中有量词（限量词、数量词）这类特殊的谓词。我们可以用它们来表达一些这样的命题："所有的 x 都满足条件 P"或者"存在（至少一个）满足条件 P 的 x"。前者称为"全称量词"，后者称为"存在量词"，分别记作 ∀、∃。这两个符号看起来很奇怪。其实，全称量词的符号是将字母 A 上下颠倒而形成的，存在量词则是将字母 E 左右颠倒而形成的。"对于所有的 x，……"的英语是"for All x, ..."，而"存在满足……的 x"的英语是"there Exists x that..."，这就是这两个符号的由来。

　　也许大家已经明白了，SQL 中的 EXISTS 谓词实现了谓词逻辑中的存在量词。然而遗憾的是，对于与本节核心内容有关的另一个全称量词，SQL 却并没有予以实现。C.J. 戴特在自己的书里写了 FORALL 谓词，但实际上 SQL 里并没有这个实现。

　　但是没有全称量词并不算是 SQL 的致命缺陷，因为全称量词和存在量词只要定义了一个，另一个就可以被推导出来。具体可以参考下面这个等价改写的规则（德·摩根定律）。

　　∀ xPx = ￢ ∃ x ￢ Px
　　（所有的 x 都满足条件 P ＝不存在不满足条件 P 的 x）
　　∃ xPx = ￢ ∀ x ￢ Px
　　（存在 x 满足条件 P ＝ 并非所有的 x 都不满足条件 P）

　　因此在 SQL 中，为了表达全称量化，需要将"所有的行都满足条件 P"这样的命题转换成"不存在不满足条件 P 的行"。就像 C.J. 戴特所说，虽然 SQL 里有全称量词会很方便，但是既然 SQL 并没有实现它，我们也就没有办法了。

　　到此为止，本节简要介绍了 SQL 基础理论中的谓词逻辑，特别是量化相关的理论知识。接下来的"实践篇"将通过具体的例题介绍一下量化在 SQL 中是如何使用的。

实践篇

查询表中"不"存在的数据

　　我们从数据库中查询数据时，一般是从表里存在的数据中选出满足某些条件的数据。但是在有些情况下，我们不得不从表中查找出"不存在的数据"。这听起来可能很奇怪，但是这种需求并不算少。例如下面这样的情况，大家是不是也遇到过呢？

Meetings

meeting（会议）	person（出席者）
第 1 次	伊藤
第 1 次	水岛
第 1 次	坂东
第 2 次	伊藤
第 2 次	宫田
第 3 次	坂东
第 3 次	水岛
第 3 次	宫田

　　显然，从这张表中求出"参加了某次会议的人"是很容易的。但是，如果反过来求"没有参加某次会议的人"，该怎么做呢？例如，伊藤参加了第 1 次会议和第 2 次会议，但是没有参加第 3 次会议；坂东没有参加第 2 次会议。也就是说，目标结果如下所示，是各次会议缺席者的列表（假设没有全部缺席的人）。

```
meeting           person
----------        --------
第 1 次            宫田
第 2 次            坂东
第 2 次            水岛
第 3 次            伊藤
```

　　我们并不是要根据存在的数据查询"满足这样那样条件"的数据，而是要查询"数据是否存在"。从阶层上来说，这是更高一阶的问题，即所谓的"二阶查询"。这种时候正是 EXISTS 谓词大显身手的好时机。思路是先假设所有人都参加了全部会议，并以此生成一个集合，然后从中减去实际参加会议的人。这样就能得到缺席会议的人。

所有人都参加了全部会议的集合可以通过下面这样的交叉连接来求得。

```
SELECT DISTINCT M1.meeting, M2.person
  FROM Meetings M1 CROSS JOIN Meetings M2;
```

■ 所有人都参加了全部会议时

meeting（会议）	person（出席者）
第 1 次	伊藤
第 1 次	宫田
第 1 次	坂东
第 1 次	水岛
第 2 次	伊藤
第 2 次	宫田
第 2 次	坂东
第 2 次	水岛
第 3 次	伊藤
第 3 次	宫田
第 3 次	坂东
第 3 次	水岛

结果是 3（次）×4（人），一共 12 行数据。然后，我们从这张表中减掉实际参会者的集合，即表 Meetings 中存在的组合即可。

```
-- 求出缺席者的 SQL 语句 (1)：存在量化的应用
SELECT DISTINCT M1.meeting, M2.person
  FROM Meetings M1 CROSS JOIN Meetings M2
 WHERE NOT EXISTS
       (SELECT *
          FROM Meetings M3
         WHERE M1.meeting = M3.meeting
           AND M2.person = M3.person);
```

如上所示，我们的需求被直接翻译成了 SQL 语句，意思很好理解。这道例题还可以用集合论的方法来解答，即像下面这样使用差集运算。

```
---- 求出缺席者的 SQL 语句 (2)：使用差集运算
SELECT M1.meeting, M2.person
```

```
  FROM Meetings M1, Meetings M2
EXCEPT
SELECT meeting, person
  FROM Meetings;
```

通过以上两条 SQL 语句的比较，我们可以明白，NOT EXISTS 直接具备了差集运算的功能。

全称量化 (1)：习惯"肯定 ⇔ 双重否定"之间的转换

接下来，我们练习一下如何使用 EXISTS 谓词来表达全称量化。这是 EXISTS 的用法中很具有代表性的一个用法。通过这一部分内容的学习，希望大家能习惯从全称量化"所有的行都××"到其双重否定"不×× 的行一行都不存在"的转换。

这里，笔者使用下面这样一张存储了学生考试成绩的表来进行讲解。

TestScores

student_id（学号）	subject（科目）	score（分数）
100	数学	100
100	语文	80
100	理化	80
200	数学	80
200	语文	95
300	数学	40
300	语文	90
300	社会	55
400	数学	80

我们先来看一个简单的问题：请查询出"所有科目分数都在 50 分以上的学生"。答案是学号分别为 100、200、400 的 3 人。学号为 300 的学生语文和社会两科目都在 50 分以上，但是数学考了 40 分，所以不符合条件。

解法是，将查询条件"所有科目分数都在 50 分以上"转换成它的双重否定"没有一个科目分数不满 50 分"，然后用 NOT EXISTS 来表示转换后的命题。

```
SELECT DISTINCT student_id
  FROM TestScores TS1
 WHERE NOT EXISTS                         -- 不存在满足以下条件的行
         (SELECT *
            FROM TestScores TS2
           WHERE TS2.student_id = TS1.student_id
             AND TS2.score < 50);       -- 分数不满 50 分的科目
```

■ 执行结果

```
student_id
-----------
       100
       200
       400
```

怎么样，是不是很简单呢？

接下来，我们把条件改得复杂一些再试试。请思考一下如何查询出满足下列条件的学生。

1. 数学的分数在 80 分以上。
2. 语文的分数在 50 分以上。

结果应该是学号分别为 100、200、400 的学生。这里，学号为 400 的学生没有语文分数的数据，但是也需要包含在结果里。像这样的需求，我们在实际业务中应该会经常遇到，但是乍一看可能会觉得它不太像是全称量化的条件。

如果改成下面这样的说法，大家可能一下子就能明白它是全称量化的命题了。

"某个学生的所有行数据中，如果科目是数学，则分数在 80 分以上；如果科目是语文，则分数在 50 分以上。"

没错，这其实是针对同一个集合内的行数据进行了条件分支后的全称量化。SQL 语句本身是支持根据不同行表示条件分支的，例如可以通过下页这个具有两个条件分支的 CASE 表达式来表示条件分支。

```
CASE WHEN subject = '数学' AND score >= 80 THEN 1
     WHEN subject = '语文' AND score >= 50 THEN 1
     ELSE 0 END
```

　　对于满足条件的行，该 CASE 表达式会返回 1，否则返回 0。这可以看作是在创建一个判断某行是否满足条件的函数。实际上，这确实也是一种"特征函数"。特征函数的相关内容会在下一节中详细介绍。言归正传，接下来，我们只需要像下面这样把语句里的条件反过来就可以了。

```
SELECT DISTINCT student_id
  FROM TestScores TS1
 WHERE subject IN ('数学', '语文')
   AND NOT EXISTS
       (SELECT *
          FROM TestScores TS2
         WHERE TS2.student_id = TS1.student_id
           AND 1 = CASE WHEN subject = '数学' AND score < 80 THEN 1
                        WHEN subject = '语文' AND score < 50 THEN 1
                        ELSE 0 END);
```

　　这里解释一下这段代码。首先，数学和语文之外的科目不在我们考虑范围之内，所以通过 IN 条件过滤一下。然后，通过子查询来描述"数学80 分以上，语文 50 分以上"这个条件。

　　接下来，我们思考一下如何排除掉没有语文分数的学号为 400 的学生。这里，学生必须两门科目都有分数才行，所以我们可以加上用于判断行数的 HAVING 子句来实现。

```
SELECT student_id
  FROM TestScores TS1
 WHERE subject IN ('数学', '语文')
   AND NOT EXISTS
       (SELECT *
          FROM TestScores TS2
         WHERE TS2.student_id = TS1.student_id
           AND 1 = CASE WHEN subject = '数学' AND score < 80 THEN 1
                        WHEN subject = '语文' AND score < 50 THEN 1
                        ELSE 0 END)
 GROUP BY student_id
HAVING COUNT(*) = 2;    -- 必须两门科目都有分数
```

■ 执行结果

```
student_id
----------
       100
       200
```

　　像上面这样简单地修改一下就可以了。请注意，这里已经以学号为列进行了聚合，所以 SELECT 子句里的 DISTINCT 就不需要了。

全称量化 (2)：集合与谓词——哪个更强大

　　下面继续练习全称量化。EXISTS 和 HAVING 有一个地方很像，即都是以集合而不是个体为单位来操作数据的。实际上，两者在很多情况下是可以互换的，用其中一个写出的查询语句，大多时候也可以用另一个来写。接下来，我们通过比较来了解一下它们各自的优点和缺点。

　　假设存在下面这样的项目工程管理表 ❶。

注❶

这个问题改编自乔・塞尔科的著作《SQL 解惑（第 2 版）》的 "谜题 11 工作顺序"。

Projects

project_id(项目 ID)	step_nbr（工程编号）	status（状态）
AA100	0	完成
AA100	1	等待
AA100	2	等待
B200	0	等待
B200	1	等待
CS300	0	完成
CS300	1	完成
CS300	2	等待
CS300	3	等待
DY400	0	完成
DY400	1	完成
DY400	2	完成

　　这张表的主键是"项目 ID，工程编号"。工程编号从 0 开始，我们不妨认为 0 号是需求分析，1 号是基本设计……虽然这张表中的工程编号最大只到 3，但是有可能也会有 4 及以后的编号。已经完成的工程，其状态列的值是"完成"；等待上一个工程完成的工程，其状态列的值是"等待"。

　　这里的问题是，要从这张表中查询出哪些项目已经完成到了工程 1。

我们明显可以看出，只完成到工程 0 的项目 AA100 和还没有开始的项目 B200 不符合条件，而项目 CS300 符合条件。项目 DY400 已经完成到了工程 2，是否符合条件有点微妙，我们先按它不符合条件来实现。

对于这个问题，乔·塞尔科曾经借助 HAVING 子句，用面向集合的方法进行过解答，代码如下所示。

```
-- 查询完成到了工程 1 的项目：面向集合的解法
SELECT project_id
  FROM Projects
 GROUP BY project_id
HAVING COUNT(*) = SUM(CASE WHEN step_nbr <= 1 AND status = '完成' THEN 1
                           WHEN step_nbr  > 1 AND status = '等待' THEN 1
                           ELSE 0 END);
```

■ 执行结果

```
project_id
-----------
CS300
```

因为这里的重点不是讲解 HAVING 子句，所以就不通过维恩图去分析了。下面简单地解释一下这段代码：针对每个项目，将工程编号为 1 以下且状态为"完成"的行数，和工程编号大于 1 且状态为"等待"的行数加在一起，如果它们的和等于该项目数据的总行数，则该项目符合查询条件。

那么，这道例题用谓词逻辑该如何解决呢？其实这道例题也能看作全称量化的一个特例。与上一道例题相比，这道例题稍微复杂一点，但是思路是一样的。请把查询条件看作下面这样的全称量化命题。

"某个项目的所有行数据中，如果工程编号是 1 以下，则该工程已完成；如果工程编号比 1 大，则该工程还在等待。"

这个条件仍然可以用 CASE 表达式来描述。

```
step_status = CASE WHEN step_nbr <= 1
                   THEN '完成'
                   ELSE '等待' END
```

最终的 SQL 语句会采用上面这个条件的否定形式，因此代码如下所示。

```
-- 查询完成到了工程 1 的项目: 谓词逻辑的解法
SELECT *
  FROM Projects P1
 WHERE NOT EXISTS
       (SELECT status
          FROM Projects P2
         WHERE P1.project_id = P2. project_id      -- 以项目为单位进行条件判断
           AND status <> CASE WHEN step_nbr <= 1   -- 使用双重否定来表达全称量化命题
                              THEN '完成'
                              ELSE '等待' END);
```

■ 执行结果

```
project_id     step_nbr     status
----------     --------     ------
CS300                 0     完成
CS300                 1     完成
CS300                 2     等待
CS300                 3     等待
```

　　虽然两者都能表达全称量化，但是与 HAVING 相比，使用了双重否定的 NOT EXISTS 的代码看起来不是那么容易理解，这是它的缺点。但是这种写法也有优点。第一个优点是性能好。只要有一行满足条件，查询就会终止，不一定需要查询所有行的数据。而且还能通过连接条件使用 project_id 列的索引，这样查询起来会更快。第二个优点是结果里能包含的信息量更大。如果使用 HAVING，结果会被聚合，我们最多能获取项目 ID，而如果使用 NOT EXISTS，则能获取集合里的所有元素。

对列进行量化：查询全是 1 的行

　　不好的表在设计上一般会存在一些典型的问题。例如没有主键且允许重复的行存在，或者是完全忽略掉列应该作为"属性"来定义的这个习惯，让某一列拥有了多个含义。还有一种是像下面这样只是单纯地存储了数组的表。对于这样的表，数据库工程师看到就会忍不住叹一口气："啊，怎么又来了！"

ArrayTbl

key	col1	col2	col3	col4	col5	col6	Col7	col8	col9	col10
A										
B	3									
C	1	1	1	1	1	1	1	1	1	1
D			9							
E		3		1	9			9		

注❶

当然性能方面会有一些影响，但是在这里，我们说的只是逻辑方面的问题。另外，近年来，由于人们已经意识到 RDB 数据结构过于僵化导致系统开发效率低下的问题，所以市面上出现了能够更加灵活地定义数据结构的 NoSQL 产品组合。这部分内容将在本书的 2-1 节进行介绍。

　　说这张表的设计不好的原因是，数组中的元素可以自由地增加或者减少，而表中的列却不能这样。即便只是增加或减少 1 列，都非常麻烦。相反，行的增加或者减少却对系统几乎没有什么影响❶。因此在设计表时有一条原则：让列具有一定的扩展性。数组中的元素不应该对应表中的列，而是应该对应行。

　　如果你能理解"表是对现实世界中的实体的抽象"这一关系模型理论，很自然就会明白这种思考方式。如果只是生成上面这样的表，那么使用 SQL:1999 中引入的数组类型也不失为一个办法。

　　好了，就算我们盯着有问题的表发牢骚，它也不会变得好起来。如果不能改变表的结构，那么接受这一点并继续想其他办法才是有意义的。

　　在使用这种模拟数组的表时遇到的需求一般是下面这两种形式。

1. 查询"都是 1"的行。
2. 查询"至少有一个 9"的行。

　　EXISTS 谓词主要用于进行"行方向"的量化，而对于这个问题，我们需要进行"列方向"的量化。虽然这里不能用 EXISTS，但是实际上可以像下面这样解决。

```
-- "列方向"的全称量化：不优雅的解法
SELECT *
  FROM ArrayTbl
 WHERE col1 = 1
   AND col2 = 1
         .
         .
         .
   AND col10 = 1;
```

这种解法不是很优雅（但是也没有错），还可以改进。只有 10 列的话还可以忍受，如果增加到 50 列、100 列，那么这种 SQL 语句就会变得太长而让人难以阅读。但是不用担心，SQL 语言其实还准备了一个谓词，帮助我们进行"列方向"的量化。

注❶

在 PostgreSQL 或 MySQL 中，ALL 谓词和 ANY 谓词只可以用于子查询，所以这段代码执行时会发生语法错误。PostgreSQL 中可以对数组类型使用 ALL 谓词，因此，下面的代码可以正常执行。

```
SELECT *
  FROM ArrayTbl
 WHERE 1 = ALL(array[col1, ↵
col2, col3, col4, col5, ↵
col6, col7, col8, col9, ↵
col10]);
```

```
-- "列方向"的全称量化：优雅的解法 ❶
SELECT *
  FROM ArrayTbl
 WHERE 1 = ALL (col1, col2, col3, col4, col5, col6, col7, col8, col9, col10);
```

■ 执行结果

```
key  col1  col2  col3  col4  col5  col6  col7  col8  col9  col10
---  ----  ----  ----  ----  ----  ----  ----  ----  ----  -----
 C    1     1     1     1     1     1     1     1     1     1
```

这条 SQL 语句将"col1 ～ col10 的全部列都是 1"这个全称量化命题直接翻译成了 SQL 语句，既简洁又很好理解。

反过来，如果想表达"至少有一个 9"这样的存在量化命题，可以使用 ALL 的反义谓词 ANY。

```
SELECT *
  FROM ArrayTbl
 WHERE 9 = ANY (col1, col2, col3, col4, col5, col6, col7, col8, col9, col10);
```

■ 执行结果

```
key  col1  col2  col3  col4  col5  col6  col7  col8  col9  col10
---  ----  ----  ----  ----  ----  ----  ----  ----  ----  -----
 D                 9
 E          3            1     9                 9
```

或者也可以使用 IN 谓词代替 ANY。

```
SELECT *
  FROM ArrayTbl
 WHERE 9 IN (col1, col2, col3, col4, col5, col6, col7, col8, col9, col10);
```

人们一般是像 col1 IN (1, 2, 3) 这样来使用 IN 谓词的，左边是列名，右边是值的列表。可能有人不太习惯前面那种左右颠倒了的写法，但是其实这种写法也是被允许的。

但是，如果左边不是具体值而是 NULL，这种写法就不行了。

```
-- 查询全是 NULL 的行：错误的解法
SELECT *
  FROM ArrayTbl
 WHERE NULL = ALL (col1, col2, col3, col4, col5, col6, col7, col8, col9, col10);
```

不管表里的数据是什么样的，这条 SQL 语句的查询结果都是空。这是因为，ALL 谓词会被解释成 col1 = NULL AND col2 = NULL AND ... col10 = NULL[1]。这种情况下，我们需要使用 COALESCE 函数。

注[1]
如果不明白，请返回 1-4 节复习一下。

```
-- 查询全是 NULL 的行：正确的解法
SELECT *
  FROM ArrayTbl
 WHERE COALESCE(col1, col2, col3, col4, col5, col6, col7, col8, col9, col10) IS NULL;
```

■ 执行结果

```
key col1 col2 col3 col4 col5 col6 col7 col8 col9 col10
--- ---- ---- ---- ---- ---- ---- ---- ---- ---- -----
 A
```

这样，"列方向"的量化也就不足为惧了。

本节小结

从集合论的角度来看，SQL 具备的能力配得上它"面向集合语言"的称号。而从谓词逻辑的角度来看，我们又能发现它作为一种函数式语言的特点。

在函数式语言中，高阶函数发挥着很大的作用。同样，在 SQL 中，EXISTS 谓词也是很重要的。如果能灵活运用 EXISTS，那么你就突破了中级水平关卡中的一个。下一节准备了很多会用到 EXISTS 的例题，到时请结合本节学习到的基础知识挑战一下。

我们来回顾一下本节要点。

1. SQL 中的谓词指的是返回真值的函数。

2. EXISTS 与其他谓词不同，接受的参数是（行的）集合。

3. 因此 EXISTS 可以看成是一种高阶函数。

4. SQL 中没有与全称量词相当的谓词，可以使用 NOT EXISTS 代替。

如果大家想了解更多关于 EXISTS 谓词的内容，请参考下面的资料。

- 塞尔科．SQL 解惑（第 2 版）[M]．米全喜，译．北京：人民邮电出版社，2008.

  该书收录了很多关于 EXISTS 和 NOT EXISTS 的应用例题。例如，关于 EXISTS 的标准用法，可参考"谜题 18 广告信件"；关于使用 NOT EXISTS 表达全称量化，可参考"谜题 20 测验结果"和"谜题 21 飞机与飞行员"；关于 EXISTS 在差集运算中的应用，可参考"谜题 57 间隔——版本 1"。

- 戴特．深度探索关系数据库：实践者的关系理论 [M]．熊建国，译．北京：电子工业出版社，2007.

  关于 SQL 中量词的内容参考该书附录 A.5。

- 户田山和久．論理学をつくる [M]．名古屋：名古屋大学出版会，2000.

  关于谓词逻辑的量词，请参考第 5 章"扩展逻辑学的对象语言"。

练习题

● 练习题 1-5-1：数组表——行结构表的情况

在"对列进行量化：查询全是 1 的行"部分，我们讨论了对模拟数组的表按"列方向"量化的方法。接下来，我们将正文中的表改成行结构的表，并通过这张表来做练习。i 列表示数组的下标，因此主键是"key, i"。

ArrayTbl2

key	i	val
A	1	
A	2	
A	3	
⋮		
A	10	
B	1	3
B	2	
B	3	
⋮		
B	10	
C	1	1
C	2	1
C	3	1
⋮		
C	10	1

一个实体对应 10 行数据，所以上面的表省略了一部分以方便显示。A、B、C 的元素和正文中是一样的。key 为 A 的行 val 全都是 NULL，key 为 B 的行中只有 i=1 的行 val 是 3，其他的都是 NULL，key 为 C 的行 val 全部都是 1。

请思考一下如何从这张表中选出 val 全是 1 的 key。答案是 C。这次，我们要按"行方向"进行全称量化，所以使用 EXISTS 谓词。严格来说，这个问题还是相当复杂的，如果能注意到问题在哪里，那你就是高级水平了。

在使用 EXISTS 解答之后，请再试试看有没有别的解法。这个问题有很多种解法，非常有趣。

●**练习题 1-5-2：使用 ALL 谓词表达全称量化**

全称量化除了可以用 NOT EXISTS 表达，也可以用 ALL 谓词。如果使用 ALL 谓词，那么不借助双重否定也可以，所以写出来的代码会更简洁。请用 ALL 谓词改写"全称量化 (2)：集合与谓词——哪个更强大"部分的 SQL 语句。

● **练习题 1-5-3: 求质数**

最后再来练习一个有趣的数学谜题。我们在学校里都学过，质数是自然数的一种，它的定义是除了 1 和它自身之外不存在正约数（也就是说，除了 1 和它自身之外不能被任何自然数除尽）且大于 1 的自然数。

虽然质数的定义很简单，但是由于它有很多有趣的性质，所以长期以来都吸引着很多人来研究。那么请用 SQL 求一下质数。因为质数有无限多个，所以这里把范围限定在 100 以内。我们先准备一张存储了 1 ～ 100 的所有自然数的表 Numbers（这张表的简单生成方法将在 1-10 节进行介绍）。

Numbers

num
1
2
3
⋮
98
99
100

如果把 100 以内的质数从小到大排列出来，那么就是下面这些。请用 SQL 求出它们。

2, 3, 5, 7, 11, 13, 17, …, 83, 89, 97

1-6 HAVING 子句的力量

▶ 将世界看作集合

　　很多人可能并没有深刻地认识到 HAVING 子句的价值，它不仅是 SQL 里一个非常重要的功能，还是理解 SQL 的本质"面向集合"的关键，应用范围非常广泛。

　　本章，我们将学习 HAVING 子句的用法，进而理解面向集合语言的特性——以集合为单位进行操作。

注❶
出自乔·塞尔科发表的网络文章 "Thinking in Aggregates"（面向集合的思维）。

　　在我教授 SQL 时，最大的难题就是学生无法将自己掌握的面向过程语言的知识抛之脑后。对此，我采取的方法是强调从集合的观点来思考处理，而不是按记录单位来思考。❶

——乔·塞尔科

　　SQL 与通常的语言不一样，这种感觉的强烈程度可能因人而异，但是对于一开始就从面向过程语言学起的正统的程序员或系统工程师来说，可能感觉会比较强烈。

　　SQL 给人感觉与众不同的原因有两个：第一个原因是，它是一种基于"面向集合"思想设计的语言，同样具备这种设计思想的语言很少；第二个原因的影响力不亚于第一个，即人最开始学习过某种理念下的语言后，心理上会形成思维定式，从而很难理解另一种理念下的语言。

　　本节，我们将学习 HAVING 子句的各种使用方法，同时也比较一下面向过程语言和 SQL 在思考方式上的区别。通过比较，我们会察觉到自己在学习面向过程语言时下意识形成的思维定式，进而更好地适应面向集合的思维方式。

▌寻找缺失的编号

　　那么，我们赶快通过例题往下学习吧。假设现有一张带有"连续编号"列的表 SeqTbl。我们在使用自动分配的数值时经常会见到像这样的表。

SeqTbl

seq（连续编号）	name（名字）
1	迪克
2	安
3	莱露
5	卡
6	玛丽
8	本

　　虽然编号那一列叫作连续编号，但实际上编号并不是连续的，缺少了 4 和 7。我们要做的第一件事，就是查询这张表里是否存在数据缺失。如果像本例这样，数据只有几行，那么我们一下子就能找出来。但是，如果数据有 100 万行，应该就不会有人用肉眼去查询了吧。

　　如果这张表的数据存储在文件里，那么用面向过程语言查询时，步骤应该像下面这样。

1. 对"连续编号"列按升序或者降序进行排序。

2. 按照键的升序（或降序）进行循环，比较每一行和其下一行的 seq 列的值。

　　步骤很简单，但是也体现了面向过程语言和文件系统处理问题的特点：文件的记录是有顺序的，为了操作记录，编程语言需要对记录进行排序。而表的记录是没有顺序的，而且 SQL 也没有排序的运算符 **❶**。SQL 会将多条记录作为一个集合来处理，因此如果将表整体看作一个集合，就可以像下面这样解决这个问题。

注❶

1-2 节也介绍过，ORDER BY 不是 SQL 的运算符，而是光标定义的一部分。

ORDER BY 在表示查询结果时很方便，但是它本身并不是关系运算符。——D.J. 戴特，《深度探索关系数据库：实践者的关系理论》

```
-- 如果有查询结果，说明存在缺失的编号
SELECT '存在缺失的编号' AS gap
  FROM SeqTbl
HAVING COUNT(*) <> MAX(seq);
```

■ 执行结果

```
gap
----------
'存在缺失的编号'
```

如果这个查询结果有 1 行，说明存在缺失的编号；如果 1 行都没有，说明不存在缺失的编号。这是因为，如果用 COUNT(*) 统计出来的行数等于 "连续编号" 列的最大值，就说明编号从开始到最后是连续递增的，中间没有缺失。如果有缺失，COUNT(*) 会小于 MAX(seq)，这样 HAVING 子句就变成真了。这个解法只需要 3 行代码，十分优雅。

如果用集合论的语言来描述，那么这个查询所做的事情就是检查自然数集合和 SeqTbl 集合之间是否存在一一映射（又称双射）❶。换句话说，就是像图 1.6.1 展示的那样，MAX(seq) 计算的，是由 "到 seq 最大值为止的没有缺失的连续编号（即自然数）" 构成的集合的元素个数，而 COUNT(*) 计算的是 SeqTbl 这张表里实际的元素个数（即行数）。

注❶

双射是集合论中的术语，指两个集合的所有元素之间一一映射，无重复或遗漏映射。另外，如果无遗漏但存在重复映射，则称为满射；如果无重复但存在遗漏映射，则称为单射。

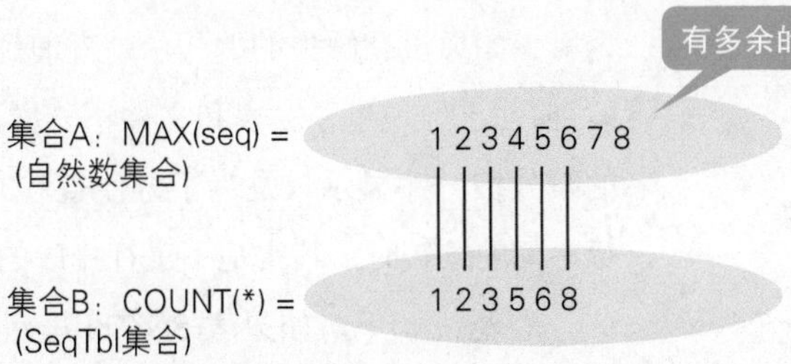

有多余的元素

集合A：MAX(seq) =
（自然数集合） 　 1 2 3 4 5 6 7 8

集合B：COUNT(*) =
（SeqTbl集合） 　 1 2 3 5 6 8

■ 图 1.6.1　确认两个集合之间是否存在一一映射

于是，如果像上图这样存在缺失的编号，那么集合 A 和集合 B 中的元素个数肯定是不一样的。

注❷

无 GROUP BY 子句的情况可以认为是对空集合进行了 GROUP BY 操作，只不过省略了 GROUP BY 子句，此时的代码等价于下面这段代码。

```
SELECT '存在缺失的编号' AS gap
  FROM SeqTbl
 GROUP BY()
HAVING COUNT(*)
<> MAX(seq);
```

如果使用窗口函数时不指定 PARTITION BY 子句，就是把整张表当作一个分区来处理的，思路与这里也是一样的。详情请参考本书 2-6 节。

也许大家注意到了，上面的 SQL 语句里没有 GROUP BY 子句，此时整张表会被聚合为 1 行。在这种情况下，HAVING 子句也是可以使用的。在以前的 SQL 标准里，HAVING 子句必须和 GROUP BY 子句一起使用，所以到现在也有人会有这样的误解。但是，按照现在的 SQL 标准来说，**HAVING 子句是可以单独使用的**❷。不过在这种情况下，就不能在 SELECT 子句里引用原来的表里的列了，要么就得像示例里一样使用常量，要么就得像 SELECT COUNT(*) 这样使用聚合函数。

现在，我们已经知道这张表里存在缺失的编号了。接下来，再来查询一下缺失编号的最小值。求最小值要用 MIN 函数，因此我们像下页这样写 SQL 语句。

```
-- 查询缺失编号的最小值
SELECT MIN(seq + 1) AS gap
  FROM SeqTbl
 WHERE (seq+ 1) NOT IN ( SELECT seq FROM SeqTbl);
```

■ 执行结果

```
gap
---
  4
```

　　这里也是只有 3 行代码。使用 NOT IN 进行的子查询针对某一个编号，检查了比它大 1 的编号是否存在于表中。然后，"3，莱露""6，玛丽""8，本"这几行因为找不到紧接着的下一个编号，所以子查询的结果为真。如果没有缺失的编号，则查询到的结果是最大编号 8 的下一个编号 9。前面已经说过了，表和文件不一样，记录是没有顺序的（表 SeqTbl 里的编号按升序显示只是为了方便查看）。因此，像这条语句一样进行行与行之间的比较时，其实是不进行排序的。

　　顺便说一下，如果表 SeqTbl 里包含 NULL，那么这条 SQL 语句的查询结果就不正确了。如果不明白为什么，可以参考 1-4 节。

　　上面展示了通过 SQL 语句查询缺失编号的最基本的思路，然而这个查询还不够周全，并不能涵盖所有情况。例如，如果表 SeqTbl 里没有编号 1，那么缺失编号的最小值应该是 1，但是这两条 SQL 语句都不能得出正确的结果（请试着自己模拟分析一下，推测出可能的结果）。下面，我们就来学习一下查询缺失编号的更完备的做法。

寻找缺失的编号：升级版

　　我们对前面的问题放宽一下限制条件，思考一下不管数列的最小值是多少，都能用来判断该数列是否连续的 SQL 语句。对新的 SQL 语句来说，下页这 4 种情况中，(3) 是连续的，而 (4) 存在数据缺失。但是，对前面的 SQL 语句来说，这里 (3) 的起始值不是 1，所以是不连续的。

(1) 不存在缺失编号
（起始值 = 1）

Seq
1
2
3
4
5

(2) 存在缺失编号
（起始值 = 1）

Seq
1
2
4
5
8

(3) 不存在缺失编号
（起始值 <>1）

Seq
3
4
5
6
7

(4) 存在缺失编号
（起始值 <>1）

Seq
3
4
7
8
10

　　解决这个问题的基本思路和之前是一样的，即将表整体看作一个集合，使用 COUNT(*) 来获得其中的元素个数。上面 4 种情况的话，每张表都满足 COUNT(*)=5。而且，如果数列的最小值和最大值之间没有缺失的编号，它们之间包含的元素的个数应该是"最大值－最小值＋1"。因此，我们像下面这样写比较条件就可以了。

```
-- 如果有查询结果，说明存在缺失的编号：只调查数列的连续性
SELECT '存在缺失的编号'  AS gap
  FROM SeqTbl
HAVING COUNT(*) <> MAX(seq) - MIN(seq) + 1 ;
```

　　这条 SQL 语句将情况 (1) 和 (3) 看成是连续的。如果不论是否存在缺失的编号，都想要返回结果，那么只需要像下面这样把条件写到 SELECT 里就可以了。

```
-- 不论是否存在缺失的编号，都返回一行结果
SELECT CASE WHEN COUNT(*) = 0 THEN '表为空'
            WHEN COUNT(*) <> MAX(seq) - MIN(seq) + 1 THEN '存在缺失的编号'
            ELSE '连续' END AS gap
  FROM SeqTbl;
```

这条 SQL 语句中稍微多做了一点处理，即将"表为空"当作异常情况处理，返回"表为空"的结果（即使是表为空的时候，前面那条使用了 HAVING 的 SQL 语句也会认为编号是连续的）。能够像这样表达详细的条件分支正是 CASE 表达式的魅力所在。

接下来，我们也顺便改进一下查找最小的缺失编号的 SQL 语句，去掉起始值必须是 1 的限制。对于之前的简单版的 SQL 语句来说，情况 (4) 会把 5 当成最小的缺失编号来返回。因为表中并没有 1 和 2，所以简单版的 SQL 语句根本不会去检查它们的下一个数是否存在。对于表中原本就不存在 1 的这类情况，我们可以追加一个条件分支让它返回 1，即像下面这样来写 SQL 语句。

```sql
-- 查找最小的缺失编号：当表中没有1时，返回1
SELECT CASE WHEN COUNT(*) = 0 OR MIN(seq) > 1    -- 最小值不是1时→返回1
            THEN 1
            ELSE (SELECT MIN(seq +1)             -- 最小值是1时→返回最小的缺失编号
                    FROM SeqTbl S1
                   WHERE NOT EXISTS
                        (SELECT *
                           FROM SeqTbl S2
                          WHERE S2.seq = S1.seq + 1))  END
  FROM SeqTbl;
```

可以看到，简单版的 SQL 语句以标量子查询的方式整体地嵌入了 CASE 表达式的返回结果块里。考虑到表可能为空，所以这里加上了 COUNT(*) = 0 这个条件。而且相比简单版，NOT IN 也改写成了 NOT EXISTS，这样写是为了处理值为 NULL 的情况，以及略微优化一下性能。特别是如果在 seq 列上建立了索引，那么使用 NOT EXISTS 就能明显改善性能。这条 SQL 语句会返回下面这样的结果。

- 情况 (1) ⇒ 6（没有缺失的编号，所以返回最大值 5 的下一个数）
- 情况 (2) ⇒ 3（最小的缺失编号）
- 情况 (3) ⇒ 1（因为表中没有 1）
- 情况 (4) ⇒ 1（因为表中没有 1）

在面向过程语言中，条件分支是通过 IF 语句或者 CASE 语句等进行的。但是在 SQL 语言中，所有的条件分支都是通过"表达式（函数）"进行的。在这一点上，SQL 语言跟函数式语言非常相似。

用 HAVING 子句进行子查询：求众数

　　托马斯·杰斐逊创立的美国名校弗吉尼亚大学曾经在 1984 年发表报告称，修辞学与大众传播专业的毕业生首份工作的平均年薪达到了 55 000 美元，按当时 1 美元＝ 240 日元的汇率来算，大约是 1320 万日元 **❶**。乍一看好像毕业生大多能拿到很高的收入，然而这个数字的背后却有一些玄机。因为这一届的毕业生里包含了被称为"本校历史上最伟大的选手"的 NBA 新星拉尔夫·桑普森 **❷**。也就是说，大学用来统计的毕业生表中存在极端的情况，大概就像表 Graduates 这样。

注❶

按 1984 年 1 美元＝ 2.3270 元人民币的汇率，约合人民币 12.8 万元。——编者注

注❷

这个例子出自拉里·戈尼克和沃尔科特·史密斯的著作《漫画统计学入门》（梁杰译，辽宁教育出版社，2002 年）。

Graduates

name（名字）	income（收入）
桑普森	400 000
迈克	30 000
怀特	20 000
阿诺德	20 000
史密斯	20 000
劳伦斯	15 000
哈德逊	15 000
肯特	10 000
贝克	10 000
斯科特	10 000

（收入单位：美元 / 年）

　　从这个例子可以看出，简单地求平均值有一个缺点，那就是很容易受到离群值（outlier）的影响。这就是广为人知的错误统计方法——平均值缺陷。

　　这种时候，就必须使用更能准确反映出群体趋势的指标——众数（mode）就是其中之一。它指的是在群体中出现次数最多的值，因此在日语中也被称为流行值。就上面的表 Graduates 来说，众数就是 10 000 和 20 000 这两个值。接下来，我们思考一下如何用 SQL 语句求众数。

　　有些 DBMS 已经提供了用来求众数的函数，但其实用标准 SQL 也很简单。思路是将收入相同的毕业生汇总到一个集合里，然后从汇总后的各

个集合里找出元素个数最多的集合。像这样用 SQL 来操作集合，正如探囊取物一样简单。

```sql
-- 求众数的 SQL 语句 (1)：使用谓词
SELECT income, COUNT(*) AS cnt
  FROM Graduates
 GROUP BY income
HAVING COUNT(*) >= ALL ( SELECT COUNT(*)
                           FROM Graduates
                          GROUP BY income);
```

■ 执行结果

```
income  cnt
------  ---
10 000    3
20 000    3
```

GROUP BY 子句的作用是将总集分割成若干个子集。因此，将收入（income）作为 GROUP BY 的列时，将得到 $S1 \sim S5$ 这样的 5 个子集，如图 1.6.2 所示。

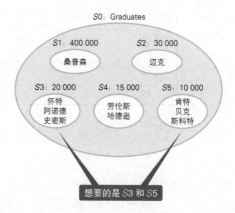

■ 图 1.6.2　将收入（income）作为 GROUP BY 的列时得到的 5 个子集

在这几个子集里，元素数最多的是 $S3$ 和 $S5$，都是 3 个元素，因此查询的结果也是这两个集合。

补充一点，1-4 节提到过 ALL 谓词用于 NULL 或空集时会出现问题，可以用极值函数来代替它。这里要求的是元素数最多的集合，因此可以用

MAX 函数。

```
-- 求众数的 SQL 语句 (2)：使用极值函数
SELECT income, COUNT(*) AS cnt
  FROM Graduates
 GROUP BY income
HAVING COUNT(*) >=  ( SELECT MAX(cnt)
                        FROM ( SELECT COUNT(*) AS cnt
                                 FROM Graduates
                                GROUP BY income) TMP ) ;
```

　　如果表 Graduates 是存储在文件里的，需要用面向过程语言的方法来求众数，又该怎么做呢？恐怕要先按收入进行排序，然后一行一行地循环处理和中断控制，遇到某个收入值的人数超出前面一个收入值的人数时，将新的收入值赋给另一个变量并保存，以便后续使用。很显然，与这种做法相比，使用 SQL 既不需要循环，也不需要赋值。

查询不包含 NULL 的集合

　　COUNT 函数的使用方法有 COUNT(*) 和 COUNT(列名) 两种，它们的区别有两个：第一个是性能上的区别；第二个是 COUNT(*) 可以用于 NULL，而 COUNT(列名) 与其他聚合函数一样，要先排除掉 NULL 的行再进行统计。第二个区别也可以这么理解：COUNT(*) 查询的是所有行的数目，而 COUNT(列名) 查询的不一定是。

　　对一张全是 NULL 的表 NullTbl 执行 SELECT 子句，我们就能清楚地知道两者的区别了。

NullTbl

col_1
NULL
NULL
NULL

```
-- 在对包含 NULL 的列使用时，COUNT(*) 和 COUNT(列名) 的查询结果是不同的
SELECT COUNT(*), COUNT(col_1)
  FROM NullTbl;
```

■ 执行结果

```
count(*)    count(col_1)
--------    ------------
       3               0
```

对于这两个区别，我们在编写 SQL 语句时当然要多加留意，但是如果能好好利用，它们也可以发挥令人意想不到的作用。例如，这里有一张存储了学生提交报告的日期的表 Students。

Students

student_id（学号 ID）	dpt（学院）	sbmt_date（提交日期）
100	理学院	2018-10-10
101	理学院	2018-09-22
102	文学院	
103	文学院	2018-09-10
200	文学院	2018-09-22
201	工学院	
202	经济学院	2018-09-25

学生提交报告后，"提交日期"列会被写入日期，而提交之前它们是 NULL。现在，我们需要从这张表里找出哪些学院的学生全部都提交了报告（即理学院、经济学院）。如果只是用 WHERE sbmt_date IS NOT NULL 这样的条件查询，文学院也会被包含进来，结果就不正确了（因为文学院学号为 102 的学生还没有提交）。正确的做法是，以"学院"为 GROUP BY 的列生成图 1.6.3 这样的子集。

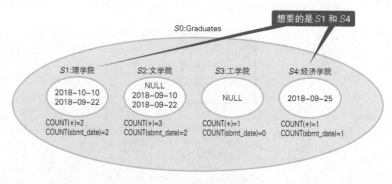

■ 图 1.6.3　所有学生都提交了报告的学院有哪些

这样生成的 4 个子集里，我们想要的是 *S*1 和 *S*4。那么，这两个子集具备而其他子集不具备的特征是什么呢？答案是 "COUNT(*) 和 COUNT(sbmt_date) 结果一致"。这是因为 *S*2 和 *S*3 这两个子集里存在 NULL。因此，答案应该是下面这样。

```
-- 查询 "提交日期" 列内不包含 NULL 的学院 (1)：使用 COUNT 函数
SELECT dpt
  FROM Students
 GROUP BY dpt
HAVING COUNT(*) = COUNT(sbmt_date);
```

■ 执行结果

```
dpt
--------
理学院
经济学院
```

当然，使用 CASE 表达式也可以实现同样的功能，而且更加通用。

```
-- 查询 "提交日期" 列内不包含 NULL 的学院 (2)：使用 CASE 表达式
SELECT dpt
  FROM Students
 GROUP BY dpt
HAVING COUNT(*) = SUM(CASE WHEN sbmt_date IS NOT NULL
                           THEN 1 ELSE 0 END);
```

可以看到，使用 CASE 表达式时，将 "提交日期" 不是 NULL 的行标记为 1，将 "提交日期" 是 NULL 的行标记为 0。在这里，CASE 表达式的作用相当于进行判断的函数，用来判断各个元素（＝行）是否属于满足了某种条件的集合。这样的函数我们称之为特征函数（characteristic function），或者从定义了集合的角度称之为定义函数（在本节最后的练习题中，我们会练习特征函数的用法）。像这样，HAVING 子句可以用作研究集合性质的工具，特别是在与聚合函数或 CASE 表达式一起使用时，它具有更强大的威力。

另外，大家可能已经注意到了，当使用 HAVING 子句分割集合来解决问题时，在纸上画圆的方法效果很好。面向过程语言中使用流程图（线和四边形）来辅助思考，而面向集合语言中则使用圆（维恩图）来辅助思考。

特征函数的应用

我们再练习一些使用 CASE 表达式来描述特征函数的方法。熟练掌握这些方法之后，不管多么复杂的条件都能轻松地表达出来（不是夸张，是真的）。这里以下面这张记录了学生考试成绩的表为例进行讲解。

TestResults

student_id（学号 ID）	class（班级）	sex（性别）	score（分数）
001	A	男	100
002	A	女	100
003	A	女	49
004	A	男	30
005	B	女	100
006	B	男	92
007	B	男	80
008	B	男	80
009	B	女	10
010	C	男	92
011	C	男	80
012	C	女	21
013	D	女	100
014	D	女	0
015	D	女	0

请根据这张表回答后面几个问题。这次笔者不会给大家画出维恩图了，如果需要的话请自己画一下。

好了，我们先来看一个简单的问题。

第1题 请查询出 75% 以上的学生分数都在 80 分以上的班级

班级里的总人数可以通过 COUNT(*) 查到，80 分以上的学生人数可以通过特征函数来统计，因此答案如下所示。

```
  SELECT class
    FROM TestResults
 GROUP BY class
  HAVING COUNT(*) * 0.75
       <= SUM(CASE WHEN score >= 80
```

```
                        THEN 1
                        ELSE 0 END) ;
```

■ 执行结果

```
class
-------
    B
```

怎么样，是不是很简单？我们继续看下一题。

第2题 请查询出分数在 50 分以上的男生的人数比分数在 50 分以上的女生的人数多的班级

这次，两个条件都可以用特征函数来描述。

```
  SELECT class
    FROM TestResults
GROUP BY class
  HAVING SUM(CASE WHEN score >= 50 AND sex = '男'
                  THEN 1
                  ELSE 0 END)
           > SUM(CASE WHEN score >= 50 AND sex = '女'
                      THEN 1
                      ELSE 0 END) ;
```

■ 执行结果

```
class
-------
    B
    C
```

好了，接下来是最后一题。这个问题有些地方有点棘手，大家知道是哪里吗？

第3题 请查询出女生平均分比男生平均分高的班级

按照和前两题一样的思路，像下面这样写的人应该不少吧。

```
-- 比较男生和女生平均分的 SQL 语句 (1)：对空集求平均值使用 AVG 后返回 0
SELECT class
```

```
  FROM TestResults
 GROUP BY class
HAVING AVG(CASE WHEN sex = '男' THEN score ELSE 0 END)
        < AVG(CASE WHEN sex = '女' THEN score ELSE 0 END);
```

■ 执行结果

```
class
-------
   A
   D
```

　　D 班全是女生。在上面的解答中，用于判断男生的 CASE 表达式里的分支 ELSE 0 生效了，于是男生的平均分就成了 0 分。对于女生的平均分约为 33.3 的 D 班，条件 0 < 33.3 也成立，所以 D 班也出现在查询结果里了。这种处理方法看起来好像也没什么问题。但是，如果学号 013 的学生分数刚好也是 0 分，结果会怎么样呢？这种情况下，女生的平均分会变为 0 分，所以 D 班不会被查询出来。

　　男生和女生的平均分都是 0，但是两个 0 的意义完全不同。女生的平均分是正常计算出来的，而男生的平均分本来就无法计算，只是强行赋值为 0 而已。真正合理的处理方法是，保证对空集求平均的结果是"未定义"，就像除以 0 的结果是未定义一样。

　　根据标准 SQL 的定义，对空集使用 AVG 函数时，结果会返回 NULL（用 NULL 来代替未定义这种做法本身也有问题，但是在这里我们不深究，详细内容可以参考本书的 1-4 节）。下面，我们来看一下修改后的 SQL 语句。

```
-- 比较男生和女生平均分的 SQL 语句 (2)：对空集求平均值后返回 NULL
SELECT class
  FROM TestResults
 GROUP BY class
HAVING AVG(CASE WHEN sex = '男' THEN score ELSE NULL END)
        < AVG(CASE WHEN sex = '女' THEN score ELSE NULL END);
```

■ 执行结果

```
class
-----
A
```

这回，D 班男生的平均分是 NULL。因此不管女生的平均分多少，D 班都会被排除在查询结果之外。这种处理方法和 AVG 函数的处理逻辑也是一致的。

关注集合的性质，反过来说其实就是忽略掉单个元素的特征。在解答上面几道例题时，我们考虑的也是班级整体具有的特点和趋势，至于个人得了多少分，并没有关注。这种在确保成员隐秘性的同时研究集体趋势的思维方式与统计学的方法论不谋而合。考虑到 BI 与 SQL 之间的相似之处，这种情况就一点都不奇怪了。

使用 HAVING 语句表达全称量化

首先，恭喜你被任命为了消防队（或地球保卫队也行）的总负责人。现在你收到了来自司令部的出勤指示。

你需要做的是查出现在可以出勤的队伍。可以出勤的条件就是队伍里所有队员都处于"待命"状态。你使用的是下面这张表。

Teams

member（队员）	team_id（队伍编号 ID）	status（状态）
乔	1	待命
肯	1	出勤中
米克	1	待命
卡伦	2	出勤中
凯斯	2	休息
简	3	待命
哈特	3	待命
迪克	3	待命
贝斯	4	待命
阿伦	5	出勤中
罗伯特	5	休息
卡根	5	待命

在这张示例表中，可以出勤的队伍是 3 队和 4 队。4 队里虽然只有贝斯 1 人，但是确实也是全队都集齐了。我们来思考一下求可以出勤的队伍的 SQL 语句。

"所有队员都处于待命状态"这个条件是全称量化命题，所以可以用 NOT EXISTS 来表达。

```
-- 用谓词表达全称量化命题
SELECT team_id, member
  FROM Teams T1
 WHERE NOT EXISTS
       (SELECT *
          FROM Teams T2
         WHERE T1.team_id = T2.team_id
           AND status <> '待命' );
```

■ 执行结果

```
team_id    member
-------    ------
3          简
3          哈特
3          迪克
4          贝斯
```

这条 SQL 语句使用了下面这样的全称量化和存在量化之间的转换（关于量化，请参考本书 1-5 节的内容）。

"所有队员都处于待命状态" = "不存在不处于待命状态的队员"

这个查询的性能很好，而且结果中能体现出队员信息，这些是它好的地方。但是它使用了双重否定，所以理解起来不是很容易。如果使用 HAVING 子句，写起来就非常简单了，像下面这样。

```
-- 用集合表达全称量化命题 (1)
SELECT team_id
  FROM Teams
 GROUP BY team_id
HAVING COUNT(*) = SUM(CASE WHEN status = '待命' THEN 1 ELSE 0 END);
```

■ 执行结果

```
team_id
-------
3
4
```

　　上面这条 SQL 语句是一个肯定句，理解起来更直观，而且代码很简洁。接下来，我们仔细看一下这条 SQL 语句具体做了些什么。第一步还是使用 GROUP BY 子句将 Teams 集合以队伍为单位划分成几个子集（图 1.6.4）。

■ 图 1.6.4　查找队员全员处于待命状态的集合

　　目标集合是 S3 和 S4，那么只有这两个集合拥有而其他集合没有的特征是什么呢？答案是，处于"待命"状态的数据行数与集合中数据的总行数相等。这个条件可以用 CASE 表达式来表达：状态为"待命"的情况下返回 1，其他情况下返回 0。也许大家已经注意到了，这里使用的就是特征函数。如果像下表这样，根据是否满足条件分别为表里的每一行数据都加上标记 1 或 0，是不是就更容易理解了？

member（队员）	team_id（队伍编号 ID）	status（状态）	特征函数标记
乔	1	待命	1
肯	1	出勤中	0
米克	1	待命	1
卡伦	2	出勤中	0
凯斯	2	休息	0
简	3	待命	1
哈特	3	待命	1
迪克	3	待命	1
贝斯	4	待命	1
阿伦	5	出勤中	0
罗伯特	5	休息	0
卡根	5	待命	1

顺便说一下，HAVING 子句中的条件还可以像下页这样写。

```
-- 用集合表达全称量化命题 (2)
SELECT team_id
  FROM Teams
 GROUP BY team_id
HAVING MAX(status) = '待命'
   AND MIN(status) = '待命';
```

这条 SQL 语句的意思大家明白吗？在某个集合中，如果元素最大值和最小值相等，那么这个集合中肯定只有一种值。因为如果包含多种值，最大值和最小值肯定不会相等。极值函数可以使用参数字段的索引，所以这种写法性能更好（当然本例中只有 3 种值，建立索引也并没有太大的意义）。

当然，我们也可以把条件放在 SELECT 子句里，以列表形式显示出各个队伍是否所有队员都在待命，这样的结果更加一目了然。

```
-- 列表显示各个队伍是否所有队员都在待命
SELECT team_id,
       CASE WHEN MAX(status) = '待命' AND MIN(status) = '待命'
            THEN '全员待命'
            ELSE '队长！人手不够' END AS status
  FROM Teams GROUP BY team_id;
```

■ 执行结果

```
team_id   status
-------   -------------------------
      1   队长！人手不够
      2   队长！人手不够
      3   全员待命
      4   全员待命
      5   队长！人手不够
```

单重集合与多重集合

关系数据库中的集合是允许数据重复的多重集合（这点笔者将在 1-9 节详细介绍）。与之相反，通常意义的集合论中的集合不允许数据重复，所以笔者称之为"单重集合"（这是笔者自己造的词，并非公认的术语）。

　　允许循环插入和频繁读 / 写的表中有可能产生重复数据。在定义表时加入唯一性约束可以预防表中产生重复数据，但是有些情况下根据具体的业务需求，产生重复数据也是合理的。例如，有下面这样一张管理各个生产地的材料库存的表。

Materials

center（生产地）	receive_date（入库日期）	material（材料）
东京	2018-4-01	锡
东京	2018-4-12	锌
东京	2018-5-17	铝
东京	2018-5-20	锌
大阪	2018-4-20	铜
大阪	2018-4-22	镍
大阪	2018-4-29	铅
名古屋	2018-3-15	钛
名古屋	2018-4-01	钢
名古屋	2018-4-24	钢
名古屋	2018-5-02	镁
名古屋	2018-5-10	钛
福冈	2018-5-10	锌
福冈	2018-5-28	锡

　　各生产地每天都会入库一批材料，然后使用材料生产各种各样的产品。但是，有时材料不能按原定计划在一天内消耗完，会出现重复。这时，为了在各生产地之间调整重复的材料，我们需要调查出存在重复材料的生产地。

　　我们先来分析一下满足条件的生产地具有哪些特征。从表中可以看到，一个生产地对应着多条数据，因此"生产地"这一实体在表中是以集合的形式，而不是以元素的形式存在的。处理这种情况的基本方法就是如图 1.6.5 所示，使用 GROUP BY 子句将集合划分为若干子集。

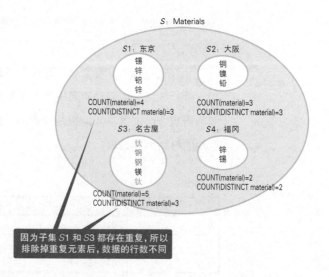

■ 图 1.6.5 按生产地划分集合

目标集合是锌重复的东京，以及钛和钢重复的名古屋。那么，这两个集合满足而其他集合不满足的条件是什么呢？

这个条件就是"排除掉重复元素后和排除掉重复元素前元素个数不相同"。这是因为，如果不存在重复的元素，不管是否加上 DISTINCT 可选项，COUNT 的结果都是相同的。

```
-- 选中材料存在重复的生产地
SELECT center
  FROM Materials
 GROUP BY center
HAVING COUNT(material) <> COUNT(DISTINCT material);
```

■ 执行结果

```
center
------
东京
名古屋
```

虽然我们无法通过这条 SQL 语句知道重复的材料具体是哪一种，但是通过在 WHERE 子句中加上具体的材料作为参数，可以查出某种材料存在重复的生产地。而且，和前面一样，我们可以把条件移到 SELECT 子句中，这样就能在结果中清晰地看到各个生产地是否存在重复材料了。

```
SELECT center, CASE WHEN COUNT(material) <> COUNT(DISTINCT material)
                THEN '存在重复'
                ELSE '不存在重复'
            END AS status
  FROM Materials
 GROUP BY center;
```

■ 执行结果

```
center        status
----------    ----------
大阪          不存在重复
东京          存在重复
福冈          不存在重复
名古屋        存在重复
```

　　对于使用 GROUP BY 将原来的表划分为子集的思路，大家已经非常习惯了吧。接下来，针对我们一直在使用的"子集"，稍微补充一点理论方面的知识。在数学中，通过 GROUP BY 生成的子集有一个对应的名字，叫作**划分**（partition）。它是集合论和群论中的重要概念，指的是将某个集合按照某种规则进行分割后得到的子集。这些子集相互之间没有重复的元素，而且它们的并集就是原来的集合。这样的分割操作被称为**划分操作**。SQL 中的 GROUP BY，其实就是针对集合的划分操作的具体实现（关于划分和划分操作的更多内容，可以参考本书的 2-6 节）。

　　顺便说一下，这个问题也可以通过将 HAVING 改写成 EXISTS 的方式来解决。

```
-- 存在重复的集合：使用 EXISTS
SELECT center, material
  FROM Materials M1
 WHERE EXISTS
       (SELECT *
          FROM Materials M2
         WHERE M1.center = M2.center
           AND M1.receive_date <> M2.receive_date
           AND M1.material = M2.material);
```

```
center   material
-------  ---------
东京      锌
东京      锌
名古屋    钛
名古屋    钢
名古屋    钢
名古屋    钛
```

用 EXISTS 改写后的 SQL 语句也能够查出具体是哪一种材料重复，而且使用 EXISTS 的性能也很好。相反地，如果想要查出不存在重复材料的生产地有哪些，只需要把 EXISTS 改写为 NOT EXISTS 就可以了。

用关系除法运算进行购物篮分析

接下来，我们假设有这样两张表：全国连锁折扣店的商品表 Items，以及各个店铺的库存管理表 ShopItems。这是关系模型中经常见到的表结构。

Items

item（商品）
啤酒
纸尿裤
自行车

ShopItems

shop（店铺）	item（商品）
仙台	啤酒
仙台	纸尿裤
仙台	自行车
仙台	窗帘
东京	啤酒
东京	纸尿裤
东京	自行车
大阪	电视
大阪	纸尿裤
大阪	自行车

注❶

购物篮分析是市场分析领域常用的一种分析手段，用来发现"经常被一起购买的商品"具有的规律。有一个有名的例子：某家超市发现，虽然不知为什么，但啤酒和纸尿裤经常被一起购买（也许是因为来买纸尿裤的爸爸通常会想顺便买些啤酒回去），于是便将啤酒和纸尿裤摆在相邻的货架，从而提升了销售额。

这次我们要查询的是囊括了表 Items 中所有商品的店铺。也就是说，要查询的是仙台店和东京店。大阪店没有啤酒，所以不是我们的目标。这个问题在实际工作中的原型是数据挖掘技术中的"购物篮分析"❶，但是只要改变一下它的形式，就可以把它应用到很多业务场景。例如在医疗领域查询同时服用多种药物的患者，或者从员工技术资料库里查询 UNIX 和

PostgreSQL 两者都精通的程序员，等等。

遇到像表 ShopItems 这种一个实体（在这里是店铺）的信息分散在多行的情况时，仅仅在 WHERE 子句里通过 OR 或者 IN 指定条件是无法得到正确结果的。这是因为，在 WHERE 子句里指定的条件只对表里的某一行数据有效。

```
-- 查询啤酒、纸尿裤和自行车同时在库的店铺：错误的 SQL 语句
SELECT DISTINCT shop
  FROM ShopItems
 WHERE item IN (SELECT item FROM Items);
```

■ 执行结果

```
shop
----
仙台
东京
大阪
```

谓词 IN 的条件其实只是指定了"店内有啤酒或者纸尿裤或者自行车的店铺"，所以店铺只要有这三种商品中的任何一种，就会出现在查询结果里。那么，我们该如何针对多行数据（或者说针对集合）设定查询条件呢？也许大家已经知道了，那就是用 HAVING 子句来解决这个问题。SQL 语句可以像下面这样写。

```
-- 查询啤酒、纸尿裤和自行车同时在库的店铺：正确的 SQL 语句
SELECT SI.shop
  FROM ShopItems SI INNER JOIN Items I
    ON SI.item = I.item
  GROUP BY SI.shop
HAVING COUNT(SI.item) = (SELECT COUNT(item) FROM Items);
```

■ 执行结果

```
shop
----
仙台
东京
```

HAVING 子句的子查询（SELECT COUNT(item) FROM Items）的返回值是常量 3。因此，对商品表和店铺的库存管理表进行连接操作后，结果是 3 行的店铺会被选中；对没有啤酒的大阪店进行连接操作后的结果是 2 行，所以大阪店不会被选中；而仙台店因为（仙台，窗帘）的行在表连接时会被排除掉，所以也会被选中；另外，东京店因为连接后结果是 3 行，所以当然也会被选中。

然而请注意，如果把 HAVING 子句改成 HAVING COUNT(SI.item) = COUNT(I.item)，结果就不对了。如果使用这个条件，仙台、东京、大阪这 3 个店铺都会被选中。这是因为，受到连接操作的影响，COUNT(I.item) 的值和表 Items 原本的行数不一样了。下面的执行结果一目了然。

```
-- COUNT(I.item) 的值已经不一定是 3 了
SELECT SI.shop, COUNT(SI.item), COUNT(I.item)
  FROM ShopItems SI, Items I
 WHERE SI.item = I.item
 GROUP BY SI.shop;
```

■ 执行结果

```
shop   COUNT(SI.item)   COUNT(I.item)
-----  --------------   --------------
仙台               3                3
东京               3                3
大阪               2                2
```

问题解决了。接下来，我们把条件变一下，看看如何排除掉仙台店（仙台店的仓库中存在"窗帘"，但商品表里没有"窗帘"），让结果里只出现东京店。这类问题被称为"精确关系除法运算"（exact relational division），即只选择没有剩余商品的店铺 [与此相对，前一个问题被称为"带余除法运算"（division with a remainder）]。解决这个问题，我们需要使用外连接。

```
-- 精确关系除法运算：使用外连接和 COUNT 函数
SELECT SI.shop
  FROM ShopItems SI LEFT OUTER JOIN Items I
    ON SI.item=I.item
 GROUP BY SI.shop
```

```
HAVING COUNT(SI.item) = (SELECT COUNT(item) FROM Items)      -- 条件 1
    AND COUNT(I.item)  = (SELECT COUNT(item) FROM Items);    -- 条件 2
```

■ 执行结果

```
shop
----
 东京
```

以表 ShopItems 为主表进行外连接操作后，因为表 Items 里不存在窗帘和电视，所以连接后相应行的 I.item 列是 NULL。然后，我们就可以使用之前用到的检查学生提交报告日期的 COUNT 函数的技巧了。条件 1 会排除掉 COUNT(SI.item) = 4 的仙台店，条件 2 会排除掉 COUNT(I.item) = 2 的大阪店（NULL 不会被计数）。

■ 表 ShopItems 和表 Items 外连接后的结果

shop	SI.item	I.item
仙台	啤酒	啤酒
仙台	纸尿裤	纸尿裤
仙台	自行车	自行车
仙台	窗帘	NULL	← 原本应该是窗帘
东京	啤酒	啤酒
东京	纸尿裤	纸尿裤
东京	自行车	自行车
大阪	电视	NULL	← 原本应该是电视
大阪	纸尿裤	纸尿裤
大阪	自行车	自行车

一般来说，涉及外连接时，商品表 Items 大多会作为主表进行外连接操作，而这里颠倒了一下主从关系，使用了表 ShopItems 作为主表，这一点比较有趣。

■ 本节小结

在本节中，我们学习了 HAVING 子句的用法。对于 HAVING 子句（和 GROUP BY）的用法，相信大家已经很熟悉了。用一句话来概括使用

HAVING 子句时的要点，就是**要搞清楚将什么东西抽象成集合**。前面我们看过的例题，其实都是把各种各样的实体当作集合来处理了，其中有像数列、班级、队伍这样本身就容易看作集合的实体，也有像店铺、生产地这样本身是原子性元素的实体，这些都被当作集合来处理了。

大家需要理解的是，在 SQL 中一件东西能否抽象成集合，和它在现实世界中的实际意义无关，只取决于它在表中的存在形式。根据需要，我们可以把实体抽象成集合，也可以把它抽象成集合中的元素。

如果实体对应的是表中的一行数据，那么该实体应该被看作集合中的元素，因此指定查询条件时应该使用 WHERE 子句。如果实体对应的是表中的多行数据，那么该实体应该被看作集合，因此指定查询条件时应该使用 HAVING 子句。

最后，我们整理一下在调查集合性质时经常用到的条件。这些条件可以在 HAVING 子句中使用，也可以通过 SELECT 子句写在 CASE 表达式里使用，需要的时候可以参考一下。

■ 用于调查集合性质的条件及其用途

编号	条件表达式	用途
1	COUNT (DISTINCT col) = COUNT (col)	col 列没有重复的值
2	COUNT(*) = COUNT(col)	col 列不存在 NULL
3	COUNT(*) = MAX(col)	col 列是连续的编号（起始值是 1）
4	COUNT(*) = MAX(col) – MIN(col) + 1	col 列是连续的编号（起始值是任意整数）
5	MIN(col) = MAX(col)	col 列都是相同值，或者是 NULL
6	MIN(col) * MAX(col) > 0	col 列全是正数或全是负数
7	MIN(col) * MAX(col) < 0	col 列的最大值是正数，最小值是负数
8	MIN(ABS(col)) = 0	col 列最少有一个是 0
9	MIN(col – 常量) = – MAX(col – 常量)	col 列的最大值和最小值与指定常量等距

不仅限于这些简单的条件，如果使用 CASE 表达式来生成特征函数，那么无论多么复杂且通用的条件，我们都可以描述出来，在这里就不再详细解释了。很多人觉得 HAVING 子句像是影视剧里的配角一样，并没有太多的出场机会，仿佛是一种附属品，从而轻视了它。但是读过本节内容后，相信大家就能明白，HAVING 子句其实是非常强大的，它是面向集合语言的一大利器。特别是与 CASE 表达式或自连接等其他技术结合使用，

更能发挥它的威力。

下面是本节要点。

1. 表不是文件，记录也没有顺序，所以 SQL 不进行排序。

2. SQL 通过不断生成子集来求得目标集合。SQL 不像面向过程
   语言那样通过画流程图来思考问题，而是通过画集合的关系图
   来思考。

3. GROUP BY 子句可以用来生成子集。

4. WHERE 子句用来调查集合元素的性质，而 HAVING 子句用来调查
   集合本身的性质。

5. 在 SQL 中指定搜索条件时，最重要的是搞清楚搜索的实体是集合
   还是集合的元素。
   - 如果一个实体对应着一行数据 → 实体是元素，使用 WHERE 子句
   - 如果一个实体对应着多行数据 → 实体是集合，使用 HAVING 子句

如果想深入学习，可以参考下面的资料。

- **戴特 . 深度探索关系数据库：实践者的关系理论 [M]. 熊建国，译 . 北京：电子工业出版社，2007.**
  第 5 章 "基本运算符" 部分对使用 EXISTS 谓词进行的关系除法
  运算进行了说明。由于 SQL 中除法运算有多个版本，非常混乱，
  笔者印象比较深的是书中关于除法运算的评论 "我不想讨论太多
  细节"，感觉很坦率。

- **塞尔科 . SQL 解惑（第 2 版）[M]. 米全喜，译 . 北京：人民邮电出版社，2008.**
  HAVING 子句的用法是该书的主要内容之一。"谜题 20 测验结果"
  介绍了用 HAVING 子句描述全称命题的高级技巧；"谜题 21 飞机
  与飞行员"介绍了关系除法运算的相关内容；"谜题 57 间隔——
  版本 1"和"谜题 58 间隔——版本 2"都介绍了使用 HAVING 子
  句查询缺失的编号；"谜题 64 盒子"介绍了多维关系除法运
  算这样的有趣内容。该书是理解面向集合语言思想不可多得的
  著作。

- 塞尔科 . SQL 权威指南（第 4 版）[M]. 王渊，钟鸣，朱巍，译 . 北京：人民邮电出版社，2013.

请参考 27.2 节"关系除法"和 28.2 节"GROUP BY 和 HAVING"的内容。

专栏 关系除法运算

本节介绍的购物篮分析的运算主要是关系除法运算。如果模仿数值运算的写法来写，可以写作 ShopItems ÷ Items。至于为什么称它为除法运算，我们可以从除法运算的逆运算——乘法运算的角度来理解一下。除法运算和乘法运算之间有这样的关系：除法运算的商和除数的乘积等于被除数（图 1.6.6）。

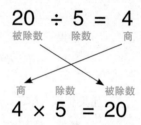

■ 图 1.6.6　除法运算和乘法运算之间的互逆关系

在 SQL 里，交叉连接相当于乘法运算。把商和除数（表 Items）交叉连接，然后求笛卡儿积，就能得到表 ShopItems 的子集（不一定是完整的表 ShopItems），也就是被除数。这就是"除法运算"这一名称的由来。

关系除法运算是关系代数中知名度最低的运算。不过，在实际工作中用到它的机会并不少，像文中例题那样的应用场景很多（而且很多时候是不经意间就使用了）。关系除法运算也是科德最初定义的 8 种关系运算中的一种，也算是正宗的关系运算。

那么，为什么它不太为人所知呢？笔者觉得很大的一个原因是，关系除法运算的定义有很多个。除了这里介绍过的两种类型的除法运算之外，C.J.戴特还使用 EXISTS 谓词定义了一种"带余除法运算"，它和前面介绍的除法运算在处理结果上稍微有点不同。C.J.戴特的除法运算是在表 Items 为空的时候返回所有的店铺，而前面介绍的使用 COUNT 函数的除法运算则会返回空。关系除法运算的标准化进程比较缓慢，而且也没有专用的运算符，所以时而会发生这样怪异的现象。

HAVING 子句和窗口函数

　　本节介绍的一些使用 HAVING 子句的查询可以用窗口函数来改写。HAVING 子句基本上是和 GROUP BY 子句一起使用的，但其实对于将表分割以创建集合这一点，窗口函数的 PARTITION BY 子句和 GROUP BY 子句的功能是一样的。

　　例如，本节中求所有学生都提交了报告的学院的查询如下所示。

```
-- 查询 "提交日期" 列内不包含 NULL 的学院 (1)：使用 COUNT 函数
SELECT dpt
  FROM Students
 GROUP BY dpt
HAVING COUNT(*) = COUNT(sbmt_date);
```

　　我们像下面这样用窗口函数来改写该查询。

```
SELECT *
  FROM (SELECT dpt,
               sbmt_date,
               COUNT(*) OVER(PARTITION BY dpt) AS cnt_all,
               COUNT(sbmt_date) OVER(PARTITION BY dpt) AS cnt_not_null
          FROM Students) TMP
 WHERE cnt_all = cnt_not_null;
```

■ 执行结果

```
   dpt       sbmt_date     cnt_all   cnt_not_null
---------- ------------- --------- --------------
经济学院     2018-09-25       1            1
理学院       2018-10-10       2            2
理学院       2018-09-22       2            2
```

　　与使用 HAVING 子句一样，结果也是经济学院和理学院。

　　现在这样，代码的处理就已经很清晰了，无须添加任何说明，但如果单独执行子查询中的 SELECT 子句，代码的处理还会更加明了。

```
SELECT dpt,
       sbmt_date,
       COUNT(*) OVER(PARTITION BY dpt) AS cnt_all,
       COUNT(sbmt_date) OVER(PARTITION BY dpt) AS cnt_not_null
  FROM Students;
```

■ 执行结果

```
dpt          sbmt_date     cnt_all   cnt_not_null
----------   -----------   --------  ------------
经济学院      2018-09-25       1           1
工学院                         1           0      ← cnt_all 与 cnt_not_null 的结果不一致
工学院        2018-09-22       3           2      ← cnt_all 与 cnt_not_null 的结果不一致
工学院        2018-09-10       3           2      ← cnt_all 与 cnt_not_null 的结果不一致
工学院                         3           2      ← cnt_all 与 cnt_not_null 的结果不一致
理学院        2018-10-10       2           2
理学院        2018-09-22       2           2
```

COUNT(*) 统计的是包含 NULL 的行数，而 COUNT(sbmt_date) 统计的是不包含 NULL 的行数。查询结果与使用 HAVING 子句的代码相同，唯一的不同点在于是否对结果进行聚合。

可能有人会问使用窗口函数来改写会有什么优势。实际上，这样做并没有什么特别的优势。从代码的可读性来看，二者几乎是一样的；从性能方面来看，HAVING 子句一定会进行聚合，所以会执行排序或散列处理，而窗口函数也会执行排序，二者之间也没有太大的差异。

换句话说，因为窗口函数并不会对输入的表进行聚合，所以结果也会按原样输出。对于有这种需求的人来说，这就是窗口函数的优点，所以直接使用窗口函数就好了。

练习题

● 练习题 1-6-1：寻找缺失的编号—升级版

在"寻找缺失的编号"部分，我们写了一条 SQL 语句，让程序只在存在缺失的编号时返回结果。请将 SQL 语句修改成始终返回一行结果，即存在缺失的编号时返回"存在缺失的编号"，不存在缺失的编号时返回"不存在缺失的编号"。

●练习题 1-6-2：练习特征函数

这里我们使用正文中的表 Students，稍微练习一下特征函数的用法吧。请想出一条查询"全体学生都在 9 月份提交了报告的学院"的 SQL 语句。满足条件的只有经济学院。理学院学号为 100 的学生是 10 月份提交的报告，所以不满足条件。文学院和工学院还有学生尚未提交报告，所以也不满足条件。

●练习题 1-6-3：关系除法运算的优化

在"用关系除法运算进行购物篮分析"部分，返回结果只选择了满足条件的店铺。但是有时候会有不同的需求，比如对于没有备齐全部商品类型的店铺，我们也希望返回的一览表能展示这些店铺缺少多少种商品。

请修改正文中的 SQL 语句，使程序能够返回下面这样展示了全部店铺的结果的一览表。my_item_cnt 是店铺现有库存的商品种类数，diff_cnt 是不足的商品种类数。

```
shop  my_item_cnt  diff_cnt
----  -----------  --------
仙台            3         0
大阪            2         1
东京            3         0
```

用窗口函数进行行间比较

使用 SQL 对同一行数据进行列间比较很简单，只需要在 WHERE 子句里写上比较对象的列名就可以了。与此相比，比较不同行的数据就要费些功夫了。这时，我们要用到一个强有力的工具——窗口函数。使用窗口函数进行行间比较非常方便，本节将对此进行介绍。

写在前面

使用 SQL 对同一行数据进行列间比较很简单，只需要在 WHERE 子句里写上类似于 col_1 = col_2 的比较条件就可以了。但是，对不同行的数据进行列间比较就没那么简单了。这并不是说我们不能用 SQL 进行行与行之间的比较。使用 SQL 进行这种行间比较时，发挥主要作用的技术是窗口函数，它在 SQL:2003 中实现了标准化。

在过去，如果要用 SQL 进行行间比较，通常使用的方法是关联子查询。但是，关联子查询的代码很复杂，内部处理过程不易理解，性能方面也很容易出问题，这些都让数据库工程师困扰不已。像行间比较这样的处理，与使用 SQL 相比，人们更常用的方法是将整张表的结果集传给应用程序，然后使用面向过程语言来处理。

不过，在窗口函数出现后，我们就能使用非常简洁的 SQL 语句来进行行间比较了。本节将介绍窗口函数是如何通过关联子查询来进行行间比较的，通过介绍，大家将理解窗口函数的内部处理过程。如果想要更加熟练地使用窗口函数（特别是帧子句的功能），请先阅读本书的 1-2 节，这样理解起来会更容易一些。

增加、减少、没有变化

需要对数据做行间比较的典型业务场景，是使用记录了时间序列数据的表进行时间序列分析。假设有这样一张记录了某家公司每年营业额的表 Sales（相应的趋势图见图 1.7.1）。

Sales

year（年份）	sale（年营业额）
1990	50
1991	51
1992	52
1993	52
1994	50
1995	50
1996	49
1997	55

（年营业额单位：亿日元）

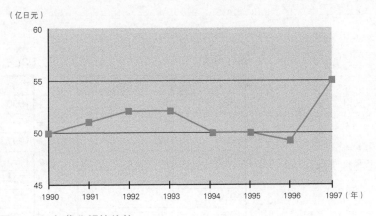

（亿日元）

■ 图 1.7.1　年营业额的趋势

　　请根据这张表里的数据，使用 SQL 输出"营业额与上一年相比是增加了还是减少了，或是没有变化"的结果。我们先试着求出"没有变化"的年份。从表里可以看到，需要求出的是 1993 年和 1995 年。如果用面向过程语言来解决，方法很简单，如下所示。

1. 按年份递增的顺序排序。

2. 循环地将当前行的 sale 列与前一行的 sale 列进行比较。

　　使用 SQL 时的思路跟这个不太一样，因为 SQL 中没有循环和变量，所以无法实现同样的操作。在 SQL 中，过去的做法通常是在表 Sales 的基础上，再加一张存储了上一年数据的表（S2），然后使用关联子查询进行比较（图 1.7.2）。S2 的数据也来自物理表 Sales。

```
-- 求与上一年营业额一样的年份 (1)：使用关联子查询
SELECT year,sale
  FROM Sales S1
 WHERE sale = (SELECT sale
                 FROM Sales S2
                WHERE S2.year = S1.year - 1)
 ORDER BY year;
```

■ 执行结果

```
year   sale
-----  ----
1993   52
1995   50
```

S1：今年

year（年份）	sale（年营业额）
1990	50
1991	51
1992	52
1993	52
1994	50
1995	50
1996	49
1997	55

S2：去年

year（年份）	sale（年营业额）
1990	50
1991	51
1992	52
1993	52
1994	50
1995	50
1996	49
1997	55

■ 图 1.7.2　年营业额的趋势

　　也就是说，关联子查询通过把要比较的数据偏移一行，来代替面向过程语言中的循环（关联子查询也因此被称为**循环查询**）。

　　不过，在现在的 SQL 中，我们可以像下面这样使用窗口函数来实现 ❶。

注 ❶

PostgreSQL 10.3 不支持 RANGE 选项，因此它执行该 SQL 语句会发生错误。PostgreSQL 11 之后的版本可以正常执行该 SQL 语句。

```
-- 求与上一年营业额一样的年份 (2)：使用窗口函数
SELECT year, current_sale
  FROM (SELECT year,
               sale AS current_sale,
               SUM(sale) OVER (ORDER BY year
                      RANGE BETWEEN 1 PRECEDING
```

```
                                          AND 1 PRECEDING) AS pre_sale
       FROM Sales) TMP
WHERE current_sale = pre_sale
ORDER BY year;
```

执行结果与使用关联子查询时是一样的，是 1993 年和 1995 年。这里的关键就是在子查询内部使用的那个窗口函数。我们来单独执行子查询，就能理解窗口函数的处理过程了。

```
-- 仅执行使用窗口函数的子查询
SELECT year,
       sale AS current_sale,
       SUM(sale) OVER (ORDER BY year
                            RANGE BETWEEN 1 PRECEDING
                                      AND 1 PRECEDING) AS pre_sale
  FROM Sales;
```

■ 执行结果

```
year   current_sale   pre_sale
------ -------------- ----------
1990             50
1991             51       50
1992             52       51
1993             52       52
1994             50       52
1995             50       50
1996             49       50
1997             55       49
```

这里的关键是使用窗口函数生成的 pre_sale 列。这里显示的恰好是"向前"偏移了一年的 sale 列。帧子句中 RANGE BETWEEN 1 PRECEDING AND 1 PRECEDING 条件的含义是"限定为当前行年份的上一年"。1-2 节介绍过，帧子句是以当前行为起点，限制统计对象的记录范围的窗口函数功能。如果想把条件限定为"当前行年份的下一年"，将 PRECEDING 改为 FOLLOWING 就可以了。

在这里，窗口函数的意义是可以在不修改原始表（这里指表 Sales）的情况下，在结果中显示新的列（pre_sale 列）。这可以说是一种**保持信息完整**或**非破损**的处理。虽然这里的 SUM(sale) 使用了 SUM 函数，但那其实只是表象，它并没有像聚合函数 SUM 那样缩减（聚合）表的记录个

注❶

为了避免混淆，或许给窗口函数
设置 SUM_WIN、AVG_WIN 等专用
的保留关键字，与一般的 SUM、
AVG 区别开来会更好。不过，在
实际的 SQL 中，如果函数后面没
有 OVER 子句，那么它就是聚合
函数，否则就是窗口函数。一旦
我们熟悉了这种用法，就可以根
据函数后面是否有 OVER 瞬间做
出判断。

数 ❶。这样一来，我们就可以在子查询的外部比较使用窗口函数生成的虚拟列（pre_sale 列）和原始表中的列。

接下来请将这个例子扩展一下，求出各年份与上一年相比，营业额是增加了还是减少了，或是没有变化。在音乐和电影的每周排行榜中，我们经常会见到这样的图表。

使用关联子查询的代码如下所示。

```
-- 求出是增加了还是减少了，或是没有变化 (1)：使用关联子查询
SELECT year, current_sale AS sale,
       CASE WHEN current_sale = pre_sale
            THEN '→'
            WHEN current_sale > pre_sale
            THEN '↑'
            WHEN current_sale < pre_sale
            THEN '↓'
       ELSE '-' END AS var
  FROM (SELECT year,
               sale AS current_sale,
               (SELECT sale
                FROM Sales S2
               WHERE S2.year = S1.year - 1) AS pre_sale
          FROM Sales S1) TMP
 ORDER BY year;
```

■ 执行结果

```
year    sale  var
------  ----  ---
1990     50   —
1991     51   ↑
1992     52   ↑
1993     52   →
1994     50   ↓
1995     50   →
1996     49   ↓
1997     55   ↑
```

这条 SQL 语句将关联子查询的逻辑移到了 SELECT 子句里，保存为 pre_sale 列，使用 CASE 表达式将其与这一年的 current_sale 列进行比较。因为这里没有 1990 年之前的数据，所以执行结果里显示的是 "—"。

这里可以将关联子查询的部分替换为窗口函数，具体如下所示。

```
-- 求出是增加了还是减少了，或是没有变化（2）：使用窗口函数
SELECT year, current_sale AS sale,
       CASE WHEN current_sale = pre_sale
            THEN '→'
            WHEN current_sale > pre_sale
            THEN '↑'
            WHEN current_sale < pre_sale
            THEN '↓'
       ELSE '-' END AS var
  FROM (SELECT year,
               sale AS current_sale,
               SUM(sale) OVER (ORDER BY year
                               RANGE BETWEEN 1 PRECEDING
                                         AND 1 PRECEDING) AS pre_sale
          FROM Sales) TMP
ORDER BY year;
```

像这样，我们可以使用窗口函数来替换关联子查询。

▌时间轴有间断时：和过去最临近的时间进行比较

我们再来看一下其他场景。在上一部分的例题里，各年份的数据都没有间断，然而现实中肯定有财务人员做事马虎的公司，比如这家公司就丢失了过去个别年份的数据（表 Sales2）。

■ Sales2：年份间断

year（年份）	sale（年营业额）	
1990	50	◀ 1991 年缺失
1992	50	
1993	52	
1994	55	◀ 1995 年、1996 年缺失
1997	55	

这样一来，"年份 –1"这个条件就不能用了。我们需要把它扩展成更普遍的情况，用某一年的数据和它过去最临近的年份进行比较。具体点说，我们需要写出一条能让 1992 年和 1990 年、1997 年和 1994 年进行比较的 SQL 语句。通过这个示例，我们可以实际感受到窗口函数的威力。

首先按关联子查询的思路，对某一年来说，"过去最临近的年份"需要满足两个条件。

1. 与该年份相比是过去的年份。

2. 在满足条件1的年份中, 年份最早的一个。

如果按这两个条件改写 SQL 语句, 那么应该像下面这样写。

```
-- 查询与过去最临近的年份营业额相同的年份 (1)：使用关联子查询
SELECT year, sale
  FROM Sales2 S1
 WHERE sale =
   (SELECT sale
      FROM Sales2 S2
    WHERE S2.year =
              (SELECT MAX(year)   -- 条件2：在满足条件1的年份中，年份最早的一个
                 FROM Sales2 S3
                WHERE S1.year > S3.year))   -- 条件1：与该年份相比是过去的年份
 ORDER BY year;
```

■ 执行结果

```
year    sale
-----   ----
1992      50
1997      55
```

这条 SQL 语句能与过去与其 (这里指某一年) 最近的年份进行比较, 因此即使年份有缺失也没有关系。而且, 不只是数值, 这条 SQL 语句还可以应用于字符类型、日期类型等具有顺序的列, 通用性比较高。但是, 关联子查询的嵌套会变深, 性能会变差。

在使用窗口函数的情况下, 则无须担心这些问题。通过将帧子句中的 RANGE 换成 ROWS, 我们就可以按物理层的记录顺序来设置统计范围了。

```
-- 查询与过去最临近的年份营业额相同的年份 (2)：使用窗口函数
SELECT year, current_sale
  FROM (SELECT year,
               sale AS current_sale,
               SUM(sale) OVER (ORDER BY year
                                ROWS BETWEEN 1 PRECEDING
                                         AND 1 PRECEDING) AS pre_sale
          FROM Sales2) TMP
 WHERE current_sale = pre_sale
 ORDER BY year;
```

怎么样，与关联子查询相比，窗口函数更加简洁吧？

窗口函数与关联子查询

使用关联子查询的代码，和使用窗口函数的代码有如下区别。

- 虽然使用窗口函数的代码中也使用子查询，但这个子查询并不是"关联"子查询。因此，子查询本身也可以单独执行，代码具有很高的可读性，操作也容易理解。通过仅执行子查询，我们还可以轻松进行调试
- 使用窗口函数的代码仅对表扫描一次就可以了，性能会更好 ❶

总而言之，使用窗口函数的代码读 / 写起来更简单、性能更好，我们没有什么理由不使用它。

造成这种差异的原因是，关联子查询总是连接多张表（即使自连接中的表在物理层面上是同一张表），然后使用 SQL 的旧功能来进行行间比较，而窗口函数是基于"行的顺序"进行操作的，直接将面向过程语言的循环操作引入到 SQL 中 ❷。

为什么可以用窗口函数替换关联子查询

大家已经知道了可以使用窗口函数来替换关联子查询，那么我们再考虑一下缘由，为什么可以使用窗口函数来替换关联子查询呢？它们的语法完全不一样。

因为试着替换了一下，发现结果是一样的——这么说也不是不可以，但实际上，比较它们的操作后，我们就会发现它们的功能其实很相似。这里的关键字就是集合（表）的"分割"。

我们使用一张记录了商品名称和价格的表 Products 来确认一下。

注❶

窗口函数的内部处理是使用 PARTITION BY 进行分组，并使用 ORDER BY 进行排序。现在的 DBMS 中都是这样操作的，但在将来，或许会有 DBMS 使用散列来实现 PARTITION BY。相关内容请参考本节的 1-2 节。

注❷

可能有人会有疑问：为什么 SQL 最开始不提供像窗口函数这样基于记录顺序进行操作的函数，而是使用迂回且复杂的关联子查询呢？后者成了多少初学者的绊脚石啊！对于这个普遍存在的疑问，笔者的想法记录在本书的 2-5 节。

Products

products_id （商品编号）	products_name （商品名称）	products_type （商品种类）	sale_price （销售单价）
0001	T恤衫	衣服	1000
0002	打孔器	办公用品	500
0003	运动 T 恤	衣服	4000
0004	菜刀	厨房用具	3000
0005	高压锅	厨房用具	6800
0006	叉子	厨房用具	500
0007	擦菜板	厨房用具	880
0008	圆珠笔	办公用品	100

我们思考一下如何从表 Products 中，按照商品种类查询销售单价高于平均销售单价的商品。例如，"厨房用具"的平均销售单价是 2795 日元，那么查询结果就是菜刀和高压锅。

这是以前使用关联子查询求解的典型问题，查询代码如下所示。

■ 关联子查询

```
SELECT products_type, products_name, sale_price
  FROM Products P1
 WHERE sale_price >
    (SELECT AVG(sale_price)
      FROM Products P2
     WHERE P1.products_type = P2.products_type
     GROUP BY products_type);
```

■ 执行结果

```
products_type      products_name       sale_price
--------------    --------------      --------------
办公用品              打孔器                      500
衣服                运动 T 恤                   4000
厨房用具              菜刀                        3000
厨房用具              高压锅                       6800
```

这里，我们很难立刻明白关联子查询的操作，但能看出重点是针对集合 *P1* 和集合 *P2* 的过滤条件 P1.products_type = P2. products_type。根据这个条件，我们将查询范围限定为 **P1** 和 **P2** 两张表中商品种类相同的记录集合，然后逐行比较该集合的平均销售单价与各条记录的销售单价。

下面的 SELECT 语句中平均销售单价会随商品种类而发生变化，该关联子查询的操作与逐行循环执行这些语句是一样的。

■ 各商品种类的平均销售单价

```
SELECT 衣服，      T恤，        1000 FROM Products WHERE 1000 > 2500;
SELECT 衣服，      运动T恤，    1000 FROM Products WHERE 4000 > 2500;
------------------------------------------------------------------------
SELECT 厨房用具，菜刀，        3000 FROM Products WHERE 3000 > 2795;
SELECT 厨房用具，高压锅，      6800 FROM Products WHERE 6800 > 2795;
SELECT 厨房用具，叉子，         500 FROM Products WHERE  500 > 2795;
SELECT 厨房用具，擦菜板，       880 FROM Products WHERE  880 > 2795;
------------------------------------------------------------------------
SELECT 办公用品，圆珠笔，       100 FROM Products WHERE  100 > 300;
SELECT 办公用品，打孔器，       500 FROM Products WHERE  500 > 300;
```

也就是说，关联子查询和窗口函数实现的功能是一样的，都是分割集合，以记录为单位进行循环。

实现相同操作的窗口函数如下所示。

■ 窗口函数

```
SELECT products_name, products_type, sale_price
  FROM (SELECT products_name, products_type, sale_price,
               AVG(sale_price)
                 OVER(PARTITION BY products_type) AS avg_price
          FROM Products) TMP
 WHERE sale_price > avg_price;
```

根据子查询中的窗口函数，我们可以计算出各商品种类的平均销售单价（avg_price），并将其存储在 avg_price 列中 ❶。

注❶

可能有人注意到了，这里的窗口函数是在 1-2 节的练习题 1-2-2 中出现过的无 ORDER BY 子句的形式。这种使用方法很方便，所以我们提前借助 1-2 节的练习题进行了练习。

■ 执行结果

products_name	products_type	sale_price	avg_price
高压锅	厨房用具	6800	2795
叉子	厨房用具	500	2795
擦菜板	厨房用具	880	2795
菜刀	厨房用具	3000	2795
T恤	衣服	1000	2500
运动T恤	衣服	4000	2500
打孔器	办公用品	500	300
圆珠笔	办公用品	100	300

这两条分界线是笔者为了看起来方便而添加的

这个执行结果的好处（或者说方便之处）在于，尽管函数计算出了商品种类的平均销售单价，但并未聚合记录，只是将结果列直接添加到原始表中，确保了信息的完整性。因为表 Products 中的数据是按原样存储的，所以接下来只要在每一行中简单地写上条件 sale_price > avg_price，就可以比较平均销售单价和销售单价了。虽然平均销售单价集合的性质与销售单价集合的元素的性质属于不同层级的信息，但它们可以出现在相同的层级中（关于信息的层级问题，2-11 节会进行介绍）。

怎么样，大家都明白了吧？关联子查询和窗口函数这两种新旧工具的内部操作是相似的。

这里再多说几句，窗口函数的这种特性还有其他便捷的应用方式。例如，我们将 COUNT 函数用作窗口函数，让结果中同时包含数据本身和数据个数这两种不同层级的信息，就可以高效地进行分页（按指定页数对表进行分页）。

在窗口函数还未出现时，数据个数只能通过 COUNT 函数来获得。因此，在应用程序限制每页显示的数据个数时，处理要分两步，即先执行获取数据个数的查询，如果个数在限制范围内，则执行获取原始数据的查询，如果个数超出限制，则显示警告消息。但使用窗口函数，就可以减少 SQL 的执行次数，改善性能和提升资源使用效率，分页操作也会变得很简单。

■ 查询重叠的时间区间

虽然本节讲解的是行间比较的内容，但我们也可以转换视角来思考一下。假设有下面这样一张表 Reservations，记录了酒店或者旅馆的预订情况。

Reservations

reserver（入住客人）	start_date（入住日期）	end_date（离店日期）
木村	2018-10-26	2018-10-27
荒木	2018-10-28	2018-10-31
堀	2018-10-31	2018-11-01
山本	2018-11-03	2018-11-04
内田	2018-11-03	2018-11-05
水谷	2018-11-06	2018-11-06

这张表里没有房间编号，请把表中数据当成是某一房间在某段期间内的预订情况。那么，正常情况下，每天只能有一组客人在该房间住宿。从表中数据可以看出，这里存在重叠的预订日期。为了让大家看得更清晰，我们把表中数据转换成了柱状图（图 1.7.3）。

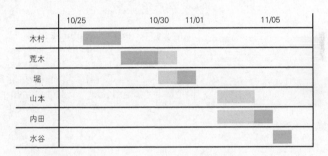

	10/25		10/30	11/01		11/05

木村
荒木
堀
山本
内田
水谷

■ 图 1.7.3　住宿时间重叠

显然，这样会有问题，必须马上重新分配房间。我们面对的问题是如何查出住宿日期重叠的客人并列表显示。

与前面一样，我们先考虑使用关联子查询的思路。我们给重叠的住宿日期分类，可知一共有下面 3 种类型，如图 1.7.4 所示。

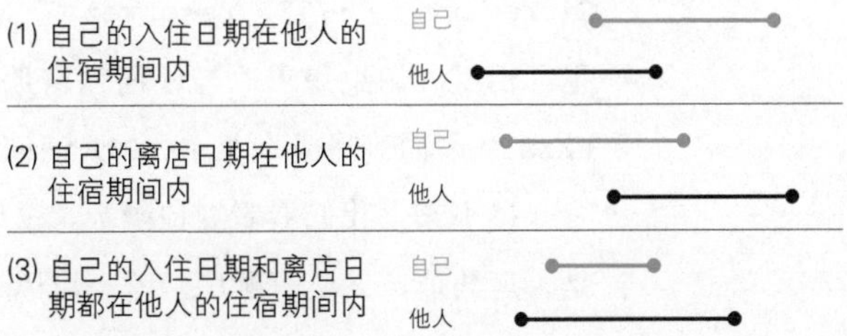

(1) 自己的入住日期在他人的　　自己　　　——————
　　住宿期间内　　　　　　　　他人　●————————●

(2) 自己的离店日期在他人的　　自己　●————————●
　　住宿期间内　　　　　　　　他人　　　●————————●

(3) 自己的入住日期和离店日　　自己　　　●————————●
　　期都在他人的住宿期间内　　他人　●————————————●

■ 图 1.7.4　日期的重叠类型

例如，在堀看来，荒木是属于类型 (1) 的；相反，在荒木看来，堀是属于类型 (2) 的。而山本的住宿期间完全在内田的住宿期间内，所以在山本看来，内田是属于类型 (3) 的。因此，我们只要找出满足这 3 种类型中任意一种的客人就可以了。但是，稍微考虑一下我们就会发现，其实类型 (3) 的情况忽略也没有问题。原因是，满足 (3) 和同时满足 (1)、(2) 是等价的。

因此，充要条件是满足类型 (1) 和类型 (2) 中至少一个条件，解答如下所示。

```
-- 求重叠的住宿时间 (1)：使用关联子查询
SELECT reserver, start_date, end_date
  FROM Reservations R1
 WHERE EXISTS
       (SELECT *
          FROM Reservations R2
         WHERE R1.reserver <> R2.reserver  -- 与自己以外的客人进行比较
           AND ( R1.start_date BETWEEN R2.start_date AND R2.end_date
                 -- 条件 (1)：自己的入住日期在他人的住宿期间内
              OR R1.end_date  BETWEEN R2.start_date AND R2.end_date));
                 -- 条件 (2)：自己的离店日期在他人的住宿期间内
```

■ 执行结果

```
reserver   start_date   end_date
--------   ----------   ----------
荒木        2018-10-28   2018-10-31
堀          2018-10-31   2018-11-01
山本        2018-11-03   2018-11-04
内田        2018-11-03   2018-11-05
```

请注意，因为自己和自己在住宿期间上肯定是重叠的，所以如果没有 R1.reserver <> R2.reserver 这个条件，所有人都会出现在结果列表里。相反，如果想求"与任何住宿期间都不重叠的日期"，我们只需要把 EXISTS 谓词改写成 NOT EXISTS 谓词就可以了。

接下来，我们看看窗口函数。窗口函数的优势是，无论列的数据类型是否是数值，只要有顺序，就都可以进行排序。这里，如果按入住日期的列对记录进行升序排列，那么记录恰好是按图 1.7.4 的甘特图的顺序来排列的。这样一来，在当前行的入住客人之后入住的，就是下一行记录的客人。我们只要检查下一位入住客人的入住日期是否与当前行客人的住宿时间重复就可以了，也就是说，可以使用 BETWEEN 谓词。使用窗口函数的查询如下所示。

```
-- 求重叠的住宿期间 (2)：使用窗口函数
SELECT reserver, next_reserver
  FROM (SELECT reserver,
```

```
            start_date,
            end_date,
            MAX(start_date)
              OVER (ORDER BY start_date
                      ROWS BETWEEN 1 FOLLOWING
                                 AND 1 FOLLOWING) AS next_start_date,
            MAX(reserver)
              OVER (ORDER BY start_date
                      ROWS BETWEEN 1 FOLLOWING
                                 AND 1 FOLLOWING) AS next_reserver
      FROM Reservations) TMP
WHERE next_start_date BETWEEN start_date AND end_date;
```

■ 执行结果

```
reserver    next_reserver
----------  -------------
荒木         堀
山本         内田
```

另外，这里虽然使用了 MAX 窗口函数，但它并不是要获取最大值。由于 SUM 和 AVG 只能用于数值，所以这里才用了能用于日期和字符串的 MAX 函数，反正帧子句 ROWS BETWEEN 1 FOLLOWING AND 1 FOLLOWING 已经将范围限制在一行，所以获取最大值也没有意义。因此，这里还可以使用 MIN 函数。

窗口函数解法的优势，在于重叠的客人能以成对的形式输出到一行中，因此我们一眼就能看出可以将谁与谁调换。这种格式的便利之处体现在有 3 人以上出现时间区间重叠的情景。下面，我们将水谷的入住日期提前至 11 月 4 日。

■ Reservations：山本、内田、水谷 3 人的住宿时间重叠

reserver （入住客人）	start_date （入住日期）	end_date （离店日期）
木村	2018−10−26	2018−10−27
荒木	2018−10−28	2018−10−31
堀	2018−10−31	2018−11−01
山本	2018−11−03	2018−11−04
内田	2018−11−03	2018−11−05
水谷	2018−11−04	2018−11−06	← 修改水谷的入住日期

对该数据使用关联子查询和窗口函数都能够查询到水谷，但二者之间的含义稍有不同。

■ 关联子查询的结果

```
reserver    start_date    end_date
---------   -----------   -----------
荒木         2018-10-28    2018-10-31
堀          2018-10-31    2018-11-01
山本         2018-11-03    2018-11-04
内田         2018-11-03    2018-11-05
水谷         2018-11-04    2018-11-06   ◄─────  也查到了水谷
```

■ 窗口函数的结果（山本和水谷的住宿时间也是重叠的，但结果中并未显示）

```
reserver     next_reserver
---------    ---------------
荒木          堀
山本          内田
内田          水谷   ◄─────  也查到了水谷
```

关联子查询的结果只表明存在重叠这一实际情况，而窗口函数的结果则表明水谷和内田的住宿时间是重叠的（实际上水谷和山本的住宿时间也是重叠的，但由于结果只显示 2 列，所以并未显示出来。不过，该结果已经充分满足业务需求了）。

另外，如果山本的入住日期不是 11 月 3 日，而是推迟了一天，即 11 月 4 日，那么关联子查询的结果里将不会出现内田。这是因为内田的入住日期和离店日期都不再与任何人重叠。换句话说，像内田这种自己的住宿时间完全包含了他人的住宿时间的情况会被排除。如果也想输出这样的住宿时间，我们需要添加条件（由于关联子查询中并不是一定要编写这么复杂的代码，所以这里就省略了，如果读者感兴趣，可以自行思考一下）。但在窗口函数的情况下，结果仍是一样的。在这一点上，窗口函数的通用性更高一些。

本节小结

作为使用 SQL 进行行间比较的手段，关联子查询是一门过时的技术。笔者甚至认为，关联子查询的技术本身就已经过时了，而不只是作为行间比较的技术来说 ❶。

下面是本节要点。

1. 过去，在使用 SQL 进行行间比较时，做法是添加比较对象数据的表，通过关联子查询进行比较。

2. 不过，关联子查询的缺点是性能及代码可读性不好，SQL 用户的评价很低（借用塞尔科的话来说就是，程序员和查询优化者都很难读懂关联子查询）。

3. 随着救世主窗口函数的出现，大家无须再使用关联子查询。窗口函数的可读性很好，代码也很简洁。相信将来性能也会提高。

练习题

练习题 1-7-1：移动平均值 (1)

我们来介绍一种统计指标——移动平均值。买卖股票或外汇的人对此可能比较熟悉，它其实就是偏移记录来求某个窗口范围的平均值，由于窗口看起来像是移动的，所以被称为移动平均值。1-2 节中也介绍过，使用窗口函数求移动平均值（或移动累计值）非常简单。

例如，现在有一张银行账户存取款历史记录表 Accounts，我们将当前行及其之前两行的记录作为窗口来求移动平均值。对于前两行记录不全的情况，有两种处理方式：一种是处理为"无结果"，另一种是根据既有数据求平均值。这里我们采用后一种处理方式，这也是窗口函数默认的操作。

注❶

一些人很早就发现了窗口函数具有消除关联子查询的效果。推动将窗口函数引入标准 SQL 中的 IBM 公司的工程师们，在 2003 年将这种情况命名为 WinMagic（不过，这个词并未流行起来）。大家可以自行参考论文 "WinMagic: Subquery Elimination Using Window Aggregation"（WinMagic: 使用窗口函数消除子查询）。

Accounts

prc_date （处理日期）	prc_amt （处理金额）
2018-10-26	12000
2018-10-28	2500
2018-10-31	-15000
2018-11-03	34000
2018-11-04	-5000
2018-11-06	7200
2018-11-11	11000

像下面这样计算移动平均值（舍弃小数点后的数值）

12000 = 12000 / 1

7250 = (12000 + 2500) / 2

-166 = (12000 + 2500 + (-15000)) / 3

7166 = (2500 + (-15000) + 34000) / 3

4666 = ((-15000) + 34000 + (-5000)) / 3

12066 = (34000 + (-5000) + 7200) / 3

4400 = ((-5000) + 7200 + 11000) / 3

使用窗口函数的帧子句可以轻松地求移动平均值。

```
-- 使用窗口函数求移动平均值
SELECT prc_date, prc_amt,
       AVG(prc_amt)
         OVER(ORDER BY prc_date
              ROWS BETWEEN 2 PRECEDING AND CURRENT ROW)
         FROM Accounts;
```

请大家试着用关联子查询的方法实现一下。

● **练习题 1-7-2：移动平均值 (2)**

在上一道练习题中，即使记录少于 3 行也能求移动平均值。请思考一下，如何将记录少于 3 行时的处理结果改为 NULL。使用窗口函数实现的人，也试着思考一下如何用关联子查询来实现。

1-8 外连接的用法

▶ SQL 的弱点及其趋势和对策

　　数据库工程师经常面对的一个难题是无法将 SELECT 语句的执行结果转换为想要的格式。因为 SQL 语言本来就不是为了这个目的而出现的，所以需要费些功夫。本节，我们将通过学习格式转换中具有代表性的行列转换和嵌套式侧栏的生成方法，深入理解一下其中起着重要作用的外连接。

写在前面

　　很多人对 SQL 有一个误解：它是一种用于生成报表的语言。确实，SQL 在生成各种定制化或非定制化报表或统计表的系统里有着广泛的应用。这本身并没有什么问题，但"不幸"的是，数据库工程师开始要求 SQL 具备并非它原本用途的功能——格式转换。说起来，SQL 终究也只是主要用于查询数据的语言而已。

　　但是同时，SQL 比很多人想象得更加强大。特别是近些年，SQL 引入了许多便于生成报表的功能，其中的代表就是窗口函数。如果 SQL 既可以简化系统整体的代码，同时也可以优化性能，使用起来是很有价值的。

　　本节，我们将学习一下使用外连接（outer join）进行格式转换的方法。外连接是数据库工程师比较熟悉的一种运算，但这次我们将试着从不同的角度来体会一下它的特性。就内容分布来说，本节前半部分主要讲解如何使用外连接进行格式转换，后半部分则从集合运算的角度来了解外连接。

　　如果大家对外连接完全不了解，可以先从本节后半部分的"全外连接"和"用外连接进行集合运算"这两部分开始阅读。

用外连接进行行列转换 (1)（行→列）：制作交叉表

　　在 1-1 节中，我们学习了将查询结果转换成交叉表的方法。这次，我们来思考一下如何用外连接的方法实现同样的功能。例如，这里有一张用于管理员工学习过的培训课程的表 Courses。

Courses

name（员工姓名）	course（课程）
赤井	SQL 入门
赤井	UNIX 基础
铃木	SQL 入门
工藤	SQL 入门
工藤	Java 中级
吉田	UNIX 基础
渡边	SQL 入门

首先，我们利用上面这张表生成下面这样的一张交叉表，将其命名为"课程学习记录一览表"。○表示已学习过，空白（NULL）表示尚未学习。

■ 课程学习记录一览表（表头：课程；侧栏：员工姓名）

	SQL 入门	UNIX 基础	Java 中级
赤井	○	○	
工藤	○		○
铃木	○		
吉田		○	
渡边	○		

实际上，原来的表与刚刚生成的表在信息量上并没有区别。关于"谁学习过哪些课程"，不管从哪张表都能看出来，区别只是外观。所以，这本来并不是 SQL 应该做的工作。但是，练习用 SQL 做这样的工作是本节的主旨，所以我们尝试用外连接的思路来思考，这样就可以知道，以侧栏（员工姓名）为主表进行外连接操作就可以生成表。

```
-- 水平展开求交叉表 (1)：使用外连接
SELECT C0.name,
  CASE WHEN C1.name IS NOT NULL THEN '○' ELSE NULL END AS "SQL 入门",
  CASE WHEN C2.name IS NOT NULL THEN '○' ELSE NULL END AS "UNIX 基础",
  CASE WHEN C3.name IS NOT NULL THEN '○' ELSE NULL END AS "Java 中级"
  FROM  (SELECT DISTINCT name FROM  Courses) C0    -- 这里的 C0 是侧栏
  LEFT OUTER JOIN
    (SELECT name FROM Courses WHERE course = 'SQL入门') C1
   ON  C0.name = C1.name
     LEFT OUTER JOIN
       (SELECT name FROM Courses WHERE course = 'UNIX基础') C2
       ON  C0.name = C2.name
```

```
LEFT OUTER JOIN
  (SELECT name FROM Courses WHERE course = 'Java中级') C3
  ON  C0.name = C3.name;
```

使用子查询，根据源表 Courses 生成 $C0 \sim C3$ 这 4 个子集。1-2 节也讲过，SQL 中指定了名称的表和视图都相当于集合。因此，这里将生成下面这样 4 个集合。

$C0$：主表

name
赤井
工藤
铃木
吉田
渡边

$C1$：SQL

name
赤井
工藤
铃木
渡边

$C2$：UNIX

name
赤井
吉田

$C3$：Java

name
工藤

$C0$ 包含了全部员工，起到了"员工主表"的作用（如果原本就提供了这样一张主表，请直接使用它）。$C1 \sim C3$ 是每个课程的学习者的集合。这里以 $C0$ 为主表，依次对 $C1 \sim C3$ 进行外连接操作。如果某位员工学习过某个课程，则相应的课程列会出现他的姓名，否则为 NULL。最后，通过 CASE 表达式将课程列中员工的姓名转换为〇就算完成了。

这次，因为目标表格的表头是 3 列，所以进行了 3 次外连接。列数增加时原理也是一样的，只需要增加外连接操作就可以了。想生成置换了表头和表侧栏的交叉表时，我们也可以用同样的思路。这种做法具有比较直观和易于理解的优点，但是因为大量用到了内嵌视图和连接操作，代码会显得很臃肿。而且，随着表头列数的增加，性能也会恶化。

我们再考虑一下有没有更好的做法。一般情况下，外连接都可以用标量子查询替代，因此可以像下面这样写。

```
-- 水平展开 (2)：使用标量子查询
SELECT C0.name,
      (SELECT '〇'
         FROM Courses C1
        WHERE course = 'SQL入门'
          AND C1.name = C0.name) AS "SQL入门",
      (SELECT '〇'
         FROM Courses C2
        WHERE course = 'UNIX基础'
```

```
            AND C2.name = C0.name) AS "UNIX 基础",
       (SELECT '○'
         FROM Courses C3
        WHERE course = 'Java 中级'
          AND C3.name = C0.name) AS "Java 中级"
  FROM (SELECT DISTINCT name FROM Courses) C0;  -- 这里的 C0 是表侧栏
```

这里的要点在于使用标量子查询来生成 3 列表头。最后一行 FROM 子句的集合 C0 和前面的"员工主表"是一样的。标量子查询的条件也和外连接一样，即满足条件时返回○，不满足条件时返回 NULL。这种做法的优点在于，需要增加或者减少课程时，只修改 SELECT 子句即可，代码修改起来比较简单。

例如想加入第 4 列"PHP 入门"时，只需要在 SELECT 子句的最后加上下面这条语句就可以了（如果采用前面的写法，则必须修改 SELECT 子句和 FROM 子句两个地方）。

```
(SELECT '○'
   FROM Courses C4
  WHERE course = 'PHP 入门'
    AND C4.name = C0.name ) AS "PHP 入门"
```

这种做法不仅有利于应对需求变更，对于需要动态生成 SQL 的系统也是很有好处的，缺点则是性能不太好。目前，如果在 SELECT 子句中使用标量子查询（或者关联子查询），性能开销还是相当大的，因为标量子查询是针对 SELECT 返回的每一行来执行的。

接下来介绍第 3 种方法，即嵌套使用 CASE 表达式。CASE 表达式可以写在 SELECT 子句里的聚合函数内部，也可以写在聚合函数外部（请参考 1-1 节）。这里，我们先把 SUM 函数的结果处理成 1 或者 NULL，然后在外层的 CASE 表达式里将 1 转换成○。

```
-- 水平展开 (3)：嵌套使用 CASE 表达式
SELECT name,
  CASE WHEN SUM(CASE WHEN course = 'SQL 入门' THEN 1 ELSE NULL END) = 1
       THEN '○' ELSE NULL END AS "SQL 入门",
  CASE WHEN SUM(CASE WHEN course = 'UNIX 基础' THEN 1 ELSE NULL END) = 1
       THEN '○' ELSE NULL END AS "UNIX 基础",
  CASE WHEN SUM(CASE WHEN course = 'Java 中级' THEN 1 ELSE NULL END) = 1
       THEN '○' ELSE NULL END AS "Java 中级 "
```

```
FROM Courses
GROUP BY name;
```

如果不使用聚合，那么返回结果的行数会是表 Courses 的行数，所以这里以参加培训课程的员工为单位进行聚合。这种做法和标量子查询的做法一样简洁，也能灵活地应对需求变更。关于将聚合函数的返回值用于条件判断的写法，如果大家不习惯，可能会有点疑惑。但是，其实在 SELECT 子句里，聚合函数的执行结果也是标量值，因此可以像常量和普通列一样使用。如果明白这点，就不难理解了。

▌ 用外连接进行行列转换 (2)（列→行）：汇总重复项于一列

前面，我们练习了从行转换为列，这回我们反过来，练习一下从列转换为行。我们假设存在下面这样一张让数据库工程师想哭的表。

■ Personnel：员工子女信息

employee(员工)	child_1(孩子 1)	child_2(孩子 2)	child_3(孩子 3)
赤井	一郎	二郎	三郎
工藤	春子	夏子	
铃木	夏子		
吉田			

这种结构的表大家应该都见过吧。将 COBOL 等语言中使用的平面文件作为输入数据，简单地按照原来的格式进行提取，就可以得到这样的表。这张表到底哪里让人想哭，我们暂时不提，我们需要做的是将这张表转换成行格式的数据。这里使用 UNION ALL 来实现。

```
-- 列数据转换成行数据：使用 UNION ALL
SELECT employee, child_1 AS child FROM Personnel
UNION ALL
SELECT employee, child_2 AS child FROM Personnel
UNION ALL
SELECT employee, child_3 AS child FROM Personnel;
```

■ 执行结果

```
employee    child
----------  -------
赤井        一郎
赤井        二郎
赤井        三郎
工藤        春子
工藤        夏子
工藤
铃木        夏子
铃木
铃木
吉田
吉田
吉田
```

因为 UNION ALL 不会排除掉重复的行，所以即使吉田没有孩子，结果里也会出现 3 行相关数据。把结果存入表时，最好先排除掉 child 列为 NULL 的行。

不过，根据具体需求，有时需要把没有孩子的吉田也留在表里，像下面这张"员工子女列表"这样。

■ 员工子女列表

employee(员工)	child(孩子)
赤井	一郎
赤井	二郎
赤井	三郎
工藤	春子
工藤	夏子
铃木	夏子
吉田	

在这道例题中，我们不能单纯地将 child 列为 NULL 的行排除掉。能想到的解法有好几个，不过先来生成一个存储子女列表的视图（孩子主表）吧。

```
CREATE VIEW Children(child)
AS SELECT child_1 FROM Personnel
   UNION
   SELECT child_2 FROM Personnel
```

```
UNION
SELECT child_3 FROM Personnel;
```

■ 执行结果

```
child
-----
一郎
二郎
三郎
春子
夏子
```

如果原本就有这样一张员工子女表备用，请直接使用它。

那么，接下来我们以员工列表为主表进行外连接操作。请注意连接条件。

```
-- 获取员工子女列表的 SQL 语句（没有孩子的员工也要输出）
SELECT EMP.employee, CHILDREN.child
  FROM Personnel EMP
       LEFT OUTER JOIN Children
         ON CHILDREN.child IN (EMP.child_1, EMP.child_2, EMP.child_3);
```

这里对子女主表和员工表执行了外连接操作，重点在于连接条件是通过 IN 谓词指定的。这样一来，当表 Personnel 里"孩子 1～孩子 3"列的名字存在于 Children 视图里时，返回该名字，否则返回 NULL。工藤家和铃木家有同名的孩子"夏子"，但这并不影响结果的正确性。

在交叉表里制作嵌套式表侧栏

在生成统计表的工作中，经常会有制作嵌套式表头和表侧栏的需求。例如这道例题：表 TblPop 是一张按照县、年龄层级和性别统计的人口分布表，要求根据表 TblPop 生成交叉表"包含嵌套式表侧栏的统计表"。

■ 年龄层级主表：TblAge

age_class（年龄层级）	age_range（年龄）
1	21 岁 ~ 30 岁
2	31 岁 ~ 40 岁
3	41 岁 ~ 50 岁

■ 性别主表：TblSex

sex_cd（性别编号）	sex（性别）
m	男
f	女

■ 人口分布表：TblPop

pref_name（县名）	age_class（年龄层级）	sex_cd（性别编号）	population（人口）
秋田	1	m	400
秋田	3	m	1000
秋田	1	f	800
秋田	3	f	1000
青森	1	m	700
青森	1	f	500
青森	3	f	800
东京	1	m	900
东京	1	f	1500
东京	3	f	1200
千叶	1	m	900
千叶	1	f	1000
千叶	3	f	900

（人口单位：万人）

■ 包含嵌套式表侧栏的统计表

		东北	关东
21 岁 ~ 30 岁	男	1100	1800
	女	1300	2500
31 岁 ~ 40 岁	男		
	女		
41 岁 ~ 50 岁	男	1000	
	女	1800	2100

（人口单位：万人）

　　这个问题的要点在于，虽然表 TblPop 中没有一条年龄层级为 2 的数据，但是返回结果还是要包含这个年龄层级，固定输出 6 行。生成固定的表侧栏需要用到外连接，但如果要将表侧栏做成嵌套式的，还需要再花点功夫。目标表的侧栏是年龄层级和性别，所以我们需要使用表 TblAge 和表 TblSex 作为主表。

思路是以这两张表作为主表进行外连接操作。但是如果像下面的
SQL 语句这样简单地进行两次外连接，并不能得到正确的结果。

```
-- 使用外连接生成嵌套式表侧栏：错误的 SQL 语句
SELECT  MASTER1.age_class AS age_class,
        MASTER2.sex_cd AS sex_cd,
        DATA.pop_dongbei AS pop_dongbei,
        DATA.pop_guandong AS pop_guandong
  FROM (SELECT age_class, sex_cd,
               SUM(CASE WHEN pref_name IN ('青森', '秋田')
                        THEN population ELSE NULL END) AS pop_dongbei,
               SUM(CASE WHEN pref_name IN ('东京', '千叶')
                        THEN population ELSE NULL END) AS pop_guandong
          FROM TblPop
         GROUP BY age_class, sex_cd) DATA
        RIGHT OUTER JOIN TblAge MASTER1 -- 外连接1：和年龄层级主表进行外连接
          ON MASTER1.age_class = DATA.age_class
        RIGHT OUTER JOIN TblSex MASTER2 -- 外连接2：和性别主表进行外连接
          ON MASTER2.sex_cd = DATA.sex_cd;
```

■ 执行结果

```
age_class  sex_cd  pop_dongbei  pop_guandong
---------  ------  -----------  ------------
1          m          1100          1800
1          f          1300          2500
3          m          1000
3          f          1800          2100
```

观察返回结果可以发现，结果里没有出现年龄层级为 2 的行。这不是
我们想要的。我们已经使用了外连接，为什么结果还是不正确呢？

原因是表 TblPop 里没有年龄层级为 2 的数据。也许大家会觉得奇怪，
我们已经使用了外连接，而外连接的作用不就是保证在这种情况下也能获
取定制化的结果吗？

没错，确实是这样的。实际上，与年龄层级主表外连接之后，结果里
是包含年龄层级为 2 的数据的。

```
-- 停在第 1 个外连接处时：结果里包含年龄层级为 2 的数据
SELECT MASTER1.age_class AS age_class,
       DATA.sex_cd AS sex_cd,
```

```
      DATA.pop_dongbei AS pop_dongbei,
      DATA.pop_guandong AS pop_guandong
  FROM (SELECT age_class, sex_cd,
          SUM(CASE WHEN pref_name IN ('青森', '秋田')
                    THEN population ELSE NULL END) AS pop_dongbei,
          SUM(CASE WHEN pref_name IN ('东京', '千叶')
                    THEN population ELSE NULL END) AS pop_guandong
      FROM TblPop
     GROUP BY age_class, sex_cd) DATA
     RIGHT OUTER JOIN TblAge MASTER1
       ON MASTER1.age_class = DATA.age_class;
```

■ 执行结果

```
age_class  sex_cd  pop_dongbei  pop_guandong
---------  ------  -----------  ------------
1          m             1100          1800
1          f             1300          2500
2    ◀                                         存在年龄层级为 2 的数据
3          m             1000
3          f             1800          2100
```

　　但是请注意，核心点在这里：虽然年龄层级 "2" 确实可以通过外连接从表 TblAge 获取，但是在表 TblPop 里，与之相应的 "性别编号" 列却是 NULL。原因也不难理解。表 TblPop 里本来就没有年龄层级为 2 的数据，自然也没有相应的性别信息 m 或 f，于是 "性别编号" 列只能是 NULL。因此与性别主表进行外连接时，连接条件会变成 ON MASTER2.sex_cd = NULL，结果是 **unknown**（这个真值的意思请参考 1-4 节）。因此，最终结果里永远不会出现年龄层级为 2 的数据，即使改变两次外连接的先后顺序，结果也还是一样的。

　　那么，究竟怎样才能生成正确的嵌套式表侧栏呢？答案如下。

　　如果不允许进行两次外连接，那么调整成一次就可以了。

```
-- 使用外连接生成嵌套式表侧栏：正确的 SQL 语句
SELECT MASTER.age_class AS age_class,
      MASTER.sex_cd AS sex_cd,
      DATA.pop_dongbei AS pop_dongbei,
      DATA.pop_guandong AS pop_guandong
 FROM (SELECT age_class, sex_cd
      FROM TblAge CROSS JOIN TblSex ) MASTER -- 使用交叉连接生成两张主表的笛卡儿积
   LEFT OUTER JOIN
```

```
(SELECT age_class, sex_cd,
        SUM(CASE WHEN pref_name IN ('青森', '秋田')
                THEN population ELSE NULL END) AS pop_dongbei,
        SUM(CASE WHEN pref_name IN ('东京', '千叶')
                THEN population ELSE NULL END) AS pop_guandong
  FROM TblPop
 GROUP BY age_class, sex_cd) DATA
    ON  MASTER.age_class = DATA.age_class
   AND  MASTER.sex_cd = DATA.sex_cd;
```

■ 执行结果

```
age_class  sex_cd  pop_dongbei  pop_guandong
---------  ------  -----------  ------------
1          m              1100          1800
1          f              1300          2500
2          m
2          f
3          m              1000
3          f              1800          2100
```

这样，我们就准确无误地得到了 6 行数据。无论表 TblPop 里的数据有什么样的缺失，结果的表侧栏总能固定为 6 行。技巧是对表 TblAge 和表 TblSex 进行交叉连接运算，生成下面这样的笛卡儿积。行数是 $3 \times 2 = 6$。

MASTER

age_class（年龄层级）	sex_cd（性别编号）
1	m
1	f
2	m
2	f
3	m
3	f

然后，只需对这张 MASTER 视图进行一次外连接操作即可。也就是说，需要生成嵌套式表侧栏时，事先按照需要的格式准备好主表就可以了。当需要 3 层或 3 层以上的嵌套式表侧栏时，也可以按照这种方法进行扩展。

这里补充说明一下：对于不支持 CROSS JOIN 语句的数据库，可以像 FROM TblAge, TblSex 这样不指定连接条件，把需要连接的表写在一起，其效果与交叉连接一样。

▌ 作为乘法运算的连接

我们在 1-6 节的专栏"关系除法运算"里提到过"在 SQL 里，交叉连接相当于乘法运算"，大家应该还记得吧？这种说法并不是一种比喻，而是事实，观察一下运算前后的行数就能明白这点。

接下来，我们就以下面的商品主表和商品销售历史管理表为例，来深入探讨一下。

Items

item_no	item
10	SD 卡
20	CD-R
30	USB 内存
40	DVD

SalesHistory

sale_date	item_no	quantity
2018-10-01	10	4
2018-10-01	20	10
2018-10-01	30	3
2018-10-03	10	32
2018-10-03	30	12
2018-10-04	20	22
2018-10-04	30	7

先使用这两张表生成一张统计表，以商品为单位汇总出各自的销量。我们期望的结果是像下面这样的。

■ 执行结果

```
item_no    total_qty
-------    ---------
     10          36
     20          32
     30          22
     40
```

因为没有销售记录（完全卖不动）的 40 号商品 DVD 也需要输出在结果里，所以很显然，这里需要使用外连接。恐怕很多人会想到下页这种做法。

```
-- 解法 (1)：通过在连接前聚合来创建一对一的关系
SELECT I.item_no, SH.total_qty
  FROM Items I LEFT OUTER JOIN
         (SELECT item_no, SUM(quantity) AS total_qty
            FROM SalesHistory
           GROUP BY item_no) SH
    ON I.item_no = SH.item_no;
```

这种做法的确是正确的，代码也很容易理解。这条语句首先在连接前按商品编号对销售记录表进行聚合，进而生成了一张以 item_no 为主键的临时视图，如下表所示。

■ SH（以商品编号为主键的临时视图）

item_no	total_qty
10	36
20	32
30	22

接下来，通过 item_no 列对商品主表和这个视图进行连接操作后，商品主表和临时视图就成了在主键上进行的一对一连接。这个查询看起来还真不错。

但是，如果从性能角度考虑，这条 SQL 语句还是有些问题的。比如临时视图 SH 的数据需要临时存储在内存里，还有就是虽然通过聚合将 item_no 变成了主键，但是 SH 上却不存在主键索引，因此我们也就无法利用索引优化查询。

要改善这个查询，关键在于导入"把连接看作乘法运算"这种视点。商品主表 Items 和视图 SH 确实是一对一的关系，但从 item_no 列来看，表 Items 和表 SalesHistory 其实是一对多的关系。而且，当连接操作的双方是一对多关系时，结果的行数并不会增加。这就像普通乘法里任意数乘以 1 后，结果不会变化一样 ❶。

外连接会增加只在商品主表里存在的 40 号商品 DVD 的行，所以严格地讲，行数并非没有增加，但这不会导致表 SalesHistory 里已有的 10 号或 20 号商品的行异常增加，进而引起结果异常。按照这种思路改良后的 SQL 语句如下所示。

注❶

在二元运算中，如果某个值和其他任意值进行运算结果都不会改变，那么我们称这个值为单位元。例如与整数进行乘法运算时的 1，以及加法运算时的 0。从这一点来看，在 SQL 的连接运算中，具有单位元性质的是"只有一行数据的表"。因为数据行数为 1 的表和其他任意表进行交叉连接，结果行数都与源表行数一样。关于单位元与 SQL 的关系，请参考 1-4 节的专栏"字符串和 NULL"。

```
-- 解法 (2)：先进行一对多的连接再聚合
SELECT I.item_no, SUM(SH.quantity) AS total_qty
  FROM Items I LEFT OUTER JOIN SalesHistory SH
    ON I.item_no = SH.item_no      -- 一对多的连接
 GROUP BY I.item_no;
```

这种做法代码更简洁，而且没有使用临时视图，所以性能也会有所改善。

如果表 Items 里的 items_no 列内存在重复行，就属于多对多连接了，因而这种做法就不能再使用。这时，需要先把某张表聚合一下，使两张表变成一对多的关系 ❶。

一对一或一对多关系的两个集合，在进行连接操作后行数不会（异常地）增加。

这个技巧在需要使用连接和聚合来解决问题时非常有用，请熟练掌握。

读到这里应该有人注意到了，其实前面那个统计人口分布的问题也可以用类似的方法来解决。这种解法的练习放到了本节最后的练习题里，读完本节后请挑战一下。

全外连接

本节的前半部分主要从应用的角度介绍了外连接的一些内容，后半部分将换个角度，从面向集合的角度介绍一下外连接本身的一些性质。

标准 SQL 里定义了 3 种类型的外连接，具体如下所示。

- **左外连接（LEFT OUTER JOIN）**
- **右外连接（RIGHT OUTER JOIN）**
- **全外连接（FULL OUTER JOIN）**

其中，左外连接和右外连接没有功能上的区别。用作主表的表写在运算符左边时用左外连接，写在运算符右边时用右外连接。相信这两种大家已经很熟悉了。在这 3 种外连接里，全外连接相对来说使用较少。从面向集合的角度来看，它有很多有趣的特点，所以接下来我们主要来了

注 ❶

如果想练习多对多情况下的连接和聚合等高级内容，可以参考乔·塞尔科的著作《SQL 解惑（第 2 版）》中的"谜题 41 预算"。

解一下全外连接。

关于"全外连接到底是怎么回事",相比用语言来描述,具体的实例更容易让我们明白,所以这里先来看一道简单的例题。

Class_A

id（编号）	name（名字）
1	田中
2	铃木
3	伊集院

Class_B

id（编号）	name（名字）
1	田中
2	铃木
4	西园寺

在这两张班级学生表里,田中和铃木同时属于两张表,而伊集院和西园寺只属于其中一张表。全外连接是能够从这样两张内容不一致的表里,没有遗漏地获取全部信息的方法,所以也可以理解成"把两张表都当作主表来使用"的连接。

```
-- 全外连接保留全部信息
SELECT COALESCE(A.id, B.id) AS id,
       A.name AS A_name,
       B.name AS B_name
  FROM Class_A  A  FULL OUTER JOIN Class_B  B
   ON A.id = B.id;
```

■ 执行结果

```
id    A_name  B_name
----  ------  ------
1     田中     田中
2     铃木     铃木
3     伊集院
4             西园寺
```

可以看到,两张表里的 4 个人全部出现在结果里了。COALESCE 是

SQL 的标准函数,可以接受多个参数,功能是返回第 1 个非 NULL 的参数。使用左(右)外连接时,只能使用两张表中的一张作为主表,所以不能同时获取到伊集院和西园寺两个人。全外连接的"全"就是"保留全部信息"的意思。

如果所用的数据库不支持全外连接,可以分别进行左外连接和右外连接,再把两个结果通过 UNION 合并起来,也能达到同样的目的❶。

注❶

例如,MySQL 还不支持完全外连接。

```
-- 数据库不支持全外连接时的替代方案
SELECT A.id AS id, A.name, B.name
  FROM Class_A  A LEFT OUTER JOIN Class_B  B
    ON A.id = B.id
UNION
SELECT B.id AS id, A.name, B.name
  FROM Class_A  A RIGHT OUTER JOIN Class_B  B
    ON A.id = B.id;
```

这种写法虽然也能获取到同样的结果,但是代码比较冗长,而且使用两次连接后还要用 UNION 来合并,性能也不是很好。

其实,我们还可以换个角度,把表连接看成集合运算。内连接相当于求集合的积(INTERSECT,也称交集),全外连接相当于求集合的和(UNION,也称并集)。图 1.8.1 是二者的维恩图。

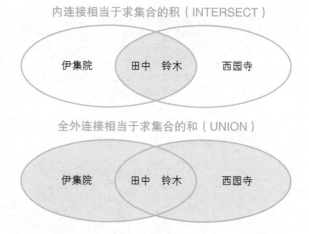

内连接相当于求集合的积(INTERSECT)

伊集院　　田中　铃木　　西园寺

全外连接相当于求集合的和(UNION)

伊集院　　田中　铃木　　西园寺

■ 图 1.8.1　连接相当于集合运算

在"不遗漏任何信息"这一点上,UNION 和全外连接非常相似(MERGE

语句也是）。接下来，我们将利用外连接的这些特性，实际练习一下集合运算。

用外连接进行集合运算

注❶
关于 SQL 中集合运算符的各种注意点，详见 1-9 节。

SQL 是以集合论为基础的，但令人费解的是，它在很长一段时间内连基础的集合运算都不支持 ❶。UNION 是 SQL-86 标准开始加入的，还算比较早。INTERSECT 和 EXCEPT 都是 SQL-92 标准才加入的。关系除法运算还没有被标准化，这个前面也提到过。而且，各个 DBMS 供应商在功能的实现程度上也有所不同，参差不齐。集合运算符会进行排序，所以可能会带来性能上的问题。因此，了解一下集合运算符的替代方案还是有意义的。

前面介绍了交集和并集，下面来介绍一下求差集的解法。观察一下前面有关全外连接的例题，大家会发现，伊集院在 A 班存在而在 B 班不存在，此时 B_name 列的值是 NULL；相反，西园寺在 B 班存在而在 A 班不存在，此时 A_name 列的值是 NULL。也就是说，我们可以通过判断连接后的相关字段是否为 NULL 来求得差集。

用外连接求差集：A – B

尽管在 SQL 中 NULL 通常被认为是不好的，但我们还是要通过先使用外连接生成 NULL，再将其排除掉来计算差集。下面的 SQL 语句以 Class_A 为主表进行外连接，于是 Class_B 侧会生成 NULL（图 1.8.2）。

```
SELECT A.id AS id,  A.name AS A_name
  FROM Class_A  A LEFT OUTER JOIN Class_B B
    ON A.id = B.id
 WHERE B.name IS NULL;
```

■ 执行结果

```
id    A_name
----  ------
3     伊集院
```

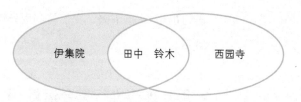

■ 图 1.8.2 用外连接求差集（A–B）

用外连接求差集：B − A

我们将前面的 SQL 语句改为右外连接，这样就变成了以 Class_B 为主表的外连接（图 1.8.3）。

```
SELECT B.id AS id, B.name AS B_name
  FROM Class_A  A  RIGHT OUTER JOIN Class_B B
    ON A.id = B.id
 WHERE A.name IS NULL;
```

■ 执行结果

```
id   B_name
----  ------
4    西园寺
```

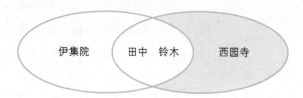

■ 图 1.8.3 用外连接求差集（B–A）

当然，用外连接解决这个问题不太符合外连接原本的设计目的。但是对于不支持差集运算的数据库来说，这也可以作为 NOT IN 和 NOT EXISTS 之外的另一种解法，而且它可能是差集运算中效率最高的，这也是它的优点。

用全外连接求异或集

接下来，我们思考一下如何求两个集合的异或集。SQL 没有定义求异或集的运算符，如果用集合运算符，可以有两种方法：一种是 (A UNION B) EXCEPT (A INTERSECT B)，另一种是 (A EXCEPT B) UNION (B EXCEPT A)。这两种方法都比较麻烦，性能开销也会增大。

现在，请大家再仔细看一下有关全外连接的执行结果（图 1.8.4）。你是否得到了灵感呢？

```
SELECT COALESCE(A.id, B.id) AS id,
       COALESCE(A.name , B.name ) AS name
  FROM Class_A  A  FULL OUTER JOIN Class_B  B
    ON A.id = B.id
 WHERE A.name IS NULL
    OR B.name IS NULL;
```

■ 执行结果

```
id   name
---- -----
3    伊集院
4    西园寺
```

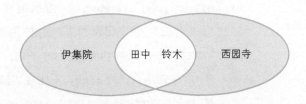

■ 图 1.8.4　用全外连接求异或集

像这样改变一下 WHERE 子句的条件，就可以进行各种集合运算。现在我们已经求了集合的并集、差集、交集，那么想求集合的商时该怎么做呢？其实商也可以通过外连接来求。也就是说，我们在 1-6 节里介绍过的关系除法运算也可以通过外连接来实现。如果使用 1-6 节里的表 Items 和表 ShopItems，可以像下页这样写。

```
-- 用外连接进行关系除法运算：差集的应用
SELECT DISTINCT shop
  FROM ShopItems SI1
WHERE NOT EXISTS
      (SELECT I.item
         FROM Items I LEFT OUTER JOIN ShopItems SI2
           ON I.item  = SI2.item
          AND SI1.shop = SI2.shop
        WHERE SI2.item IS NULL) ;
```

■ 执行结果

```
shop
----
仙台
东京
```

这个查询的意思是，用表 Items 减去表 ShopItems 里各个店铺的商品，如果结果是空集，则说明该店铺库存里有表 Items 里的全部商品。其中，"各个店铺"这一条件是通过 ON 子句里的 SI1.shop = SI2.shop 这个关联子查询来描述的 ❶。因为这种解法用到了集合的差集，所以也可以直接使用 EXCEPT 运算符来实现。请大家把这当作练习题，试着按照这种思路改写一下（答案将在 1-9 节中揭晓）。另外，需要注意的一点是，如果将 SI1.shop = SI2.shop 这个条件写在 WHERE 子句中，那么结果中还会包含"大阪"。这是因为如果同时使用连接条件的 ON 子句和查询条件的 WHERE 子句，程序会先执行 ON 子句，再执行 WHERE 子句。这样一来，由于 ON 子句中只比较 item，不比较店铺关系，所以包含"大阪"的结果直接传给了 WHERE 子句。

注❶

这个关联子查询在 Oracle 12c 和 PostgreSQL 10 中可以正常执行，但在 MySQL 8.0 中因为不允许在连接条件中使用别名，所以不能正常执行。

▌本节小结

最后，我们稍微了解一点与外连接写法相关的内容。SQL 有很多的方言，例如外连接，Oracle 数据库使用"(+)"，而 SQL Server 数据库使用"*="等，非常依赖于数据库的具体实现。从代码的可移植性来说，我们应该避免采用这样独特的写法，并遵循 ANSI 标准。因此，本书统一采用了标准的写法。

另外，OUTER 也是可以省略的，所以我们也可以写成 LEFT JOIN 和
FULL JOIN（标准 SQL 也是允许的）。但是为了区分是内连接和外连接，
最好还是写上 OUTER。请大家在日常工作中多注意这一点（关于"标准写
法和方言"的问题，1-12 节还会介绍）。

下面是本节要点。
1. SQL 不是用来生成报表的语言，所以不建议用它来进行格式转换。
2. 必要时考虑用外连接或 CASE 表达式来解决问题。
3. 生成嵌套式表侧栏时，如果先生成主表的笛卡儿积再进行连接，
   很容易就可以完成。
4. 从行数来看，表连接可以看成乘法。因此，当表之间是一对多的
   关系时，连接后行数不会增加。
5. 外连接的思想和集合运算很像，使用外连接可以实现各种集合
   运算。

外连接是一种很常用的技术。即使是人们很熟悉的东西，也能不断地
找到新的用途——这正是 SQL 这门语言有趣的地方之一。

如果大家想了解更多关于外连接的内容，请参考下面的资料。

- DATE C J，DARWEN H. A Guide to SQL Standard（4th Edition）
  [M]. Boston: Addison–Wesley，1996.
  关于外连接的标准语法，请参考该书第 11 章。
- 塞尔科 . SQL 权威指南（第 4 版）[M]. 王渊，钟鸣，朱巍，译 .
  北京：人民邮电出版社，2013.
  关于使用外连接进行集合运算，请参考 25.3 节；关于使用差集进
  行关系除法运算，请参考 27.2.6 节；如果不清楚带有重复项的表
  格哪里让数据库工程师想哭，请参考第 25 章 "SQL 中的数组"。
- 塞尔科 . SQL 解惑（第 2 版）[M]. 米全喜，译 . 北京：人民邮电
  出版社，2008.
  该书中有很多谜题用到了外连接，这里列出几个有代表性的谜题，
  如行列转换的应用"谜题 14 电话"和"谜题 55 赛马"，以及使用

外连接求差集的"谜题 58 间隔——版本 2",关系除法运算的应用"谜题 21 飞机与飞行员",等等。

练习题

●练习题 1-8-1: 先连接还是先聚合

在"在交叉表里制作嵌套式表侧栏"部分,我们通过聚合将 DATA 视图和 MASTER 视图转换为一对一的关系之后进行了连接操作。采用这种做法时,代码的确比较好理解,但是这就需要创建两个临时视图,性能并不是很好。请想办法改善一下代码,尽量减少临时视图。

●练习题 1-8-2: 请留意孩子的人数

在"用外连接进行行列转换 (1)(列→行):汇总重复项于一列"部分,我们求得了以员工为单位的员工子女列表。有了这个列表后,对员工进行一下聚合很容易就可以知道每个员工抚养了几个孩子。

请修改一下正文中的 SQL,求每个员工抚养的孩子的人数。这里,输出结果如下所示。

```
employee     child_cnt
--------     ---------
赤井                 3
工藤                 2
铃木                 1
吉田                 0
```

这个问题应该挺容易的,只有个别细节需要稍微注意,所以请仔细比较一下自己的结果和上面的结果有没有什么不同。

●练习题 1-8-3: 全外连接和 MERGE 运算符

在"全外连接"部分,我们提到过,在不遗漏任何信息这一点上,MERGE 和全外连接非常相似。那么接下来,我们练习一下 MERGE 的用法。

MERGE 运算符是在 SQL:2003 标准中引入的新特性。因为它可以将两张表的信息汇总到一张表上,所以在需要将分散在多个数据源的数据汇总到一起的场景中能发挥很强大的威力。

这里继续使用正文中用到的 Class_A 和 Class_B 这两张表（表 Class_B 中的数据有些变化）。

Class_A

id（编号）	name（名字）
1	田中
2	铃木
3	伊集院

Class_B

id（编号）	name（名字）
1	田中
2	内海
4	西园寺

我们假设要将表 Class_B 里的数据汇总到表 Class_A 里，目标结果像下表这样。

■ 汇总后的 Class_A

id（编号）	name（名字）
1	田中
2	内海
3	伊集院
4	西园寺

处理逻辑是在表 Class_A 中查询表 Class_B 里的 id 列，如果存在则更新名字，如果不存在则插入。因此，两张表中同名的 1 号"田中"，以及表 Class_B 中不存在的 3 号"伊集院"没有变化，两张表中编号相同名字却不同的 2 号"铃木"被更新成"内海"，表 Class_A 中不存在的新同学"西园寺"被添加进表中。

用 SQL 进行集合运算

▶ SQL 和集合论

SQL 语言的基础之一是集合论。但是，在很长一段时间内，由于 SQL 没能很好地支持集合运算，所以相关功能并没有被人们充分地利用。过去这些年，SQL 凑齐了大部分基础的集合运算，人们终于可以真正地使用它了。本节，我们将学习一些使用了集合运算的技术，并深入思考一下它们背后的思维方式。

写在前面

集合论是 SQL 语言的根基——这是贯穿本书的主题之一。因为它的这个特性，SQL 也被称为面向集合语言。笔者认为，只有从集合的角度来思考，才能明白 SQL 的强大威力。但实际上，这一点长期以来都被很多人忽略了。

造成这种状况，SQL 本身也是要负一定责任的。其实，在很长一段时间内，SQL 连我们在高中学习过的基础的集合运算符都没有。UNION 是 SQL-86 标准开始加入的，还算比较早，而 INTERSECT 和 EXCEPT 都是 SQL-92 标准才加入的。至于关系除法运算（DIVIDE BY），更是至今还没有被标准化，这个前面也提到过。有人以此来批评 SQL，说它作为一种语言来说并不完整。这种看法也不是没有道理的。

但是，今天的标准 SQL 已经包含了大部分基础的集合运算符，各大数据库供应商也紧随其后，提供了相关功能的实现，人们终于可以真正地使用它了。本节将介绍一些使用了集合运算的好用的 SQL 语句，并解释一下它们的思路，以便大家从不同角度深入了解 SQL 的本质。

导入篇：集合运算的几个注意事项

顾名思义，集合运算符的参数是集合，从数据库实现层面上来说就是表或者视图。因为和我们在高中学过的集合代数很像，所以大家理解起来相对比较容易。但是，SQL 还是有几个特别的地方需要注意一下。

注意事项 1：SQL 能操作具有重复行的集合，可以通过可选项 ALL 来支持

一般的集合论是不允许集合里存在重复元素的，因此集合 {1, 1, 2, 3, 3, 3} 和集合 {1, 2, 3} 被视为相同的集合。但是关系数据库里的表允许存在重复的行，所以它也被称为多重集合（multiset，亦称 bag）。

因此，SQL 的集合运算符也提供了允许重复和不允许重复的两种用法。如果直接使用 UNION 或 INTERSECT，结果里就不会出现重复的行。如果想在结果里留下重复行，则可以加上可选项 ALL，写作 UNION ALL。ALL 的作用和 SELECT 子句里的 DISTINCT 可选项刚好相反。但是，不知道为什么，SQL 并不支持 UNION DISTINCT 这样的写法 **❶**。

除了运算结果以外，这两种用法还有一个不同点：集合运算符为了排除掉重复行，会默认发生排序，而加上可选项 ALL 之后，就不会再排序了，所以性能会提升。这是用于优化查询性能的非常有效的方法，所以如果不关心结果是否存在重复行，或者确定结果里不会产生重复行，那么加上可选项 ALL 会更好一些（不过，在行数很少的情况下其实不会有什么差别）。

注意事项 2：集合运算符有优先级

标准 SQL 规定，INTERSECT 比 UNION 和 EXCEPT 的优先级更高。因此，当同时使用 UNION 和 INTERSECT，又想让 UNION 优先执行时，必须用括号明确地指定运算顺序（本节最后有一道练习题是关于这个知识点的，大家可以练习一下）。

注意事项 3：各个 DBMS 供应商在集合运算的实现程度上参差不齐

前面说过，早期的 SQL 对集合运算的支持程度不是很高。受此影响，各个 DBMS 供应商的实现程度也参差不齐。SQL Server 从 2005 版开始支持 INTERSECT 和 EXCEPT，而 MySQL 直到 2018 年还都不支持。还有一些 DBMS 像 Oracle 这样，实现了 EXCEPT 功能但却将其命名为 MINUS。这一点比较麻烦，因为 Oracle 用户需要在使用时将 EXCEPT 全部改写成 MINUS。

注❶
具体来说，就是 UNION ALL 可以用在几乎所有的 DBMS 中，但支持 INTERSECT ALL 或 EXCEPT ALL 的 DBMS 还很少。

注意事项 4：除法运算没有标准定义

四则运算里的和（UNION）、差（EXCEPT）、积（CROSS JOIN）都被引入标准 SQL 了，但是很遗憾，商（DIVIDE BY）因为各种原因迟迟没能标准化（具体原因请参考 1-6 节里的解释）。因此，现阶段我们需要自己写 SQL 语句来实现除法运算。

■ 比较表和表：检查集合相等性之基础篇

接下来，我们来看看集合运算的实际应用。

在迁移数据库的时候，或者需要比较备份数据和最新数据的时候，我们需要调查两张表是否是相等的。这里说的"相等"指的是行数和列数以及内容都相同，即"是同一个集合"的意思。例如，下面的表 tbl_A 和表 tbl_B，虽然名字不同，但它们是同一个集合。

■ 名字不同但内容相同的两张表

tbl_A

key	col_1	col_2	col_3
A	2	3	4
B	0	7	9
C	5	1	6

tbl_B

key	col_1	col_2	col_3
A	2	3	4
B	0	7	9
C	5	1	6

有没有什么办法，能让我们像比较文件一样来比较两张表是相等还是不相等呢？如果像上面这两张表一样，只有几行数据，那么用眼睛就能看清楚。但是，如果数据有几百列或者几千万行，就不可能用眼睛看清楚了。

此时，解决问题的方法有两种。我们先来看一个简单的，只用 UNION 就能实现的方法。这里，我们先假设已经事先确认了表 tbl_A 和表 tbl_B 的行数是一样的（如果行数不一样，那就不需要比较其他的了）。

这两张表的行数都是 3。如果下面这条 SQL 语句的执行结果是 3，则说明两张表是相等的；如果执行结果大于 3，则说明两张表不相等。

■ 如果这个查询的执行结果与 tbl_A 及 tbl_B 的行数一致，则两张表是相等的

```
SELECT COUNT(*) AS row_cnt
  FROM ( SELECT *
```

```
     FROM tbl_A
UNION
SELECT *
  FROM tbl_B ) TMP;
```

■ 执行结果

```
row_cnt
-------
      3
```

这个方法的原理是什么呢？请回忆一下"导入篇"里的注意事项1。如果集合运算符里不加上可选项 ALL，那么重复行就会被排除掉。因此，如果表 tbl_A 和表 tbl_B 是相等的，那么**排除掉重复行后，两个集合是完全重合的**（图1.9.1）。

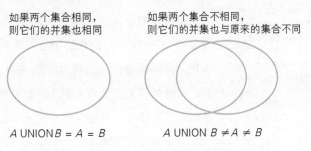

■ 图 1.9.1　集合的相同与否，决定了它们的并集是否相同

如果像下面这样，两张表有一行数据不一样，执行结果就会变成 4。这是因为，如果某一行的数据不同，那么排除掉重复行后，这一行仍然会存在，两张表没办法完全重合。

■ key 列为 B 的一行数据不同：执行结果会变为 4

tbl_A

key	col_1	col_2	col_3
A	2	3	4
B	0	7	9
C	5	1	6

tbl_B

key	col_1	col_2	col_3
A	2	3	4
B	0	7	8
C	5	1	6

前面的 SQL 语句可以用于包含 NULL 数据的表，而且**不需要指定列**

数、列名和数据类型等就能使用，还是很方便的。此外，因为这条 SQL 语句只使用了 UNION，所以在 MySQL 数据库里也可以使用。当然，我们也可以只比较表里的一部分列或者一部分行，只需要指定想要比较的列的名称，或者在 WHERE 子句里加入过滤条件就可以了。

我们可以从上面的例子看出，对于任意的表 S，都有下面的公式成立。

```
S UNION S = S
```

这是 UNION 的一个非常重要的性质，在数学上我们称之为幂等性（idempotency）。幂等性原本是群论等抽象代数里的概念，有多种含义，与上例在意思上相近的一种是"二目运算符 ∗ 对任意 S，都有 S ∗ S = S 成立"。如果按这个意思理解，UNION 运算是幂等的。

在编程领域，我们一般把这个意思扩展成"同一个程序无论执行多少次，结果都是一样的"来使用 **❶**。举一个常见的例子，C 语言头文件的设计就是满足幂等性的。同一个文件无论被引用多少次，都与只引用一次的效果相同。同理，HTTP 的 GET 方法也是幂等的。同样的请求无论进行多少次，都是安全的。幂等性在用户界面设计方面有非常重要的作用。例如，保证按钮无论被点击多少次，都与被点击一次时的效果完全相同——这是我们在设计交互界面时对于安全方面的基本要求。

对于集合运算里的 UNION，如果将 S UNION S 看作一个执行单元，那么因为无论执行多少次结果都是相同的，所以 S UNION S 也是幂等的。由此，我们可以把它用在比较三张以上的表是否相等的情况。

■ 同一个集合无论加多少次，结果都是相同的

```
S UNION S UNION S UNION S ... UNION S = S
```

有一点需要注意的是，如果改成对 S 执行多次 UNION ALL 操作，那么每次结果都会有变化，所以说 UNION ALL 不具有幂等性。类似地，如果对拥有重复行的表进行 UNION 操作，也会失去幂等性。换句话说，UNION 的这个优雅而强大的幂等性只适用于数学意义上的集合，对 SQL 中有重复数据的多重集合是不适用的。由此，我们应该明白主键对于表来说是多么重要。

在继续学习之前，这里先提一个问题：除了 UNION 以外，还有哪个集

合运算符具有幂等性？大家可以先试着推测一下，然后再看下面的内容。

比较表和表：检查集合相等性之进阶篇

在前面的解法中，在比较两张表之前，我们需要先要查看两张表里的数据的行数。虽然这点准备工作也不算麻烦，但我们还是来改进一下这条 SQL 语句，让它能直接比较两张表吧。这里还是使用表 tbl_A 和表 tbl_B 来演示。

在集合论里，判定两个集合是否相等时，一般使用下面这 2 种方法。

1. $(A \subseteq B)$ 且 $(A \supseteq B) \Leftrightarrow (A = B)$
2. $(A \cup B) = (A \cap B) \Leftrightarrow (A = B)$

第 1 种方法利用了两个集合的包含关系来判定其相等性，意思是"如果集合 A 包含集合 B，且集合 B 包含集合 A，则集合 A 和集合 4 相等"。这个办法可行，只是有点麻烦（这种方法在稍后的例题中有涉及）。

第 2 种方法利用了两个集合的并集和交集来判定其相等性。如果用 SQL 语言描述，那就是"如果 A UNION B = A INTERSECT B，则集合 A 和集合 B 相等"。这种方法写起来更简单。

如果集合 A 和集合 B 相等，那么 A UNION B = A = B 以及 A INTERSECT B = A = B 都是成立的。没错，除了 UNION 之外，另一个具有幂等性的运算符就是 INTERSECT。

相反，如果 $A \neq B$，UNION 和 INTERSECT 的结果就不相同了。**UNION 的执行结果的行数肯定会变多**。图 1.9.2 描述了两个不相同的集合 A 和 B 之间的差异逐渐变小、相互接近的过程，请大家想象一下这个过程，这样应该更好理解 UNION 和 INTERSECT 之间的区别。

如果 A = B，刚好完全重合

A UNION B   A INTERSECT B

■ 图 1.9.2　集合的相同与否，决定了 UNION 和 INTERSECT 的结果剩下的问题是，对 *A* 和 *B* 分别进行 UNION 运算和 INTERSECT 运算后，如何比较这两个的结果。目前，我们已经明白了下面这一点。

```
( A INTERSECT B ) ⊆ ( A UNION B )
```

因此，只需要判定 (A UNION B) EXCEPT (A INTERSECT B) 的结果集是不是空集就可以了。如果 *A* = *B*，则这个结果集是空集，否则，这个结果集里肯定有数据。

```
-- 两张表相等时返回"相等"，否则返回"不相等"
SELECT CASE WHEN COUNT(*) = 0
            THEN '相等'
            ELSE '不相等' END AS result
  FROM ((SELECT * FROM  tbl_A
         UNION
         SELECT * FROM  tbl_B)
         EXCEPT
        (SELECT * FROM  tbl_A
         INTERSECT
         SELECT * FROM  tbl_B)) TMP;
```

这条 SQL 语句与"导入篇"的那条 SQL 语句具有同样的优点，即不需要指定列名和列数，还可以用于包含 NULL 的表，而且这个改进版连事先查询两张表的行数这种准备工作也不需要做了。但是，虽然功能改进了，却也带来了一些缺陷。由于这里需要进行 4 次排序（3 次集合运算加上 1 次 DISTINCT），所以性能会有所下降（不过这条 SQL 语句也不需要频繁执行，所以这点缺陷也不是不能容忍的）。此外，因为这里使用了 INTERSECT 和 EXCEPT，所以这条 SQL 语句目前不能在 MySQL 里执行。请大家综合考虑二者的优势和缺陷，再做出使用哪条 SQL 语句的选择。

那么，既然我们知道了两张表的数据有差异，接下来就把不同的行输出来看一看吧。diff 命令是用来比较文件的，而这里的 SQL 语句就相当于 diff，只不过是用来比较表的。我们只需要求出两个集合的异或集就可以了，代码如下所示。

```
-- 用于比较表与表的 diff
(SELECT * FROM  tbl_A
 EXCEPT
```

```
 SELECT * FROM  tbl_B)
UNION ALL
(SELECT * FROM  tbl_B
 EXCEPT
 SELECT * FROM  tbl_A);
```

■ 执行结果

```
key   col_1   col_2   col_3
---   -----   -----   -----
B         0       7       9
B         0       7       8
```

因为 $A - B$ 和 $B - A$ 之间不可能有交集，所以在合并这两个结果时使用 UNION ALL 也没有关系。在 A 和 B 一方包含另一方时，这条 SQL 语句也是成立的（这时 $A - B$ 和 $B - A$ 中有一个会是空集）。需要注意的是，在 SQL 中，括号决定了运算的先后顺序，它非常重要，如果去掉括号，结果就会不正确。

用差集实现关系除法运算

在本节开头的"导入篇"里我们说过，SQL 里还没有能直接进行关系除法运算的运算符。要想进行除法运算，必须自己去实现。实现方法比较多，其中具有代表性的是下面这 3 种。

1. 嵌套使用 NOT EXISTS。
2. 使用 HAVING 子句转换成一对一关系。
3. 把除法变成减法。

这里将介绍一下第 3 种方法。

集合论里的减法指的是差集运算。1-8 节在介绍用外连接求集合的商时留了一道练习题（参见第 166 页），其解题思路用的就是上面的方法 3，现在我们通过具体示例来解答一下。

关于示例数据，我们选用的是下页这两张员工技术信息管理表。

Skills

skill（技术）
Oracle
UNIX
Java

EmpSkills

emp（员工）	skill（技术）
相田	Oracle
相田	UNIX
相田	Java
相田	C#
神崎	Oracle
神崎	UNIX
神崎	Java
平井	UNIX
平井	Oracle
平井	PHP
平井	Perl
平井	C++
若田部	Perl
渡来	Oracle

这里的问题是，从表 EmpSkills 中找出精通表 Skills 中所有技术的员工。也就是说，答案是相田和神崎。平井很可惜，会的技术很多，但是不会 Java，所以他落选了。

这里要介绍的方法的思路跟面向过程语言非常像，所以可能比使用 HAVING 子句的方法更好理解一些。那么，我们先来看一下答案吧。

```
-- 通过差集进行关系除法运算（有余数）
SELECT DISTINCT emp
  FROM EmpSkills ES1
 WHERE NOT EXISTS
        (SELECT skill
           FROM Skills
         EXCEPT
         SELECT skill
           FROM EmpSkills ES2
          WHERE ES1.emp = ES2.emp);
```

■ 执行结果

```
emp
---
相田
神崎
```

这个方法的要点在于 EXCEPT 运算符和关联子查询。关联子查询是建立在表 EmpSkills 上的，因为我们要针对每个员工进行集合运算。具体来说，就是从需求的技术的集合中减去每个员工自己的技术的集合，如果结果是空集，则说明该员工具备所有的需求的技术，否则说明该员工不具备某些需求的技术。

我们以相田为例来看一下。从图 1.9.3 可以看到，集合运算的结果是空集，所以他符合条件。

■图 1.9.3　相田具备的技术

下面再看一下平井的情况，如图 1.9.4 所示。

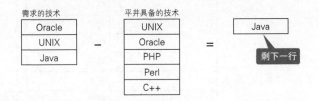

■图 1.9.4　平井具备的技术

结果里剩下了 Java 这一行，所以平井不符合条件。也就是说，这里的解题思路是先把处理的单位分割成以员工为单位，然后将除法运算还原成更加简单的减法运算。这个解法与"将困难分解"❶ 那句格言的思路一致，还是很巧妙的。

下面再看一下解题过程吧。大家有没有想到些什么呢？没错，其实这条 SQL 语句的处理方法与面向过程语言里的中断控制处理很像。请试着想象一下把这两张表当成两个文件，然后一行一行循环处理的过程。针对某一个员工循环判断其对各种技术的掌握情况，如果存在企业需求的技术，就进行减法运算；如果不存在就终止该员工的循环，继续对下一个员

注❶

来自笛卡儿的格言：当你遇到困难时，将它尽可能地分解成许多部分，然后逐个解决（Divide each difficulty into as many parts as is feasible and necessary to resolve it）。——编者注

工执行同样的处理。

前面之所以说这种解法可能更好理解，也是因为它容易让人联想到循环——"原来如此。本来是除法（division），但这里将问题分割（divide）了一下，就可以用减法来解答了啊。"

好了，这一节就到这里。下面我们学习其他内容。

▌寻找相等的子集

下面这个谜题是戴特于 1993 年提出的，一直非常有名。这里也沿用他当时使用的表示"供应商 – 零件"关系的表作为示例数据，即一张展示了各个供应商及其经营的零件的表 ❶。

注❶
当然，也存在单独的"供应商"表和"零件"表。不过，这里的表SupParts 是一张关系表。这张表参考自戴特的著作《深度探索关系数据库：实践者的关系理论》。

SupParts

sup（供应商）	part（零件）
A	螺丝
A	螺母
A	管子
B	螺丝
B	管子
C	螺丝
C	螺母
C	管子
D	螺丝
D	管子
E	保险丝
E	螺母
E	管子
F	保险丝

A = C

B = D

我们需要求的是，经营的零件在种类数和种类上都完全相同的供应商组合。由上面的表格我们可以看出，答案是 A-C 和 B-D 这两组。A 和 E 虽然经营的零件的种类数都是 3，但是零件的种类却不完全相同，所以不符合要求。F 则在种类数和种类上跟其他供应商都不相同，所以也不考虑。

这个问题看起来很简单，为什么会成为谜题呢？原因是，SQL 并没有提供任何用于检查集合包含关系或相等性的谓词。IN 谓词只能用来检查元素是否属于某个集合（∈），而不能检查集合是否是某个集合的子集（⊂）。据说，IBM 研制的第一个关系数据库实验系统——System R 曾经实现了用 CONTAINS 这一谓词来检查集合间的包含关系，但是后来因为性能方面的问题，它被删除了，直到现在也没有恢复。所以，我们不妨称它为"传说中的谓词"。

这个问题的特点在于比较的对象是集合。这一点与前面的关系除法运算很相似。但是，在关系除法运算中，比较对象的一方是固定的（例如前面例题里的表 Skills），而这次比较的双方都不固定。这时，我们需要比较所有子集的全部组合，所以这个问题更具有普遍性。

首先，我们来生成供应商的全部组合。方法是大家已经非常习惯了的非等值连接。使用聚合只是为了去除重复。

```
-- 生成供应商的全部组合
SELECT SP1.sup AS s1, SP2.sup AS s2
  FROM SupParts SP1, SupParts SP2
 WHERE SP1.sup < SP2.sup
 GROUP BY SP1.sup, SP2.sup;
```

■ 执行结果

```
s1    s2
----  ----
A     B
A     C
A     D
  ⋮
D     E
E     F
```

接下来，我们检查一下这些供应组合是否满足公式"$(A \subseteq B)$ 且 $(A \supseteq B) => (A = B)$"。这个公式等价于下面 2 个条件。

- 条件 1：两个供应商都经营相同种类的零件
- 条件 2：两个供应商经营的零件的种类数相同（即存在一一映射）

条件 1 只需要简单地按照"零件"列进行连接，而条件 2 需要用

COUNT 函数来描述。

```
SELECT SP1.sup AS s1, SP2.sup AS s2
  FROM SupParts SP1, SupParts SP2
 WHERE SP1.sup < SP2.sup                    -- 生成供应商的全部组合
   AND SP1.part = SP2.part                  -- 条件 1：经营相同种类的零件
 GROUP BY SP1.sup, SP2.sup
HAVING COUNT(*) = (SELECT COUNT(*)          -- 条件 2：经营的零件的种类数相同
                     FROM SupParts SP3
                    WHERE SP3.sup = SP1.sup)
   AND COUNT(*) = (SELECT COUNT(*)
                     FROM SupParts SP4
                    WHERE SP4.sup = SP2.sup);
```

■ 执行结果

```
s1    s2
----  ----
A     C
B     D
```

　　大家把 HAVING 子句里的两个条件当成"精确关系除法运算"，也许会更容易理解。加上这两个条件后，我们就能保证集合 *A* 和集合 *B* 的元素个数一致，不会出现不足或者过剩（即存在一一映射）。而且，条件 1 又保证了经营的零件的种类也都是完全相同的。这样就满足了本题的全部条件。

　　对于这个谜题，人们提出了各种各样的解法。本例介绍的方法对关系除法运算进行了一般化，充分运用了 SQL 的面向集合的特性，是一种比较巧妙的解法。这种解法告诉我们，SQL 在比较两个集合时，并不是以行为单位来比较的，而是把集合当作整体来处理的。

　　最后稍微说点题外话。刚才我们把 CONTAINS 谓词称作"传说中的谓词"，但是如果它可以使用，我们就可以像下面这样写 ❶。

注❶

关于 CONTAINS 谓词的语法，请参考乔·塞尔科的著作《SQL 权威指南（第 4 版）》的 35.3 节 "CONTAINS 操作符"。

```
SELECT 'A CONTAINS B'
  FROM SupParts
 WHERE (SELECT part
          FROM SupParts
         WHERE  sup = 'A')
          CONTAINS
            (SELECT part
               FROM SupParts
              WHERE  sup = 'B')
```

这里解释一下，$A \supset B$ 即 "供应商 B 经营的所有商品，供应商 A 也都经营"。如果存在这样的供应商组合，则返回 A　CONTAINS　B 这个字符串。怎么样，如果 CONTAINS 真的能用，是不是很方便呢？凭借现在的技术，性能方面也许不再是问题了，所以或许不久以后这个功能就可以复活了呢。

用于删除重复行的高效 SQL

最后，我们通过关于 "删除重复行" 的例题来练习一下如何应用集合运算。关于这个问题，我们在 1-3 节也曾练习过。我们再看一下当时用过的那张没有主键的恐怖的表。

Products

name（商品名称）	price（价格）
苹果	50
橘子	100
橘子	100
橘子	100
香蕉	80

重复

删除重复行

name（商品名称）	price（价格）
苹果	50
橘子	100
香蕉	80

当时介绍的解法是使用关联子查询，代码非常简单。

```
-- 删除重复行：使用关联子查询
DELETE FROM Products
 WHERE rowid < ( SELECT MAX(P2.rowid)
                   FROM Products P2
                  WHERE Products.name  = P2. name
                    AND Products.price = P2.price ) ;
```

这种做法不算太差，只是关联子查询的性能问题是一个难点（光是 DELETE 处理就比较耗时了）。因此，这里我们思考一下如何不用关联子查询也能实现同样的功能。

使用关联子查询时的思路是按照 { 商品名，价格 } 的组合汇总后，求出每个组合的最大 rowid，然后把**其余**的行都删除。直接求删除哪些行比较困难，所以这里是先求出要留下的行，然后将其从全部组合中提取出来，最后把剩下的行删除——也就是补集的思路。这种使用关联子查询的方法是以 { 商品名，价格 } 的组合为单位来处理的（相当于面向过程语言里的中断控制处理）。现在，我们要做的则是在子查询里直接求出要删除的 rowid。

假设表中已经像下面这样加上了 rowid 列。

rowid（行 ID）	name（商品名）	price（价格）
1	苹果	50
2	橘子	100
3	橘子	100
4	橘子	100
5	香蕉	80

使用极值函数让每组只留下一个 rowid——这一点与之前的做法一样。不同的是，这次我们需要把要留下的集合从表 Products 这个集合中减掉。SQL 语句如下所示。

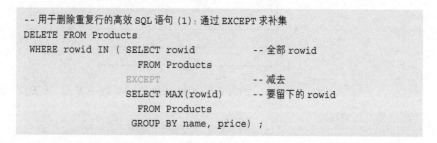

```
-- 用于删除重复行的高效 SQL 语句 (1)：通过 EXCEPT 求补集
DELETE FROM Products
 WHERE rowid IN ( SELECT rowid          -- 全部 rowid
                    FROM Products
                  EXCEPT                 -- 减去
                  SELECT MAX(rowid)      -- 要留下的 rowid
                    FROM Products
                   GROUP BY name, price ) ;
```

非相关的子查询的返回结果是常数列表 "2，3"。其中，使用 EXCEPT 求补集的逻辑如图 1.9.5 所示。

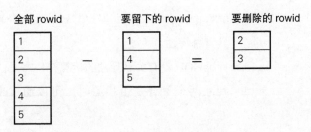

图 1.9.5 使用 EXCEPT 求补集的逻辑

使用 EXCEPT 后，我们就可以轻松求得补集了。这个方法想必大家已经非常明白了。此外，把 EXCEPT 改写成 NOT IN 也可以实现相同的结果。代码如下所示 ❶。

注❶

关于这里的 rowid，请参考本书 1-3 节中 "删除重复行" 部分的内容。

```
-- 删除重复行的高效 SQL 语句 (2)：通过 NOT IN 求补集
DELETE FROM Products
 WHERE rowid NOT IN ( SELECT MAX(rowid)
                        FROM Products
                       GROUP BY name, price);
```

这两种方法的性能优劣主要取决于表的规模，以及删除的行数与留下的行数之间的比例。不过，第二种方法有一个优点，那就是不支持 EXCEPT 的数据库也可以使用。

▌本节小结

本节，我们学习了集合运算的使用方法。本节开头的序文里说过，关于集合运算，SQL 的标准化进行得比较缓慢，所以尽管集合运算可以用来解决很多问题，但是很多人并不知道。除了本节提到的内容以外，大家可以自己再思考一些有趣的 SQL。

下面是本节要点。

1. 在集合运算方面，SQL 的标准化进行得比较缓慢，直到现在，实现程度也因数据库的不同而参差不齐，因此大家在使用的时候需要注意。

2. 如果集合运算符不指定 ALL 可选项，重复行会被排除掉，而且这种情况下还会发生排序，所以性能方面不够好。

3. UNION 和 INTERSECT 都具有幂等性这一重要性质，而 EXCEPT 不
   具有幂等性。

4. 标准 SQL 没有关系除法的运算符，需要自己实现。

5. 判断两个集合是否相等时，可以通过幂等性或一一映射两种
   方法。

6. 使用 EXCEPT 可以很简单地求得补集。

如果大家想了解更多关于关联子查询的内容，请参考下面的资料。

- 塞尔科. SQL 权威指南（第 4 版）[M]. 王渊，钟鸣，朱巍，译.
  北京：人民邮电出版社，2013.

  关于排除重复行，请参考 15.1.14 节"在相同表内进行删除"；关
  于使用差集运算进行关系除法运算，请参考 27.2.6 节"用集合操
  作符进行除法"。需要注意的是，乔·塞尔科在判断集合是否为空
  集时使用了 IS NULL，但按照目前大多数数据库的实现状况来说，
  当子查询返回多个值时程序会出错。根据标准 SQL，IS NULL 的
  参数允许是多个值的列表，因此该书里的写法不算错，但是目前
  大多数数据库还没有实现这个功能。

- 塞尔科. SQL 解惑（第 2 版）[M]. 米全喜，译. 北京：人民邮电
  出版社，2008.

  关于寻找相等的集合，请参考"谜题 27 找出相等集合"。正文中
  提到的 System R 的故事也请参考这一章。

- DATE C J. Relational Database Writings 1991–1994[M]. Boston:
  Addison–Wesley，1995.

  Expression Transformation（Part 1 of 2）讲解了 UNION 和 INTERSECT
  拥有幂等性是多么重要。还有，前面提到的关于"寻找相等
  的集合"的谜题出自该书 A Matter of Integrity（Part 2 of 3）
  部分。

练习题

● 练习题 1-9-1：改进"只使用 UNION 的比较"

在"比较表和表：检查集合相等性之基础篇"部分，我们学习了只使用了 UNION 的 SQL 语句。当时笔者提到，在使用这条 SQL 语句之前需要事先查一下两张表的行数是否相等。实际上，我们稍微修改一下，就可以不需要判断行数也能直接执行语句。请考虑一下该如何修改。

● 练习题 1-9-2：精确关系除法运算

在"用差集实现关系除法运算"部分，我们学习了将除法还原成减法来运算的方法。请将这条 SQL 语句修改一下，实现"精确关系除法运算"（大家还记得"精确关系除法运算"的定义吗？）不过，这回我们要选择的是刚好拥有全部技术的员工，返回结果应该只有神崎一人。

1-10 用 SQL 处理数列

▶ 用 SQL 处理有序数据——集大成

　　本书的主题之一就是如何使用 SQL 处理有序数据。SQL 和 RDB 在处理数据时默认不考虑顺序，因此如果遇到有序数据，传统的处理方法就会变得很棘手。本书在讲解这种情况背后的思路的同时，还研究了更自然、更直观的处理有序数据的新方法。本节，我们就将使用各种方法来处理有序数据。

写在前面

　　在关系模型的数据结构里，并没有"顺序"这一概念。因此，基于它实现的关系数据库中的表和视图的行和列也必然没有顺序。同样地，处理有序集合也并非 SQL 的直接用途。

　　因此，SQL 处理有序集合的方法，与原本就以处理顺序为目的的面向过程语言及文件系统的处理方法在性质上是不同的。具体来说，就是 SQL 使用了谓词逻辑中的量词和定义有序数的递归集合。不过，自 20 世纪 90 年代末 SQL 中引入窗口函数后，SQL 处理有序数据就变得非常简单了。

　　本节将介绍使用 SQL 处理数列或日期等有序数据的方法。我们不只会列举出解决问题的小技巧，还会对比新旧解法，挖掘出各种解法的基本原理以理解其本质。本节中的问题不再像前面各节是实际的业务问题，而是一些谜题，请大家放松一下，把它们当成游戏来挑战。相信仔细阅读了前面各节的读者，理解本节的内容应该也不会有什么问题。

生成连续编号

　　我们来思考一下如何使用 SQL 生成连续编号。目前，很多数据库的实现包含序列对象（sequence object），如果要按照顺序一个一个地获取连续编号，可以使用这个方法。但是，如何只用一条 SQL 就能生成任意长的连续编号序列呢？例如生成 0 ～ 99 这 100 个连续编号。有的方法依赖数据库的实现，比如 Oracle 的 CONNECT BY，有的方法要求数据库是最新版本，比如标准 SQL 中的递归 WITH 子句，但是这里要求使用不依赖数据库实现或版本的方法。

在思考这道例题之前，请先思考下面这样一道谜题。

谜题 00 ~ 99 的 100 个数中，0, 1, 2, …, 9 这 10 个数字分别出现了多少次？

对于只有一位的数字，我们在它前面加上 0，比如 01、07。请不要使用纸笔，只在脑海中思考。开始吧。

算出来了吗？正确答案是，每个数字都出现了 20 次。例如，我们数一下出现在十位和个位上的数字 1 一共有多少个。我们会发现，十位上的数字 1 有 10 个，个位上的数字 1 也有 10 个。11 的十位和个位都是 1，但是 11 本来就包括两个 1，所以数字 1 并没有被重复计数。

■ 00 ~ 99 的数中，数字 0 ~ 9 各出现了 20 次

00	01	02	03	04	05	06	07	08	09
10	11	12	13	14	15	16	17	18	19
20	21	22	23	24	25	26	27	28	29
30	31	32	33	34	35	36	37	38	39
40	41	42	43	44	45	46	47	48	49
50	51	52	53	54	55	56	57	58	59
60	61	62	63	64	65	66	67	68	69
70	71	72	73	74	75	76	77	78	79
80	81	82	83	84	85	86	87	88	89
90	91	92	93	94	95	96	97	98	99

通过这个谜题想让大家明白的是，如果把数看成字符串，其实它就是由各个数位上的数字组成的集合。谜题我们就分析到这里。

接下来回到正题。首先，我们生成一张存储了各个数位上数字的表 Digits。这张表只有 10 行，我们只用来读取数据。我们都知道，无论多大的数，都可以由这张表中的 10 个数字组合而成。

Digits

digit(数字)
0
1
2
3
4
5
6
7
8
9

这样，我们就可以通过对两个 Digits 集合求笛卡儿积来得出 0 ～ 99 的数字。结果并不显示前面的 0，大家看的时候可以在脑海中自行补上 0。

```
-- 求连续编号 (1)：求 0~99 的数
SELECT D1.digit + (D2.digit * 10)  AS seq
  FROM Digits D1 CROSS JOIN Digits D2
 ORDER BY seq;
```

■ 执行结果

```
seq
---
  0
  1
  2
  ⋮
 98
 99
```

在这段代码中，D1 代表个位数字的集合，D2 代表十位数字的集合。在 1-3 节中，我们已经学习了通过对同一张表进行交叉连接来求笛卡儿积的方法，这里我们再回顾一下。如图 1.10.1 所示，交叉连接可以得到两个集合中元素的"所有可能的组合"。

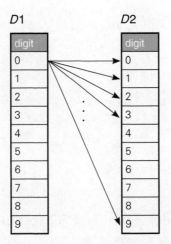

■ 图 1.10.1　笛卡儿积：得到所有可能的组合

　　同样地，通过追加 $D3$、$D4$ 等集合，不论多少位的数都可以生成。而且，如果只想生成从 1 开始，或者到 542 结束的数，只需在 WHERE 子句中加入过滤条件就可以了。

```
-- 求连续编号 (2)：求 1~542 的数
SELECT D1.digit + (D2.digit * 10) + (D3.digit * 100) AS seq
  FROM Digits D1 CROSS JOIN Digits D2
         CROSS JOIN Digits D3
 WHERE D1.digit + (D2.digit * 10) + (D3.digit * 100)
         BETWEEN 1 AND 542 ORDER BY seq;
```

　　也许大家已经注意到了，这种生成连续编号的方法，完全忽略了数的"顺序"属性。将这个解法和冯·诺依曼型有序数的定义进行比较，可以很容易发现它们的区别。冯·诺依曼的方法使用递归集合定义自然数，先定义 0 然后得到 1，定义 1 然后得到 2，是有先后顺序的（因此这种方法适用于解决位次、累计值等与顺序相关的问题）。

　　而这里的解法完全丢掉了"顺序"这一概念，仅把数看成是数字的组合。这种解法更能体现出 SQL 语言的特色。将这个查询的结果存储在视图里，我们就可以在需要连续编号时，通过简单的 SELECT 语句来获取所需的编号。

```
-- 生成序列视图（包含 0~999）
CREATE VIEW Sequence (seq) AS
SELECT D1.digit + (D2.digit * 10) + (D3.digit * 100)
  FROM Digits D1
        CROSS JOIN Digits D2
        CROSS JOIN Digits D3;
```

```
-- 从序列视图中获取 1~100
SELECT seq
  FROM Sequence
 WHERE seq BETWEEN 1 AND 100
 ORDER BY seq;
```

这个视图可以用于多种目的，非常方便，因此可以事先生成一个，将来按照需要将它用在不同的场景中。

求全部的缺失编号

1-6 节介绍了查找连续编号中的缺失编号的方法。当时的解法是，如果缺失编号有多个，只取其中最小的一个。但是，也许有些人看完那个解法后不能满足，想要知道如何求出全部的缺失编号。

没问题。如果使用前一道例题里的序列视图，很容易就可以满足这个要求。因为我们可以任意地生成 $0 \sim n$ 的自然数集合，所以只需要和比较的对象表进行差集运算就可以了。通过 SQL 求差集的方法有很多种。如果数据库支持 EXCEPT，那么我们可以直接使用它。我们还可以使用 NOT EXISTS 或 NOT IN，甚至外连接的方法。

作为示例，我们假设存在一张编号有缺失的表 Seqtbl。

Seqtbl

seq（连续编号）
1
2
4
5
6
7
8
11
12

因为表中最小的值是 1,最大的值是 12,所以我们可以根据这个范围从序列视图中获取数。下面两条 SQL 语句都会返回缺失的编号 3、9、10。

```
--EXCEPT 版
SELECT seq
  FROM Sequence
 WHERE seq BETWEEN 1 AND 12
EXCEPT
SELECT seq
  FROM SeqTbl;
```

```
--NOT IN 版
SELECT seq
  FROM Sequence
 WHERE seq BETWEEN 1 AND 12
   AND seq NOT IN (SELECT seq FROM SeqTbl);
```

■ 执行结果

```
seq
---
  3
  9
 10
```

不满足于之前那个解法的人,看到这里的新解法应该可以满足了吧。

这里补充一些内容。如果像下面这么做,代码的性能可能会有所下降,但是通过扩展 BETWEEN 谓词的参数,我们可以动态地指定目标表的最大值和最小值。

```
-- 动态地指定连续编号范围的 SQL 语句
SELECT seq
  FROM Sequence
 WHERE seq BETWEEN (SELECT MIN(seq) FROM SeqTbl)
               AND (SELECT MAX(seq) FROM SeqTbl)
EXCEPT SELECT seq FROM SeqTbl;
```

这种写法在查询上限和下限不固定的表时非常方便。两个子查询没有相关性,而且只会执行一次。如果在 seq 列上建立索引,那么极值函数的运行可以更快速。

▍3 个人能坐得下吗

准备和朋友们一起去旅行，在预订火车票或机票时，发现没有能让所有人挨着坐的空位，于是某个人不得不和大家分开坐——这样不爽的事情可能不少人遭遇过吧。接下来，我们思考几道与连座相关的例题。

假设存在下面这样一张存储了火车座位预订情况的表。

Seats

seat（座位）	status（状态）
1	已预订
2	已预订
3	未预订
4	未预订
5	未预订
6	已预订
7	未预订
8	未预订
9	未预订
10	未预订
11	未预订
12	已预订
13	已预订
14	未预订
15	未预订

我们假设一共有 3 个人一起去旅行，准备预订这列火车的车票。那么，问题就是从 1 ~ 15 的座位编号中，找出连续 3 个空位的全部组合。我们把由连续的整数构成的集合，也就是连续编号的集合称为"序列"。也就是说，序列中不能出现缺失的编号。

我们希望得到的结果是下面这 4 种。

- 3 ~ 5
- 7 ~ 9
- 8 ~ 10
- 9 ~ 11

(7, 8, 9, 10, 11) 这个序列中，包含了 3 个子序列 (7, 8, 9)、(8, 9, 10)、(9, 10, 11)，我们也把它们当成不同的序列。还有，通常火车的一排只有几个座位，所以表里的座位可能会分布在几排里，但我们暂时忽略掉这个问题，假设所有的座位排成了一条直线（图 1.10.2）。

■ 图 1.10.2 7 ~ 11 的序列包含 3 个子序列

使用 NOT EXISTS 的解法

借助图 1.10.2 我们可以知道，需要满足的条件是，以 n 为起点、$n+(3-1)$ 为终点的座位全部都是未预订状态（请注意如果不减 1，会多取 1 个座位）。因此，解法如下所示。

```
-- 找出需要的空位 (1)：不考虑座位的换排
SELECT S1.seat AS start_seat, '~' , S2.seat AS end_seat
  FROM Seats S1, Seats S2
 WHERE S2.seat = S1.seat + (:head_cnt -1)   -- 决定起点和终点
   AND NOT EXISTS
          (SELECT *
             FROM Seats S3
            WHERE S3.seat BETWEEN S1.seat AND S2.seat
              AND S3.status <> '未预订' );
```

这个解法中的 :head_cnt 是表示所需空位个数的参数。通过往这个参数里赋具体值，可以应对任意多个人的预约。

这条查询语句充分体现了 SQL 在处理有序集合时的原理，这里详细地解说一下。对于这个查询的要点，我们分成两个步骤来理解会更容易一些。

步骤 1：通过自连接生成起点和终点的组合

就这条 SQL 语句而言，具体指的是 S2.seat = S1.seat + (:head_cnt-1) 的部分。这个条件排除掉了像 1 ~ 8、2 ~ 3 这样长度不是 3 的组合，从而保证结果中出现的只有从起点到终点刚好包含 3 个空位的序列。

步骤 2：描述起点到终点之间所有的点需要满足的条件

决定了起点和终点以后，我们需要描述一下内部各个点需要满足的条件。为此，我们增加一个在起点和终点之间移动的所有点的集合（即上述查询中的 S3）。限定移动范围时使用 BETWEEN 谓词很方便。

在本例中，序列内的点需要满足的条件是**所有座位的状态都是"未预订"**。

这种形式的条件我们在前面已经见过了。这是谓词逻辑里的一种被称为全称量化的命题。但是，我们在 SQL 中不能直接表达这个条件。在 SQL 中遇到需要全称量化的问题时，一般的思路是把"所有行都满足条件 P"转换成它的双重否定——**不存在不满足条件 P 的行**。

因此，子查询里的条件也不是"S3.status = '未预订'"，而是它的否定形式"S3.status <> '未预订'"。

使用窗口函数的解法

另外，我们还可以利用 seat 列的数列顺序，按照完全相反的思路来解决这个问题。

这里，我们只看状态是"未预定"的座位，如果座位是由长度为 3 的序列组成的，那么对于 seat 列的起点和终点，"终点 – 起点 = 2"的关系就应该是成立的。如果差值为 1 或 3 以上的值，那么序列的长度就是不一样的。

■ 只看空位

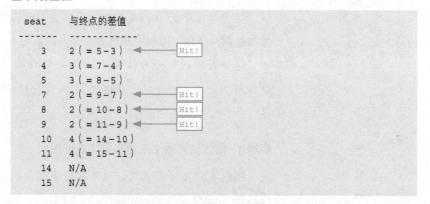

```
 seat    与终点的差值
-------  ------------
   3     2 ( = 5-3 )   ◄—— [ Hit! ]
   4     3 ( = 7-4 )
   5     3 ( = 8-5 )
   7     2 ( = 9-7 )   ◄—— [ Hit! ]
   8     2 ( = 10-8 )  ◄—— [ Hit! ]
   9     2 ( = 11-9 )  ◄—— [ Hit! ]
  10     4 ( = 14-10 )
  11     4 ( = 15-11 )
  14     N/A
  15     N/A
```

也就是说，如果知道后面两行的 seat 列的值，就能解决这个问题。其实，我们已经知道轻松获取该信息的方法。是的，那就是使用窗口函数的帧子句。与前面一样,这个解法里的 head_cnt 也是表示群体人数的参数。

```
-- 找出需要的空位(2):窗口函数
SELECT seat, '~', seat + (:head_cnt -1)
  FROM (SELECT seat,
               MAX(seat)
                OVER(ORDER BY seat
                     ROWS BETWEEN (:head_cnt -1) FOLLOWING
                              AND (:head_cnt -1) FOLLOWING ) AS end_seat
         FROM Seats
        WHERE status = '未预定') TMP
 WHERE end_seat - seat = (:head_cnt -1);
```

怎么样,哪种解法更容易理解呢? 恐怕大多数人会选择窗口函数吧。传统的 SQL 禁止使用“顺序”概念,但如果使用这个概念处理像数列这样的有序结构,其实是具有很大优势的(尽管 NOT EXISTS 在性能方面可能更优越)。

有换排的数列

接下来,我们看一下这道例题的升级版,即出现换排的情况。假设这列火车每一排有 5 个座位。我们在表中加上表示行编号的 line_id 列。

Seats2

seat(座位)	line_id(行编号 ID)	status(状态)
1	A	已预定
2	A	已预定
3	A	未预定
4	A	未预定
5	A	未预定
6	B	已预定
7	B	已预定
8	B	未预定
9	B	未预定
10	B	未预定
11	C	未预定
12	C	未预定
13	C	未预定
14	C	已预定
15	C	未预定

这种情况的话，即使不考虑换排，属于连续编号的序列 (9, 10, 11) 也不符合条件（图 1.10.3）。这是因为，坐在 11 号座位的人其实已经是自己一个人坐在另一排了。

■ 图1.10.3　因为发生换排，所以9~11的序列不符合条件

使用 NOT EXISTS 的解法

要想解决换排的问题，除了需要序列内的所有座位全部都是空位，还需要加入"全部都在一排"这样一个条件。稍微修改一下前面的代码，就可以实现表达全称量化的 SQL 语句，具体如下所示。

```
-- 找出需要的空位：考虑座位的换排 NOT EXISTS
SELECT S1.seat AS start_seat, '~' , S2.seat AS end_seat
  FROM Seats2 S1, Seats2 S2
 WHERE S2.seat = S1.seat + (:head_cnt -1)  -- 决定起点和终点
   AND NOT EXISTS
       (SELECT *
          FROM Seats2 S3
         WHERE S3.seat BETWEEN S1.seat AND S2.seat
           AND ( S3.status <> '未预订' OR S3.line_id <> S1.line_id));
```

■ 执行结果

```
start_seat '~'  end_seat
---------- ---  --------
3          ~           5
8          ~          10
11         ~          13
```

序列内的点需要满足的条件是"所有座位的状态都是'未预订'，且行编号相同"。这里新加的条件是"行编号相同"，等价于"与起点的行编号相同"（当然，与终点的行编号相同也可以）。把这个条件直接写成 SQL

语句的话，就是像下面这样。

```
S3.status = '未预订' AND S3.line_id = S1.line_id
```

但是前面也说了，由于 SQL 中不存在全称量词，所以我们必须使用这个条件的否定形式，即改成下面这样。

```
NOT (S3.status = '未预订' AND S3.line_id = S1.line_id) ⏎
= S3.status <> '未预订' OR S3.line_id <> S1.line_id
```

"肯定 ⇔ 双重否定"之间的等价转换是使用 SQL 进行全称量化时的必备技巧，请一定熟练掌握。

使用窗口函数的解法

使用窗口函数的解法修改起来也比较简单。加入座位换排，归根结底就是将列 line_id 作为主键来生成子集。这本来就是 PARTITION BY 子句的功能。

```
-- 找出需要的空位：考虑座位的换排 窗口函数
SELECT seat, '~', seat + (:head_cnt - 1)
  FROM (SELECT seat,
               MAX(seat)
                 OVER(PARTITION BY line_id
                      ORDER BY seat
                      ROWS BETWEEN (:head_cnt - 1) FOLLOWING
                               AND (:head_cnt - 1) FOLLOWING ) AS end_seat
          FROM Seats2
         WHERE status = '未预定') TMP
 WHERE end_seat - seat = (:head_cnt - 1);
```

单调递增和单调递减

假设存在下面这样一张反映了某公司股价动态的表。

MyStock

deal_date（交易日期）	price（股价）
2018-01-06	1000
2018-01-08	1050
2018-01-09	1050

（续）

2018-01-12	900
2018-01-13	880
2018-01-14	870
2018-01-16	920
2018-01-17	1000
2018-01-18	2000

之前的例题与有序集合相关，都是关于"数"的。其实，"日期"也是有顺序的。这里，我们要求的是股价单调递增的时间区间。从上表来看，目标结果是下面两个。

- 2018-01-08 ~ 2018-01-08
- 2018-01-16 ~ 2018-01-18

1月8日就是所谓的峰值，虽然只有1天，但我们也可以把它看作一个时间区间。首先，我们要确定指定交易日期的股价是否上涨。这可以使用窗口函数轻松实现。

```
-- 判断股价是否高于上次交易
SELECT deal_date, price,
       CASE SIGN(price - MAX(price)
                         OVER(ORDER BY deal_date
                              ROWS BETWEEN 1 PRECEDING
                                       AND 1 PRECEDING))
       WHEN 1  THEN 'up'
       WHEN 0  THEN 'stay'
       WHEN -1 THEN 'down' ELSE NULL END AS diff
  FROM MyStock;
```

■ 执行结果

```
deal_date    price   diff
----------   ------  -------
 2018-01-06   1000
 2018-01-08   1050   up
 2018-01-09   1050   stay
 2018-01-12    900   down
 2018-01-13    880   down
 2018-01-14    870   down
 2018-01-16    920   up
```

```
2018-01-17    1000   up
2018-01-18    2000   up
```

SIGN 函数判断参数的正负号，如果参数为正，则返回 1；参数为 0，则返回 0；参数为负，则返回 -1（这里使用该函数只是为了简化 CASE 表达式的写法，这个函数并没有什么重要的作用）。我们需要获取 diff 列为 up 的一组日期。

为了更好地查看代码，我们仅对 up 的记录进行升序排列，生成视图 MyStockUpSeq。

```
CREATE VIEW MyStockUpSeq(deal_date, price, row_num)
AS
SELECT deal_date, price, row_num
  FROM (SELECT deal_date, price,
               CASE SIGN(price - MAX(price)
                                  OVER(ORDER BY deal_date
                                       ROWS BETWEEN 1 PRECEDING
                                                AND 1 PRECEDING))
               WHEN 1  THEN 'up'
               WHEN 0  THEN 'stay'
               WHEN -1 THEN 'down' ELSE NULL END AS diff,
               ROW_NUMBER() OVER(ORDER BY deal_date) AS row_num
          FROM MyStock) TMP
 WHERE diff = 'up';
```

■ MyStockUpSeq 视图

```
deal_date    price   row_num
-----------  ------  -------
2018-01-08   1050        2
2018-01-16    920        7
2018-01-17   1000        8
2018-01-18   2000        9
```

到这里为止，我们的操作就只剩下使用 row_num 生成连续序列的组了。这可以按照下面的方式使用自连接来实现 。

```
-- 使用自连接对序列进行分组
SELECT MIN(deal_date) AS start_date,
       '~',
       MAX(deal_date) AS end_date
  FROM (SELECT M1.deal_date,
```

```
            COUNT(M2.row_num) - MIN(M1.row_num) AS gap
     FROM MyStockUpSeq M1 INNER JOIN MyStockUpSeq M2
       ON M2.row_num <= M1.row_num
     GROUP BY M1.deal_date) TMP
GROUP BY gap;
```

■ 执行结果

```
start_date   ~   end_date
----------  ----  ----------
2018-01-08   ~   2018-01-08
2018-01-16   ~   2018-01-18
```

查看子查询内的自连接结果，就能够理解该查询的含义。

```
SELECT M1.deal_date,
       COUNT(M2.row_num) cnt,
       MIN(M1.row_num) min_row_num,
       COUNT(M2.row_num) - MIN(M1.row_num) AS gap
  FROM MyStockUpSeq M1 INNER JOIN MyStockUpSeq M2
    ON M2.row_num <= M1.row_num
 GROUP BY M1.deal_date;
```

■ 执行结果

```
deal_date    cnt   min_row_num   gap
-----------  -----  ------------  ---
2018-01-08    1              2    -1
2018-01-16    2              7    -5
2018-01-17    3              8    -5
2018-01-18    4              9    -5
```

我们可以根据 gap 列的值对序列进行分组。这样一来，每组中交易日期的最小值和最大值就分别是起点和终点。

通过该示例，我们可以明白问题并不在于日期或字符串等数据类型，而在于数据是否有序。只要数据有序，我们就可以将其作为排序的键，使用窗口函数 ROW_NUMBER()，将数据转换为数列。

▌本节小结

本节主要介绍了以数列为代表的有序集合的处理方法，不只列举出了解决问题的各个要点，还试着挖掘出了隐藏在解法背后的 SQL 的原理。

如果之前你从来没有想过所有的问题都能用集合论和谓词逻辑的方法来解决，那么本节的内容可能会让你感觉有点不可思议。这是因为，我们对这两个相对较新的概念（它们都才诞生了 100 年多一点）还不是很了解，还不能灵活地掌握。可能也是因为相对较新，所以我们在学校里也并没有认真地学习，这进一步导致了对它们的理解的匮乏。但是，熟练掌握这两个概念的用法，对于提升 SQL 技能来说是必不可少的。

另外，本节还充分展示了窗口函数自然地处理有序数据的威力。相信大家能深切感受到，在今后的 SQL 编程中，如果遇到处理有序数据的需求，那么窗口函数将是首选。

下面是本节要点。

1. SQL 处理数据的方法有两种。
2. 第一种是把数据看成忽略了顺序的集合。这种方法基于使用传统的 SQL 集合和谓词的思路。
3. 第二种是把数据看成有序的集合，此时的基本方法是使用窗口函数进行处理。
4. 要在 SQL 中表达全称量化时，需要将全称量化命题转换成存在量化命题的否定形式，并使用 NOT EXISTS 谓词。这是因为 SQL 只实现了谓词逻辑中的存在量词。

如果大家想了解更多关于用 SQL 处理数列或有序集合的方法，请参考下面的资料。

- 塞尔科 . SQL 权威指南（第 4 版）[M]. 王渊，钟鸣，朱巍，译 . 北京：人民邮电出版社，2013.
  用 SQL 处理数列的方法请参考第 32 章 "子序列、区域、顺串、间隙及岛屿"。本节中的问题很多是源于这里的。
- 塞尔科 . SQL 解惑（第 2 版）[M]. 米全喜，译 . 北京：人民邮电出版社，2008.
  使用序列视图求缺失编号的方法请参考 "谜题 57 间隔——版本

1"。塞尔科假定两张表中都没有重复的数据，从而使用 EXCEPT ALL 来提高性能。这种做法是不错，但是几乎没有数据库支持这种写法，所以本书中只是简单地使用了 EXCEPT^❶。

注❶
支持 EXCEPT ALL 这种写法的数据库目前只有 DB2 和 PostgreSQL。

▌练习题

● **练习题 1-10-1：求所有的缺失编号——NOT EXIST 和外连接**

正文中提到过，SQL 里有很多方法可以实现差集运算。正文里介绍了使用 EXCEPT 和 NOT IN 实现的方法。请思考一下使用 NOT EXISTS 和外连接实现的方法。

● **练习题 1-10-2：求序列——面向集合的思想**

在 "3 个人能坐得下吗" 部分，我们用 NOT EXISTS 表达了全称量化，进而求出了序列。请思考一下如何使用 HAVING 子句来解决这个问题。

在解决了不考虑换排的情况之后，请再思考一下考虑换排的情况。

1-11 让 SQL 飞起来

▶ 简单的 SQL 性能优化

对从事 SQL 和数据库相关工作的工程师来说，性能优化是一个永恒的课题。虽然硬件和软件发展迅速，其性能提升也日新月异，但它们需要处理的数据量也正在以前所未有的速度增加，这导致整体性能的优化停滞不前。另外，"预算限制"等残酷的现实条件，也意味着有的开发现场并不会轻易投入大量物资。本节，我们将为大家介绍一些稍加注意就能改善性能的小技巧。

写在前面

SQL 的性能优化是数据库工程师在实际工作中必须面对的重要课题之一。对于某些数据库工程师来说，它几乎是唯一的课题。实际上，在像 Web 服务这样需要快速响应的应用场景中，SQL 的性能直接决定了系统是否可以使用。

因此，本节不再像前面一样介绍 SQL 的各种功能的应用技巧，而是将重点转向 SQL 的优化方面，介绍一些使 SQL 执行速度更快、消耗内存更少的优化技巧。

优化查询性能时，我们必须要了解所使用的硬件和 DBMS 的功能特点。此外，查询速度慢的原因并不只在于 SQL 语句本身，还可能是因为内存分配不佳、存储结构不合理等系统层面的物理设计问题。另外，在解决 SQL 造成的性能问题时，我们还需要查看 DBMS 选择的执行计划来做出判断。因此大家要注意，本节将要介绍的优化 SQL 的方法未必能解决所有的性能问题。

本节将尽量介绍一些不依赖于具体数据库实现，并且简单易行的优化方法。若大家在平常的工作中感觉到 SQL 执行速度变慢时能够用上这些方法，笔者将不胜荣幸。

使用高效的查询

在 SQL 中，很多时候不同的代码能够得出相同的结果。从理论上来说，得到相同结果的不同代码应该有相同的性能，但遗憾的是，DBMS 生成的执行计划在很大程度上要受到代码外部结构的影响。因此，如果想优化查询性能，我们必须要知道如何写代码才能使优化器的执行效率更高。

参数是子查询时，使用 EXISTS 代替 IN

IN 谓词非常方便，而且代码也容易理解，所以使用的频率很高。但是方便的同时，IN 谓词却有成为性能优化的瓶颈的危险。一般来说，如果代码中大量用到了 IN 谓词，那么我们只要对它们进行优化，就能大幅度地提升性能。

如果 IN 的参数是 "1，2，3" 这样的数值列表，一般还不需要特别注意。但是如果参数是子查询，那么就需要注意了。

在大多时候，[NOT] IN 和 [NOT] EXISTS 返回的结果是相同的。但是当它们用于子查询时，EXISTS 的速度会更快一些。

我们先看一个例子。这里使用前面用过的两张用于管理班级和学生的表作为测试数据。

Class_A

id(编号)	name(名字)
1	田中
2	铃木
3	伊集院

Class_B

id(编号)	name(名字)
1	田中
2	铃木
4	西园寺

我们试着从表 Class_A 中查出同时存在于表 Class_B 中的员工。下面两条 SQL 语句返回的结果是一样的，但是使用 EXISTS 的 SQL 语句更快一些。

```
-- 慢
SELECT *
  FROM Class_A
 WHERE id IN (SELECT id FROM Class_B);
```

```
-- 快
SELECT *
  FROM Class_A  A
 WHERE EXISTS
       (SELECT *
          FROM Class_B  B
         WHERE A.id = B.id);
```

两条语句的结果都如下所示。

■ 执行结果

```
id name
-- ----
1  田中
2  铃木
```

使用 EXISTS 时更快的原因有以下两个。

1. 如果连接列（id）上建立了索引，那么查询 Class_B 时不用查实际的表，只需查索引就可以了。
2. 如果使用 EXISTS，那么只要查到一行数据满足条件就会终止查询，不用像使用 IN 时一样扫描全表。在这一点上，NOT EXISTS 也一样。

当 IN 的参数是子查询时，数据库首先会执行子查询，然后将结果存储在一张临时的工作表里（内联视图），接着再扫描整个视图。在很多情况下，这种做法非常耗费资源，而且工作表中通常没有索引。使用 EXISTS 的话，数据库不会生成临时的工作表。

但是从代码的可读性上来看，IN 要比 EXISTS 好。使用 IN 时的代码看起来更加一目了然，易于理解。因此，如果确信使用 IN 也能快速获取结果，就没有必要非得改成 EXISTS 了。

而且，最近有很多 DBMS 也尝试着改善了 IN 的性能。例如，在 Oracle 数据库中，如果我们使用了建有索引的列，那么即使使用 IN，也会先扫描索引。此外，PostgreSQL 从版本 7.4 起也改善了使用子查询作为 IN 谓词参数时的查询速度。因此，也许在未来的某一天，使用 IN 谓词将不再被看作一种性能方面的反模式。

参数是子查询时，使用连接代替 IN

要想改善 IN 的性能，除了使用 EXISTS，还可以使用连接。前面的查询语句就可以像下面这样"扁平化"。

```
-- 使用连接代替 IN
SELECT A.id, A.name
  FROM Class_A A INNER JOIN Class_B B
    ON A.id = B.id;
```

这种写法至少能用到一张表的 id 列上的索引。而且，因为没有了子查询，所以数据库也不会生成中间表。我们很难说这和写法与 EXISTS 相比哪个更好，但是如果没有索引，那么与连接相比，可能 EXISTS 会略胜一筹。而且，从本节后面的很多例题也可以看出，有些情况下使用 EXISTS 比使用连接更合适。

避免排序

与面向过程语言不同，在 SQL 语言中，用户不能显式地命令 DBSM 进行排序操作。对用户隐藏这样的操作正是 SQL 的设计思想。

但是，这样并不意味着在 DBSM 内部也不能进行排序。其实正好相反，DBSM 的内部会频繁地在暗中进行排序。因此最终对于用户来说，了解都有哪些运算会进行排序很有必要（从这个意义上讲，"隐藏操作"这个目标的实现似乎还任重道远）。

会进行排序的具有代表性的运算有下面这些。

- **GROUP BY 子句**
- **ORDER BY 子句**
- 聚合函数（**SUM**、**COUNT**、**AVG**、**MAX**、**MIN**）
- **DISTINCT**
- 集合运算符（**UNION**、**INTERSECT**、**EXCEPT**）
- 窗口函数（**RANK**、**ROW_NUMBER** 等）

排序如果只在内存中进行，那么还好；但是如果因内存不足而需要在硬盘上排序，那么排序的性能也会急剧恶化 ❶。

因此，我们的目标是尽量避免无谓的排序。

灵活使用集合运算符的 ALL 可选项

SQL 中有 UNION、INTERSECT、EXCEPT 三个集合运算符。在默认的使用方式下，这些运算符会为了排除掉重复数据而进行排序。

```
SELECT * FROM Class_A
UNION
SELECT * FROM Class_B;
```

注 ❶
据说内存与硬盘之间的性能相差数十万到百万倍。为了弥补这种落差，近年来以 SSD 为代表的闪存技术迅速普及，特别是受硬盘限制的数据库通过将硬盘替换为闪存，性能得到了极大的提高。

■ 执行结果

```
id name
-- -----
1   田中
2   铃木
3   伊集院
4   西园寺
```

　　如果不在乎结果中是否有重复数据，或者事先知道不会有重复数据，那么请使用 UNION ALL 来代替 UNION。这样就不会进行排序了。

```
SELECT * FROM Class_A
UNION ALL
SELECT * FROM Class_B;
```

■ 执行结果

```
id name
-- ------
1   田中
2   铃木
3   伊集院
1   田中
2   铃木         因为不用排除重复数据，所以也不需要进行排序
4   西园寺
```

　　对于 INTERSECT 和 EXCEPT 也是一样的，加上 ALL 可选项后就不会进行排序了。加上 ALL 可选项是优化性能的一个非常有效的手段，但问题是各种 DBMS 对它的实现情况参差不齐，对此我们需要多加注意。人们很容易想当然地以为所有的数据库都支持 ALL 可选项，但事实并非如此，请大家记住这一点（详细内容请参考 1-9 节）。

使用 EXISTS 代替 DISTINCT

　　为了排除重复数据，DISTINCT 也会进行排序。如果需要对两张表的连接结果进行去重，可以考虑使用 EXISTS 代替 DISTINCT，以避免排序。

Items

item_no	item
10	SD 卡
20	CD-R
30	USB 内存
40	DVD

SalesHistory

sale_date	item_no	quantity
2018-10-01	10	4
2018-10-01	20	10
2018-10-01	30	3
2018-10-03	10	32
2018-10-0	30	12
2018-10-04	20	22
2018-10-04	30	7

　　我们来思考一下如何从上面的商品表 Items 中找出同时存在于销售记录表 SalesHistory 中的商品。简而言之，就是找出有销售记录的商品。

　　使用 IN 是一种做法，但是前面我们说过，当 IN 的参数是子查询时，使用连接要比使用 IN 更好。因此，我们像下面这样使用 item_no 列对两张表进行连接。

```
SELECT I.item_no
  FROM Items I INNER JOIN SalesHistory SH
    ON I. item_no = SH. item_no;
```

■ 执行结果

```
item_no
-------
10
10
20
20
30
30
30
```

　　因为是一对多的连接，所以 item_no 列中会出现重复数据。为了排除重复数据，我们需要使用 DISTINCT。

```
SELECT DISTINCT I.item_no
  FROM Items I INNER JOIN SalesHistory SH
    ON I. item_no = SH. item_no;
```

■ 执行结果

```
item_no
-------
10
20
30
```

但是，其实更好的做法是使用 EXISTS。

```
SELECT item_no
  FROM Items I
 WHERE EXISTS
          (SELECT *
             FROM SalesHistory SH
            WHERE I.item_no = SH.item_no);
```

这条语句在执行过程中不会进行排序。而且，使用 EXISTS 和使用连接一样高效。

在极值函数中使用索引（MAX/MIN）

SQL 语言里有 MAX 和 MIN 两个极值函数，使用这两个函数时都会进行排序。但是如果参数字段上建有索引，则只需要扫描索引，不需要扫描整张表。以刚才的表 Items 为例来说，SQL 语句可以像下面这样写。

```
-- 这样写需要扫描全表
SELECT MAX(item)
  FROM Items;
```

```
-- 这样写能用到索引
SELECT MAX(item_no)
  FROM Items;
```

因为 item_no 是表 Items 的唯一索引，所以效果更好。对于联合索引，只要查询条件是联合索引的第一个字段，索引就是有效的，所以也可以对表 SalesHistory 的 sale_date 字段使用极值函数。这种方法并不是去掉了排序这一过程，而是优化了排序前的查找速度，从而减弱排序对整体性能的影响。

能写在 WHERE 子句里的条件不要写在 HAVING 子句里

例如，下面两条 SQL 语句返回的结果是一样的。

```
-- 聚合后使用 HAVING 子句过滤
SELECT sale_date, SUM(quantity)
  FROM SalesHistory
 GROUP BY sale_date
HAVING sale_date = '2018-10-01';
```

```
-- 聚合前使用 WHERE 子句过滤
SELECT sale_date, SUM(quantity)
  FROM SalesHistory
 WHERE sale_date = '2018-10-01'
 GROUP BY sale_date;
```

■ 执行结果

```
sale_date          sum(quantity)
-------------      --------------
'2018-10-01'       17
```

但是从性能上来看，第二条语句写法效率更高。原因有两个：其一，
在使用 GROUP BY 子句聚合时会进行排序或散列运算，如果事先通过
WHERE 子句筛选出一部分行，就能够减轻排序的负担；其二，在 WHERE 子
句的条件里可以使用索引，sale_date 可以说是非常重要的列，如果该列
有索引，那么筛选的效率也会非常高。

HAVING 子句是针对聚合后生成的视图进行筛选的，但是**很多时候，
聚合后的视图并没有继承原表的索引结构。**

在 GROUP BY 子句和 ORDER BY 子句中使用索引

一般来说，GROUP BY 子句和 ORDER BY 子句都会进行排序，以对行
进行排列和替换。不过，通过指定带索引的列作为 GROUP BY 和 ORDER
BY 的列，可以实现高速查询。特别是在一些数据库中，如果操作对象的
列上建立的是唯一索引，那么排序过程本身就会被省略掉。如果大家有兴
趣，可以确认一下自己使用的数据库是否支持这个功能。

真的用到索引了吗

一般情况下，我们会对数据量相对较大的表建立索引。简单地说，索引的工作原理与 C 语言中的指针数组是一样的，即相比查找复杂对象的数组，查找轻量的指针会更高效（我们可以想象一下最常见的图书目录）。而且，最流行的 B 树索引还进行了一些优化，以使用二分查找来提升查询的速度。

假设我们在一个叫作 col_1 的列上建立了索引，然后来看一看下面这条 SQL 语句。这条 SQL 语句本来是想使用索引的，但实际上执行时却进行了全表扫描。很多时候，大家是否也在无意识间就这么写了呢？

在索引字段上进行运算

```
SELECT * FROM SomeTable WHERE col_1 * 1.1 > 100;
```

人们普遍认为，SQL 语言的主要目的不是进行运算，但实际上，数据库引擎大多连这种程度的转换也不会为我们做。

把运算的表达式放到查询条件的右侧，就能用到索引了，也就是说像下面这样写就好了。

```
WHERE col_1 > 100 / 1.1
```

同样，在查询条件的左侧使用函数时，也不会用到索引。

```
SELECT * FROM SomeTable WHERE SUBSTR(col_1, 1, 1) = 'a';
```

如果无法避免在左侧进行运算，那么使用函数索引也是一种办法，但操作起来很麻烦，所以不太推荐大家随意使用。

使用索引时，列应该是原始字段。

请牢记这一点。在优化索引时，它是我们首选要关注的地方。

索引字段中存在 NULL

索引中的 NULL 不好处理，对此的实现也各不相同。这是因为如果使用 IS NULL 和 IS NOT NULL，索引就无法使用了，而且 NULL 很多的字段也无法使用索引。

```
SELECT * FROM SomeTable WHERE col_1 IS NULL;
```

索引字段中的 NULL 之所以会成为一个难题，是因为从原则上来说 NULL 并不是字段的正常值（请参考 1-4 节）。因此，如何处理 NULL 并没有一个统一的标准，这导致情况变得很复杂。详细内容将在本书的 2-10 节进行介绍。

然而，如果需要使用类似 IS NOT NULL 的功能，又想用到索引，那么可以使用下面的方法。这里假设 col_1 列的最小值是 1。

```
--IS NOT NULL 的代替方案
SELECT * FROM SomeTable WHERE col_1 > 0;
```

原理很简单，只要使用不等号并指定一个比最小值还小的数，就可以选出 col_1 中所有的值。因为 col_1 > NULL 的执行结果是 **unknown**，所以当 col_1 列的值为 NULL 的行不会被选择。不过，如果要选择"非 NULL 的行"，正确的做法还是使用 IS NOT NULL。上面这种写法在含义上有些容易混淆，所以笔者也不太推荐，请大家只在应急的情况下使用。

使用否定形式

下面这几种否定形式不能用到索引。

- <>
- !=
- NOT IN

因此，下面的 SQL 语句也不会用到索引。

```
SELECT * FROM SomeTable WHERE col_1 <> 100;
```

使用 OR

在 col_1 和 col_2 上分别建立了不同的索引，或者建立了（col_1, col_2）这样的联合索引时，如果使用 OR 连接条件，那么要么不会用到索引，要么用到了，但是效率比 AND 要差很多。

```
SELECT * FROM  SomeTable WHERE  col_1 > 100 OR col_2 = 'abc';
```

如果无论如何都要使用 OR，那么有一个办法是使用位图索引。但是如果使用这种索引，更新数据时的性能开销会增大，而且索引本身的用途也存在限制（通常用于在线更新处理较少的 BI/DWH 系统）。

使用联合索引时，列的顺序错误

假设存在一个顺序是"col_1, col_2, col_3"的联合索引。这时，指定条件的顺序就很重要。

```
○    SELECT * FROM SomeTable WHERE col_1 = 10 AND col_2 = 100 AND col_3 = 500;
○    SELECT * FROM SomeTable WHERE col_1 = 10 AND col_2 = 100 ;
×    SELECT * FROM SomeTable WHERE col_1 = 10 AND col_3 = 500 ;
×    SELECT * FROM SomeTable WHERE col_2 = 100 AND col_3 = 500 ;
```

联合索引中的第一列（col_1）必须写在查询条件的开头，而且索引中列的顺序不能颠倒。有些数据库里顺序颠倒后也能使用索引，但是性能还是比顺序正确时差一些 ❶。如果无法保证查询条件里列的顺序与索引一致，可以考虑将联合索引拆分为多个索引。

使用 LIKE 谓词进行后方一致或中间一致的匹配

使用 LIKE 谓词时，只有前方一致的匹配才能用到索引。

```
×    SELECT * FROM SomeTable WHERE col_1 LIKE '%a';
×    SELECT * FROM SomeTable WHERE col_1 LIKE '%a%';
○    SELECT * FROM SomeTable WHERE col_1 LIKE 'a%';
```

进行默认的类型转换

下面是对字符串类型的 col_1 列指定条件的示例。

```
×    SELECT * FROM SomeTable WHERE col_1 = 10;
○    SELECT * FROM SomeTable WHERE col_1 = '10';
○    SELECT * FROM SomeTable WHERE col_1 = CAST(10, AS CHAR(2));
```

默认的类型转换不仅会增加额外的性能开销，还会导致索引不可用，

注❶

例如，在 Oracle 中，即使改变 WHERE 子句的条件里指定的索引顺序，也可以通过 SKIP SCAN 的形式来使用索引，但效率要比正常扫描索引时的低。

可以说是有百害而无一利。虽然这样写还不至于出错，但还是不要嫌麻烦，在需要类型转换时显式地进行类型转换吧（别忘了转换要写在值的一边，而不是列的一边）。在有些 DBMS（如 PostgreSQL）中，数据类型写在表达式的不同侧就会发生错误，显式地进行类型转换还有利于我们在开发时注意避免编写性能低下的查询。

▌ 减少中间表

在 SQL 中，子查询的结果会被看成一张新表。这张新表与原始表一样，可以通过代码进行操作。这种高度的相似性使得 SQL 编程具有非常强的灵活性，但是如果不加限制地大量使用中间表，也会导致查询性能的下降。

频繁地使用中间表会带来两个问题：一是展开数据需要耗费内存（或存储器）资源，二是原始表中的索引不容易被用到（特别是聚合时）。因此，尽量减少中间表的使用也是一个提升性能的重要方法。

灵活使用 HAVING 子句

对聚合结果指定筛选条件时，使用 HAVING 子句是基本原则。不习惯使用 HAVING 子句的数据库工程师可能会倾向于像下面这样先生成一张中间表，然后在 WHERE 子句中指定筛选条件。

```
SELECT *
  FROM (SELECT sale_date, MAX(quantity) AS max_qty
          FROM SalesHistory
         GROUP BY sale_date) TMP   ←———  没用的中间表
 WHERE max_qty >= 10;
```

■ 执行结果

```
sale_date        tot_qty
------------     ---------
18-10-01              10
18-10-03              32
18-10-04              22
```

然而，对聚合结果指定筛选条件时不需要专门生成中间表，像下页这样使用 HAVING 子句就可以了。

```
SELECT sale_date, MAX(quantity)
  FROM SalesHistory
 GROUP BY sale_date
HAVING MAX(quantity) >= 10;
```

　　`HAVING` 子句和聚合操作是同时执行的，所以比起先生成中间表，然后再执行的 `WHERE` 子句，效率会更高一些，而且代码看起来也更简洁。

需要对多个字段使用 IN 谓词时，先将它们汇总到一处

　　SQL-92 中加入了行与行比较的功能。这样一来，比较谓词 `=`、`<`、`>` 和 `IN` 谓词的参数就不能是标量值，而应是值列表了。

　　我们来看看下面这道例题。这里对多个字段使用了 `IN` 谓词，`id` 列是主键。

```
SELECT id, state, city
  FROM Addresses1 A1
 WHERE state IN (SELECT state
                   FROM Addresses2 A2
                  WHERE A1.id = A2.id)
   AND city  IN (SELECT city
                   FROM Addresses2 A2
                  WHERE A1.id = A2.id);
```

　　这段代码中用到了两个子查询。但是，如果像下面这样把字段连接在一起，就能把逻辑写在一处了。

```
SELECT *
  FROM Addresses1 A1
 WHERE id || state || city IN (SELECT id || state|| city
                                 FROM Addresses2 A2);
```

　　这样一来，子查询就不用考虑关联性了，而且只执行一次就可以。此外，如果所用的数据库实现了行与行的比较，那么我们也可以像下面这样，在 `IN` 中写多个字段的组合。

```
SELECT *
  FROM Addresses1 A1
 WHERE (id, state, city) IN (SELECT id, state, city
                               FROM Addresses2 A2);
```

这种方法与前面连接字段的方法相比有两个优点：一是不用担心连接字段时出现的类型转换问题，二是这种方法不会对字段进行加工，因此可以使用索引。

先进行连接再进行聚合

1-8 节提到过，连接和聚合同时使用时，先进行连接操作可以避免产生中间表。原因是，从集合运算的角度来看，连接做的是"乘法运算"。连接表双方是一对一、一对多的关系时，连接运算后数据的行数不会增加。而且，因为在很多设计中多对多的关系可以分解成两个一对多的关系，所以这个技巧可以应用在大部分情况中。

合理地使用视图

视图是非常方便的工具，相信有很多人会在日常工作中频繁地使用它。但是，如果没有经过深入思考就定义复杂的视图，可能会带来巨大的性能问题。特别是当视图的定义语句中包含以下运算时，SQL 会非常低效，执行速度也会变得非常慢。

- 聚合函数（AVG、COUNT、SUM、MIN、MAX）
- 集合运算符（UNION、INTERSECT、EXCEPT 等）

一般来说，**我们需要格外注意，避免在视图中进行聚合操作**。最近，越来越多的数据库为了解决视图的这个缺点，实现了物化视图 ❶（materialized view）等技术。当视图的定义变得复杂时，大家可以考虑使用那些技术。

注❶
顾名思义，物化视图就是将查询结果存储为实际的数据，其性能特性与表基本一样。物化视图会占用存储空间，所以需要注意数据同步，但比起单纯的视图，它能够提升性能。Oracle 和 PostgreSQL 支持物化视图，DB2 中也提供了具有相同功能的物化查询表（Materialized Query Table, MQT），而 SQL Server 中提供了有索引的视图功能。

▌**本节小结**

本节重点介绍了 SQL 性能优化方面的一些注意事项。虽然这里列举了几个要点，但其实优化的核心思想只有一个，那就是找出性能瓶颈所在之处，然后重点解决它。

数据库和 SQL 中最大的瓶颈就是对存储器（具有代表性的是硬盘）的访问，所以我们可以通过增加内存或者使用访问速度更快的闪存等方法来提升性能。不管是减少排序还是使用索引，或是避免中间表的使用，都是为了**减少对低速存储器的访问**。请务必理解这一本质。

下面是本节要点。

1. 参数是子查询时，使用 EXISTS 或者连接代替 IN。

2. 使用索引时，条件表达式的左侧应该是原始字段。

3. 在 SQL 中无法显式地指定排序，但是请注意很多运算会暗中进行排序。

4. 尽量减少没用的中间表。

5. 尽早编写能压缩记录个数的条件。欠下的"债"总归是要还的。

1-12 SQL 编程方法

▶ 确立 SQL 的编程风格

代码要清晰，不要为了"效率"牺牲可读性。

——布莱恩·克尼汉、普劳格，《编程格调》❶

在设计 SQL 原型语言时，科德充满自信地说："这样一来，大家就可以使用母语来编程了。"与其他语言相比，SQL 确实非常直观，就算不是程序员也可以使用它。但实际上，它并没有那么简单。尽管不像其他编程语言那么严重，但 SQL 中也会发生由编程风格引起的维护问题，所以 SQL 也要求大家尽量编写易读、易懂的代码。本节将介绍笔者个人对编程风格的一些想法，希望能对大家有所帮助。

注❶
高博、徐张宁译，人民邮电出版社 2015 年出版。

写在前面

在编程的世界里，有很多追求各种高超技巧的研究领域，但是除此之外，还有重视代码可读性、从提高开发效率的角度研究编程风格的领域。除了自己编写易懂的代码以外，整理既有代码以应对规格改变的重构技术也得到了很大的发展。近年来，随着涉及应用程序维护或迁移等既有资产的项目不断增加，"易读、易维护的代码"的重要性也在不断提高。

随着编程语言从注重"更容易让机器理解"的低级语言（如机器语言或者汇编语言等）向"更容易让人类理解"的高级语言发展，人们对"编程语言应该是一种人类可以读得懂、写得出的语言"这样的观点越来越认同，于是从认知心理学的角度研究编程风格的领域应运而生。认知心理学听起来很高深，但是通俗来讲，就是改变"能跑起来就行""效率才是一切"这样的偏执态度，去认真地思考如何写出任何人看了都觉得简单明了，而且错误很少的代码——这其实也是一种非常普遍的常识，应该有不少人听说过 KISS❷ 这一非常有名的标语吧。

我们举个简单的例子：图 1.12.1 的这两张卡片上各画了几个圆圈，哪张卡片上的圆圈个数更容易数清楚呢？

注❷
英文 Keep It Sweet & Simple（保持贴心和简单）的缩写，也有人认为是 Keep It Simple, Stupid（保持简单，甚至愚蠢）的缩写。

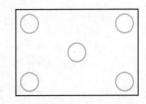

■ 图 1.12.1　虽然两张卡片上的圆圈都是 5 个……

两张卡片所表达的信息都是 "5 个圆圈"，但是可能大多数人会认为右边的更容易数清楚。原因非常简单：我们通过小时候玩的扑克牌或者骰子（以及麻将）已经记住了 "这个形状表示 5"。看到右边的卡片时，我们会以图形的方式来识别，因此跳过 "数圆圈" 的步骤，直接从记忆中调出 "5" 的概念。像这样通过图形来帮助识别的示例也被应用在了常见的各种交通标志及演讲资料等地方。

其实，确立统一的编程风格追求的也是相同的效果。特别是在大型项目中，由于程序员经常需要阅读别人的代码，所以这时的编程行为就像是一种以代码或规格说明书等文档为媒介的沟通方式。因此，对编程风格的研究也可以看成是对提高系统开发中沟通效率的方法的研究。只有一个人编程的项目也不例外，编程的世界有这样一句格言：未来的自己，陌生如他人。

一方面，这个领域的研究为编程世界带来了重要的启发。在主流的面向过程语言领域，出现了由克尼汉和派克编写的《程序设计实践》，以及由克尼汉和普劳格编写的《编程格调》等经典名著，得到了许多重要成果。此外，编程风格的研究在用户界面的领域也发挥了重要作用的。

另一方面，数据库领域的发展还很落后。事实上，SQL 作为一种非过程式语言，一直以来都不被当成主流，因此不像面向过程语言那样有着丰富的积累，而且更重要的是，人们原本就很少编写会产生风格问题的庞大而复杂的 SQL。总而言之，人们尚未认识到 SQL 编程风格的重要性。但是，最近几年 SQL 也扩展到了程序员之外的用户层，如从事市场营销、咨询、数据分析等工作的用户，所以为了实现数据分析和数据预预处理，人们使用某些复杂查询的机会也在增多。

正因如此，笔者才想在这节介绍一些关于 SQL 编程风格的个人想法。

▌ 表的设计

名字和意义

概括地说，人类对"无意义"很容易感到不知所措。我们每天都想要从交谈、工作，乃至人生中找出点什么意义。如果生活中到处都充斥着各种无意义的事情，人的精神就会受到非常负面的影响。不善于处理无意义或者无规则的事情正是人类的一个特点。

关系数据库在各类系统中获得广泛支持的最重要的原因，就在于它放弃了"地址"这个毫无意义的东西 ❶。那么，放弃地址后还剩下什么呢？答案是"名称"。名称既包括用来指代具体东西的固有名称，也包括用来指代概念或者集合的一般名称。就像代码和标记（flag）一样，这些乍一看不像是名称的东西，从指代概念或者集合的意义上来讲也属于一般名称的范畴。例如指代"男""女"这种集合的性别标记，指代"感冒""蛀牙"等概念的疾病编号，都是一般名称。与此相反，地址不指代任何具有实际意义的概念或者事物。

注❶

关于这部分内容，请参考 2-4 节。

我们既然好不容易构建了所有名字都有意义的数据库世界，就不应再犯独自引入无意义的符号这样愚蠢的错误了。对于列、表、索引，以及约束，大家在命名时都请做到名副其实。绝对不要使用 A、AA，或者 idx_123 这样无意义的符号。特别需要注意的是，如果没有为索引和约束显式地指定名称，DBMS 就会自动为之分配随机的名称，这也是应该避免的。

命名时允许使用的字符有以下 3 种。

- **英文字母**
- **阿拉伯数字**
- **下划线"_"**

这并不是由笔者个人决定，而是由标准 SQL 定义的字符集合。除此之外，各个数据库实现中可能还加入了 $、#、@ 等特殊符号，以及汉字这样多字节的文字，但笔者认为最好不要使用。因为这样写出的代码可移植性不好，而且容易发生难以预期的 bug。如今，包含云管理服务在内，

DBMS 的选项已经大幅增加，我们最好避免使用会降低 DBMS 间可移植性的编码元素。

此外，标准 SQL 中规定名称的第一个字符应该是英文字母，这一点我们应该遵守。如果是像 "Primary" 这样用双引号引起来的情况，那么字符可以被当作 SQL 保留字来解析，但是这种写法也可能带来无谓的混乱，所以请尽量避免。

属性和列

我们时不时地会遇到一个列包含多个意义的表的设计。

例如，在一张格式每年都会发生变化的表中，存储在某一列中的值的含义也会随着格式的切换而发生变化。应该有读者见过这类表吧？比如到了某个时间点，表示劳动者"年收入"的列就变为了"税收"列。还有一类表也属于这种设计，它们会使用某一列去管理多种编号（都道府县编号或客户编号等）。这种反面教材被称为 EAV（Entity-Attribute-Value，实体—属性—值）或单一引用表 ❶。

这种设计的基本思路是"根据位置调用数据"，但是在关系数据库的世界中，这种设计是被明确禁止的。在数据库中，列代表的是某个实体的"属性"，也就是具有一贯性（确定后不可以再改变）。这与编程中使用的临时变量是不同的。有时候指代年龄，有时候指代体重，还有时候指代……这种"列的含义随条件发生变化"的设计会给写代码增加困难，而且连列的名称都很难起，所以最好不要这样做。

注 ❶

请参考比尔·卡尔文的《SQL 反模式》（谭振林，Push Chen 译，人民邮电出版社 2011 年 9 月出版）的第 6 章。

▌编程的方针

注释

注释是编程风格中一个比较有争议的话题。有些人极力主张要添加注释，相反也有人认为"注释只会使代码的可读性降低，因此努力的方向应该是把代码写得不需要注释也能看懂"。

笔者认为，不管其他语言怎么样，就 SQL 而论，最好还是写注释。这样说主要有两个原因。

一个是，SQL 是声明式语言，即使表达同样的处理过程，逻辑仍然比面向过程语言凝练得多,代码中包含许多处理。因此,SQL 很难写出面向过程语言那样"让代码表达"的代码。

另一个是,SQL 很难进行分步的执行调试。相比面向过程语言,SQL 在分析代码时主要需要进行的是桌面调试(这也是尽可能不使用关联子查询的原因)。

注释的写法有以下两种。

```
-- 单行注释
-- 从 SomeTable 中查询 col_1
SELECT col_1
  FROM SomeTable;
```

```
/*
多行注释
从 SomeTable 中查询 col_1 */
SELECT col_1
  FROM SomeTable;
```

很多人知道"--"这种单行注释的写法,但其实我们还能像 C 语言或 Java 语言一样通过"/* */"去写多行注释,不过知道这一点的人比较少 ❶。这种写法不仅可以用来添加真正的注释,也可以用来注释掉代码,非常方便,请灵活应用。

此外,虽然 SQL 语句中不能有空行,但可以像下面这样加入注释。

```
SELECT col_1
  FROM SomeTable
 WHERE col_1 = 'a'
   AND col_2 = 'b'
-- 下面的条件用于指定 col_3 的值是'c'或者'd'
   AND col_3 IN ( 'c', 'd' );
```

需要把揉在一起难以阅读的条件分割成有意义的代码块时,比如必须往 WHERE 子句中写很多条件的时候,这种写法很方便。注释也可以与代码在同一行。

```
SELECT col_1 -- 从 SomeTable 中查询 col_1
  FROM SomeTable;
```

希望大家在编程过程中都能尽量详细地加上注释。

注❶

MySQL 有其独特的规范,即只有"--"的后面有空格或制表符时,输入才会看作注释。虽然这种限制很奇怪,但拥有良好意识的数据库工程师在使用其他数据库管理系统时也应该养成加上空格的习惯。笔者的这种意识就不够好。

缩进

代码难以阅读的原因里，也许排在第一位的是没有进行缩进（排在第二位的是没有对长代码划分模块，所有的代码都揉在一起）。

特别是编程的初学者，他们不了解缩进的重要性，写出来的代码每一行都从行首开始。如果是练习用的小的程序，即使不缩进也不至于带来混乱，因此这样也没什么不可以。但是对于专业的工程师来说，如果写代码没有缩进意识就不能容忍了。下面是笔者觉得好的和觉得坏的示例。

```
-- √好的示例
SELECT col_1,
       col_2, col_3,
       COUNT(*)
  FROM tbl_A
 WHERE col_1 = 'a'
   AND col_2 = ( SELECT MAX(col_2)
                   FROM tbl_B
                  WHERE col_3 = 100 )
 GROUP BY col_1,
          col_2,
          col_3;
```

```
-- × 坏的示例
SELECT col_1, col_2, col_3, COUNT(*)
FROM tbl_A
WHERE col_1 = 'a'
AND col_2 = (
SELECT MAX(col_2)
FROM tbl_B
WHERE col_3 = 100
) GROUP BY col_1, col_2, col_3
```

哪个更容易阅读应该是显而易见的吧？“坏的示例”读起来就像程序自动生成的代码那样，让人很不痛快。子查询的代码一定要缩进一层，请牢记这个规则。“子查询”这个名称的开头是“子”，这就说明它是低一层的逻辑。

另外，在 SELECT 子句和 GROUP BY 子句中指定多列时，也需要缩进一层。缩进之后，“子句”的代码块就变得很清晰，更方便阅读。如果不想让代码的行数增加得太多，也可以每行写 3 列或 5 列，或者根据具体含义汇总多列并进行换行。

在刚才的那个"坏的示例"中，GROUP BY 子句之前没有进行换行，这种写法也不太好。在 SQL 中，SELECT、FROM 等语句都有着明确的作用，请务必以语句为单位进行换行。

这里再说点儿细节，笔者认为，比起①这种所有关键字都顶格左齐的写法，②这种让关键字右齐的写法更好。

①左齐

```
SELECT
FROM
WHERE
GROUP BY
HAVING
ORDER BY
```

②关键字右齐

```
  SELECT
    FROM
   WHERE
  GROUP BY
HAVING
 ORDER BY
```

原因是这样一来，紧接着的列名或表名的位置也能对齐，代码会更易读（不过这个也要看个人喜好，所以笔者的看法仅供参考）。

最近出现了自动调整格式的编辑器或工具，借助这些来自开发环境的力量也不失为一种好办法（有的 Web 服务也可以调整格式，但我们要慎重考虑是否使用它们，因为这还涉及代码是否商用、是否存在安全或版权问题等）。

空格

不管用什么语言编程，代码中都需要适当地留一些空格。如果一点都不留，所有的代码都紧凑到一起，代码的逻辑单元就会不明确，也会给阅读的人带来额外负担。

```
-- √好的示例
SELECT col_1
  FROM tbl_A A INNER JOIN tbl_B B
    ON A.col_3 = B.col_3
 WHERE ( A.col_1 >= 100 OR A.col_2 IN ( 'a', 'b' ) );
```

```
-- × 坏的示例
SELECT col_1
  FROM tbl_A A INNER JOIN tbl_B B
    ON A.col_3=B.col_3
 WHERE (A.col_1>=100 OR A.col_2 IN ('a','b'));
```

从"坏的示例"中可以看出，因为没有添加空格，所以 A.col_1>=100 和 A.col_3=B.col_3 这样的语句看起来就像是一个元素，非常不易阅读。虽然不加空格也不会导致语法错误，但是适当地加入空格后，能够明确地区分出各个元素，读起来更加直观一些。添加空格的事情只要稍微留心一点就能做到，所以大家从平时就开始养成好习惯吧。

大小写

英文中需要强调某句重要的话时，一般会使用斜体或者大写字母。因此在编程中，也有重要的语句使用大写字母，不重要的语句使用小写字母的习惯。

在 SQL 中，关于应该如何区分使用大小写字母有着不成文的约定：关键字使用大写字母，列名和表名使用小写字母（也有一些人习惯只将单词的首字母大写 ❶）。大部分关于 SQL 的书里也是这样写的。笔者经常看到有些人写出的 SQL 语句全部使用大写字母，或者全部使用小写字母，真的觉得不太好。

注❶
例如像 PlayStation、McDonald 这样的写法，大写字母看起来就像骆驼的峰，因此也被称为驼峰命名法。这种写法的好处是不用空格也能区分单词，因此在计算机世界里很常用，例如 Java 语言中类的命名。

```
-- √ 大小写有区分，易读
SELECT  col_1, col_2, col_3, COUNT(*)
  FROM  tbl_A
 WHERE  col_1 = 'a'
   AND  col_2 = ( SELECT MAX(col_2)
                    FROM tbl_B
                   WHERE col_3 = 100 )
 GROUP BY  col_1, col_2, col_3;
```

```
-- × 大小写没有区分，难读：全是小写
select  col_1,  col_2,  col_3, count(*)
  from  tbl_a
 where  col_1 = 'a'
   and  col_2 = ( select max(col_2)
                    from tbl_b
                   where col_3 = 100 )
 group by  col_1, col_2, col_3;
```

```
-- × 大小写没有区分，难读：全是大写
SELECT   COL_1,   COL_2,   COL_3, COUNT(*)
  FROM   TBL_A
 WHERE   COL_1 = 'A'
   AND   COL_2 = ( SELECT MAX(COL_2)
                     FROM TBL_B
                    WHERE COL_3 = 100 )
 GROUP BY  COL_1, COL_2, COL_3;
```

另外，SQL 语句中的大写字母和小写字母只是形式上的区别，DBMS 的内部处理并不区分大小写。这与 Java 等编程语言区分保留字的大小写不同，这一点请大家注意。

逗号

到底要不要说这个话题，笔者其实一度非常犹豫。但是既然本节的目的就是抛砖引玉，那么笔者愿意接受批评，下面就讲一下自己的观点。

在 SQL 中，分割列或表等元素时需要使用逗号。很多人习惯把逗号写在元素的后面，例如写“col_1，col_2，col_3”时，先写 col_1，再在后面写逗号，然后写 col_2，再在后面写逗号……但是如果按照这种规则，就不能解释为什么 col_3 的后面没有写逗号了。同时，也并不是说逗号得统一写在元素的前面，因为这样就不能解释为什么 col_1 的前面没有写逗号了。正确的写法是

把逗号写在元素和元素的中间。

这句话听起来是理所当然的，但是基于这样的想法来思考，我们就能理解下面这种写法了。

```
SELECT   col_1
        ,col_2
        ,col_3
        ,col_4
  FROM   tbl_A;
```

这里我们以逗号“，”为例，不过“+”“-”等二元运算符，以及 AND 和 OR 与这里的逗号一样，起到的都是连接元素的作用，一般会写在行的开头。

这种"前置逗号"的写法有两个好处。第一个好处是删掉最后的那个 col_4 后，执行也不会出错。如果按照一般的写法来写，那么删掉最后的 col_4 后，SELECT 子句的结尾会变成"col_3,"，执行就会出错。为了防止出错，还必须手动地删除逗号才行。当然，即便是"前置逗号"的写法，如果要删除第一列也会有同样的问题，但是一般来说，需要添加或删掉的大多是最后一列。写在开头的列大部分时候是重要的列，相对而言不会有很大的变动。

第二个好处是，逗号在每行中都出现在同一列，因此使用 Emacs 等可以进行矩形区域选择的编辑器就会非常方便操作。如果将逗号写在列的后面，那么逗号的列位置就会因列的长度不同而参差不齐。

除了这些好处以外，这种写法也有一个缺点，那就是**可读性稍微差一些**。尤其是初次见到这种写法的读者，可能第一眼看到这段代码时会大吃一惊，并疑惑这难道不是与本节的主旨"追求可读性高的代码风格"背道而驰了吗？

是的，这句批评刚好触及了痛点。笔者能理解，改变已经习惯了的写法确实需要花费不少精力。也正因为如此，笔者之前才说自己其实也一度非常犹豫要不要讲这个话题。但是为了让大家理解"前置逗号"写法真的有很多好处，所以还是决定讲了 ❶。不知各位读者有何感想呢？

不使用通配符

使用通配符"*"指定所有列后，表的全部列都会被选中。虽然这种写法很方便，但最好还是不要这样做。使用通配符后查出的结果中会包含从理论上来说并不需要的列，这不仅会降低代码的可读性，也不利于需求变更。而且，因为结果的格式依赖于列的排列顺序，所以修改表中列的排列顺序，或者添加、修改列就会导致结果的格式发生变化。

```
×   SELECT * FROM SomeTable;
√   SELECT col_1, col2, col3 ... FROM SomeTable;
```

因此，尽管有些麻烦，大家还是只把需要的列写在 SELECT 子句里吧。不过，在拥有数百列的表中指定所有的列名会更难阅读，这也是不争的事实，所以这里我们只讲基本原则，具体情况还要具体分析。

注❶

在数据库学界，支持"后置写法"的代表人物是乔·塞尔科。把逗号放置在每行的结尾而不是开头。逗号、分号、问号或句号从视觉上表示某个内容的结束而不是开始。——引自《SQL 编程风格》（人民邮电出版社 2008 年出版）第 28 页

这个观点正确与否我们暂且不管，至少它的论据是有问题的。原因是，乔·塞尔科把连接符和终止符弄混了。分号或句号确实是表示语句结束的终止符，但是逗号是一种连接符，用于连接元素，从这一点来说，逗号的作用与 AND 或 OR 等是一样的。因此，将逗号写在行的开头也没什么奇怪的。如果看起来很奇怪，可能是惯性思维导致的。

ORDER BY 中不使用列编号

在 ORDER BY 子句中，我们可以使用列的编号代替实际的列名，作为排序的列来使用。在动态生成 SQL 等情况下，这是很有用的功能，但是这样的代码可读性很不好。而且，这个功能在 SQL-92 中已经被列为"未来会被删除的功能"。因此保守一点来讲，最好不要使用它。和前面讲过的通配符一样，一般来说会受列的顺序和位置影响的写法都应该避免，这也是一条铁律。

```
×   SELECT col_1, col2 FROM SomeTable ORDER BY 1, 2;
√   SELECT col_1, col2 FROM SomeTable ORDER BY col_1, col2;
```

▌SQL 编程方法

请说普通话

SQL 是一种有多种方言的语言，各种数据库实现都做了不同的扩展（不管是好的还是坏的）。SQL 官方虽然已经制定了 ANSI 的标准语法（如 SQL:1999、SQL:2003[❶]），但是似乎并没有为提高统一性做出更多的努力。

注❶
这是本书写作时的最新版本，现在已更新至 SQL:2016。——译者注

关于这一点，也有一些历史原因。过去的标准 SQL 很弱，并没有达到实用的程度，很多数据库供应商不得不自己扩展标准 SQL 中没有的功能。

但是近年来，标准 SQL 越来越完善，也越来越实用了。如果还继续使用各种数据库的方言进行编程，就很难像 PostgreSQL → Oracle、SQL Server → MySQL 这样在 DBMS 之间移植代码，而且开发者换到不熟悉的 DBMS 后会很不习惯新的编程环境。

这些问题只需要稍微注意一下就可以避免，所以大家在日常开发中还是养成使用标准语法的习惯吧。下面列出了几个需要注意的地方。

1. 不使用依赖各种数据库实现的函数和运算符

依赖数据库实现的函数大多是转换函数或字符串处理函数。不要使用这些函数：DECODE（Oracle）、IF（MySQL）、NVL（Oracle）、STUFF（SQL Server）等。请使用 CASE 表达式或者 COALESCE、NULLIF 等标准函数替

代它们。此外，像 SIGN 或 ABS、REPLACE 这些，虽然标准 SQL 没有定义它们，但是几乎所有的数据库都实现了它们，所以使用一下也没关系。

让人头疼的是标准 SQL 中有定义，但是各数据库实现情况不同的功能。例如日期函数 EXTRACT，以及用于字符串连接的运算符"||"和 POSITION 函数 ❶。这些函数的使用频率都很高，但是请记住，使用它们会导致代码的可移植性变差（要想解决这个问题，只能期待各数据库供应的推动了）。

注❶
例如，MySQL 中默认需要使用 CONCAT 函数，而不使用字符串连接的运算符 "||"（可通过修改设置来使用 "||"）。

2. 连接操作使用标准语法

在 SQL 的语法中，依赖数据库实现最严重的是连接语句。在很早的时候，连接条件和普通的查询条件一样，都是写在 WHERE 子句里的。

```sql
SELECT *
  FROM Foo F, Bar B
 WHERE F.state = B.state
   AND F.city = '东京';
```

标准 SQL 使用 INNER 或 CROSS 等表明连接类型的关键字，连接条件可以使用 ON 子句分开写。

```sql
-- 内连接，而且一眼就能看明白连接条件是 F.state = B.state
SELECT *
  FROM Foo F INNER JOIN Bar B
    ON F.state = B.state
 WHERE F.city = '东京';
```

这样写的话，一眼就能看明白连接的类型和条件，代码可读性很好。另外，这样写还有一个好处，即可以防止忘写连接条件时发生非预期的交叉连写（通常被称为"意外交叉连接"）。

外连接请使用 LEFT OUTER JOIN、RIGHT OUTER JOIN 或者 FULL OUTER JOIN 来写。使用 (+) 运算符（Oracle）、*= 运算符（SQL Server）等依赖数据库实现的写法会降低代码的可移植性，而且表达能力也有限，所以还是尽量避免吧。标准 SQL 中允许省略关键字 OUTER，但是这个关键字便于我们理解它是外连接而非内连接，所以还是写上吧。

左连接和右连接

外连接有左连接、右连接和全连接三种类型。其中，左连接和右连接的表达能力是一样的，从理论上讲使用哪个都可以。

但是笔者认为，在代码风格方面，左连接有一个优势：因为一般情况下表头都出现在左边（笔者没遇见过表头出现在右边的情况），所以使用左边的表作为主表的话，SQL 就能和执行结果在格式上保持一致（图 1.12.2）。这样一来，在看到 SQL 语句时，我们很容易就能想象出执行结果的格式。事实上，看看其他介绍 SQL 的书也能发现，绝大多数示例会选择使用左连接，大概作者们也是出于同样的考虑。

一般表头都在左边　　　　　　　　　　　**表头在右边的话看起来有点奇怪**

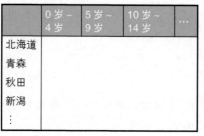

■ 图 1.12.2　左连接的风格优势

至于为什么表头一般在左侧，笔者觉得原因可能是我们的眼睛一般都是从左上角开始浏览信息的（可以想象一下自己站在自动售货机或书架前时的视线移动方向）。

如果继续追问"为什么人的眼睛从左边而不从右边开始浏览呢"，那么可能没完没了了，所以我们就到此为止吧。

去除关联子查询

人们一直说 SQL 中存在 3 个绊脚石：NULL、量化和关联子查询。NULL 与量化是深深扎根于 SQL 的规范，我们只能遵守，但现在我们大概率可以和关联子查询说再见了。本书的一个亮点就是使用窗口函数来代替关联子查询（即所谓的 WinMagic），这样可以同时提高可读性和性能，所以我们没有理由不使用窗口函数。

关联子查询不容易编写，调试起来也很困难。这是因为关联子查询无法单独执行，所以我们只能在大脑中调试。如果使用窗口函数，即使执行子查询，由于它们不是关联的，所以也可以轻松地以较小的单位来执行。这样做符合调试的基本方针"分摊困难"，具有很大的优势。

从 FROM 子句开始写

这部分内容可能有点多余，如果大家觉得值得参考，那么可以试一下。

大家在写 SQL 语句时，是按照什么顺序写的呢？笔者想，大部分人会说是从 SELECT 子句开始写的吧。他们可能会觉得"SELECT 子句在开头，难道不该从它开始写吗？"

当然，从 SELECT 子句开始写也没问题。比如对于一共有 10 行左右的 SQL 语句，不管从哪里开始写都没太大的差别。但是以笔者的经验，如果 SQL 语句很长或者很复杂，这种写法就会耗费很多时间，而且写出的代码很难阅读。

原因是 SELECT 子句是 SQL 语句中最后执行的部分，写的时候根本没有必要太在意。

SQL 中各部分的执行顺序是：FROM → WHERE → GROUP BY → HAVING → SELECT(→ ORDER BY)。严格地说，ORDER BY 并不是 SQL 语句的一部分，因此可以排除在外。这样一来，SELECT 就是最后才被执行的部分了 ❶。

SELECT 子句的主要作用是完成列的格式转换和计算，并没有做很多工作，用做菜来类比的话就像是最后添加调料的环节。因为它总是出现在最开始的位置，所以很容易引起人们的注意，但是在考虑具体逻辑的时候，我们完全可以先忽略它。相对而言，WHERE、GROUP BY 和 HAVING 等起到的作用更重要一些。

因此，如果需要写很复杂的 SQL 语句，我们可以考虑按照执行顺序从 FROM 子句开始写，这样在添加逻辑时会更加自然。即使不知道在 SELECT 子句里写什么，也肯定知道应该在 FROM 子句中写些什么（如果不知道，那么说明表的结构还没有确定，因此应该先完成表的设计，然后再考虑 SQL 语句）。

如果把从 SELECT 子句开始写的方法称为自顶向下法，那么从 FROM

注❶

这也是在 SELECT 子句中为列起的别名无法在 GROUP BY 子句中使用的原因。但是也有支持在 GROUP BY 子句中使用在 SELECT 子句中为列起的别名的数据库，详情请参考 1-1 节。

子句开始写的方法就可以称为自底向上法。用 C 语言等面向过程语言来类比的话，从 main 函数开始写，逐步完成各个模块的方法是自顶向下法，先写各个模块，再组装到一起的方法就是自底向上法。虽然面向过程语言中的模块和 SQL 中的子句（clause）并不能完全对等，但是笔者认为这个道理大家应该能明白 ❶。

注❶

"从 FROM 子句开始写" 的想法源于乔纳森·格尼克的文章 "An Incremental Approach to Developing SQL Queries"（用渐进法开发 SQL 查询）。笔者也从这篇文章中受到了很大的启发。格尼克还为这种方法起了一个名字，叫作 " 渐进法 "（incremental approach）。

▌本节小结

在编程领域，有些时候可读性和性能是相互矛盾的。笔者也曾为了高效率工作及满足开发现场的期望，编写了很多无视可读性和可维护性的不灵活的查询。那些都是为了应对紧急情况而不得不采取的措施。

不过，从长远来看，相比性能，我们最好还是重视可读性。如果要问笔者倾向于哪一边，不用说，肯定是本节所强调的可读性。原因很简单，如果硬件和数据库本身的性能提升了，即使我们不对 SQL 做什么优化，它的性能也能得到提升。相反，代码难读的问题没有谁能帮我们解决，能保证代码可读性的只有开发者自己。为了效率而牺牲可读性，最多只能作为一种紧急手段来使用。

性能优化是一个非常有趣的领域。将耗费 10 小时的查询优化到只需要 10 秒钟，是一件很有成就感的事情。而且，"执行慢的系统与因故障而瘫痪的系统一样没有价值，谁都不会使用"也是一个严酷的事实。笔者作为一名数据库工程师，花费了许多时间来调试这样的系统。

但是，笔者还是认为，既然编程是一种沟通手段，那么每个开发者就有义务保证自己写出的代码表达清晰，具有很好的可读性。不管在什么领域，关于风格的讨论总会引起激烈的争论。一开始还是善意的讨论，但慢慢就分门别派，演变为针尖对麦芒的情况也不少见。这可能是因为关系到某种身份认同吧。然而，即便如此，笔者还是认为，无论哪种争论，都不是在原地打转，而是在一点点积累经验并达成共识的。请原谅笔者的总结有点混乱和含糊其辞，因为我们在讨论的真的是一个很难的问题。

如果想更进一步了解 SQL 的编程方法，请参考下页的资料。

- 塞尔科 . SQL 编程风格 [M]. 米全喜，译 . 北京：人民邮电出版社，
  2008.
  该书并不直接介绍 SQL 的具体技术，而是重点介绍程序设计的相
  关知识和代码风格，涵盖了表和列的命名规则、代码风格、糟
  糕的表设计案例、视图和存储过程的用法，以及集合论思路等丰
  富的内容，是应该人手一册的好书。特别是第 6 章"编码选择"
  和第 10 章"以 SQL 的方式思考"，推荐所有数据库工程师都阅读
  一下。

- 克尼汉，普劳格 . 编程格调 [M]. 高博，徐张宁，译 . 北京：人民
  邮电出版社，2015.
  该书是关于代码风格的经典书。书非常老，而且用的都是面向过
  程语言的示例代码，但是里边的很多内容直到现在还能带给我们
  启发。书中介绍的基本编程思想在思考 SQL 的代码风格时也是有
  用的，这一点让笔者很震惊。这正说明，这本书真的深入到了编
  程的核心本质。

- 迈克康奈尔 . 代码大全（第 2 版）[M]. 金戈，汤凌，陈硕，张菲，
  译 . 北京：电子工业出版社，2006.
  该书除了介绍编程风格，还介绍了设计、调试、测试等开发技巧。
  示例代码使用了 C#、Java 等面向过程语言及面向对象语言，但也
  蕴含了可用于数据库或 SQL 的丰富知识。

第 **2** 章

关系数据库的世界

2-1 关系数据库的近现代史

▶ **数据库有过两次破坏性创新吗**

　　本节将介绍与数据库的历史相关的两个主题。第一个主题是，回顾关系数据库的诞生和发展历史，介绍如今成为主流的技术是在什么背景下出现的，以及它为什么能够确立自己作为数据库标准的地位等。笔者不会介绍个别产品的发展历史，而是通过关系数据库整体的技术历史来分析这些问题。

　　第二个主题是，对于伴随时代变迁而衍生出来的新课题，关系数据库遇到了哪些瓶颈。在介绍这一主题时，笔者会试着从现在展望未来，看一看以 NoSQL 为代表的新技术都在做哪些新尝试。

关系数据库的历史

　　毫不夸张地说，关系数据库（Relational Database，RDB）及其操作语言 SQL 现在几乎用在所有的系统中。使用它们的系统也多种多样，比如 B2C 或 C2C 等 Web 服务、企业或政府的基础系统、BI/DWH 等分析系统，等等。这种**高通用性**正是关系数据库的最大特征。对于现在的工程师来说，关系数据库就像空气和水一样，是自然而然存在的基础设施。

　　对于这种宛如空气般的存在，我们很难想象没有它会怎么样，而掌握当前数据库状况的关键，便在于理解其相关背景。这里先说一下结论，关系数据库的出现是一种破坏性创新，是改变数据库世界模式的大变革，而 NoSQL 不是（至少现在不是）替代关系数据库的第二次破坏性创新，它与关系数据库是互补的。

关系数据库出现之前的状况

　　在关系数据库出现之前，数据库市场的主流是基于**层次模型**的产品。顾名思义，层次模型以层次关系来表示数据之间的关系，使用程序来确定数据的位置以获取数据。现实中的"数据"大多拥有某种层次关系，如公司或学校等组织、组成机器的部件等，因此数据库就根据这些关系来表示数据。

　　这类数据库中具有代表性的产品是 IBM 公司的 IMS（Information Management System）数据库。该产品拥有非常高的可靠性和性能，因此被用于政府和金融机构等承担重要社会基础设施职能的大型系统中。最著名的 IMS 数据库应用系统是美国航空航天局从 1961 年开始的阿波罗计划。表示最终产品组成部件的层次关系的列表称为物料清单（Bill Of Materials，BOM）。在制造业中，无论生产什么产品，物料清单都与设计图同等重要。IMS 数据库曾经很好地解决了管理数量庞大的火箭部件的难题。准确地说，不只是"曾经"，直到现在 IMS 仍在被使用着。

悄悄启动

层次数据库一度在数据库世界中成为事实标准，但在 1968 年，变故发生了。最开始只是很小的改变，没有人预料到随之而来的其实是巨大的变革。这一切都始于 IBM 公司内部期刊上发表的一篇论文。论文的作者是 40 多岁的工程师埃德加·弗兰克·科德，题目是《大型共享数据库的关系模型》。这篇论文在公司内部并未引起注意，但在 1969 年，科德稍加修改，将论文发表在了学术杂志上 ❶。对这篇论文感兴趣的工程师由此掀起了这场关系数据库的"革命"。

最初的反响出现在 1973 年，加利福尼亚大学的迈克尔·斯通布雷克（Michael Stonebraker）等人开始开发 Ingres。斯通布雷克现在以 PostgreSQL 的创始人而闻名。准确地说，他开发的是 PostgreSQL 的前身 Postgres，这个名称便来自"Post"和"Ingres"。

与此同时，受科德论文的启发，拉里·埃利森（Larry Ellison）开始开发 Oracle Database，并于 1979 年发布了第 1 版。另外，参与 Ingres 开发的罗伯特·爱泼斯坦（Robert Epstein）等人在 1984 年成立了 Sybase 公司。这家公司与 Ingres 团队和 IBM 公司通过人员交流，为关系数据库技术的发展做出了贡献。Sybase 公司从 1988 年到 1993 年与微软公司进行技术合作，对微软公司的 SQL Server 开发也做出了很大贡献。20 世纪 80 年代，Informix（后被 IBM 公司收购）、Teradata（至今仍是面向 DWH 的具有代表性的数据库产品）等产品相继出现。到了 20 世纪 90 年代，关系数据库呈现出百花齐放的状态。

关系数据库的时代

回顾关系数据库的发展历史可以发现，现在关系数据库市场上的主角

注❶

大家可以在宾夕法尼亚大学的网站上查看原论文 "A Relational Model of Data for Large Shared Data Banks"。

基本上出现于 20 世纪 70 年代到 20 世纪 80 年代（表 2.1.1）。在那之后，关系数据库的发展也一直很活跃，新产品不断推出，但其基本概念直到现在都没有发生改变。唯一的例外就是 20 世纪 90 年代发布的 MySQL，该数据库在短时间内迅速占领了市场。

■ 表 2.1.1　关系数据库的发展历史

数据库	主要的开发者	第 1 版的发布时间
Ingres	加利福尼亚大学	1974 年
Oracle Database	Oracle	1979 年
DB2❶	IBM	1983 年
Sybase SQL Server	Sybase	1987 年
MS SQL Server	Microsoft	1989 年
PostgreSQL	加利福尼亚大学	1989 年
MySQL	MySQL AB❷	1995 年

注❶

2017 年，DB2 更名为 Db2。

注❷

MySQL AB 后来被太阳微系统公司（通常简称为 Sun 公司）收购，而 Sun 公司又被甲骨文公司收购，MySQL 现在属于甲骨文公司。

注❸

之所以这么说，是因为严格来讲，二维表和表的许多特性是不一样的，这两个概念并不完全相同。详细内容将在下一节进行介绍。

以"用户视角"的系统为目标

与层次数据库相比，关系数据库的优点有很多，其中对它增加市场份额帮助最大的，就是方便用户使用的数据结构和接口，即表和 SQL 的发明。

在关系数据库中，所有的数据仅使用"表"这一种形式来表示。表看起来与"二维表"相似 ❸，对于用惯了微软公司的 Excel 或 Google 文档等电子表格的人来说，这种存储数据的方法非常直观。实际上，这种使用二维表来管理数据的方法在 Excel 等软件出现之前就已经很常见了，因此在关系数据库出现时，人们很容易就接受了它。

更重要的是，表还有一个具有划时代意义的特点，那就是在表中，数据的表示方法完全去除了"数据位置"的概念。因此，数据在表中是哪一行或哪一列没有任何含义。这一点与关系数据库出现之前的数据库和电子表格存在很大区别。这样一来，即使不使用地址或指针等难以处理的位置表示方法，我们也可以操作数据。

■ 虽然以二维的行和列来表示数据，但不使用"第 ~ 行""第 ~ 列"这种表示位置的方式

员工 ID	员工姓名	职位	年龄
S001	平井修	社长	60
S002	赤田公平	部长	55
S003	石川洋子	科长	40
S004	冈田理慧	组长	30
S005	加藤文夫	员工	25
S006	工藤惠理子	员工	23

SQL 的语法类似于英语语法，母语是英语的人会感觉像在使用日常语言来操作数据一样。这是因为编程语言原本就是在英语圈发展起来的，很多词汇来自英语。表示分支的 if、表示循环的 for 和 while 等关键字在大多数编程语言中是共通的。

不过，科德认为即使这样，用户的负担还是很大。他认为只有接受过专门教育的程序员才能使用编程语言来操作数据，而这对终端用户来说还是太难。特别是他在思考 SQL 的原型语言时，绞尽脑汁地想要去掉循环。1981 年，科德因其在关系数据库方面的贡献获得了图灵奖，他在发表纪念演讲时明确表示，设计关系数据库的主要目的就是去掉循环。

在关系操作中，应该将关系整体作为操作对象。这样做的目的是避免循环。显然，这是提高数据查询终端用户的生产效率的必要条件，同时也利于提高应用程序员的生产效率。

——《关系数据库：提高生产率的现实基础》[1]

注[1]

这篇演讲稿原名为 "Relational Database: A Practical Foundation for Productivity"。

实际上，有编程经验的人都知道，使用指针或数组的索引来操作数据地址，或者编写循环处理很容易发生错误。前一种操作常常会因错误的地址引用而发生异常，后一种操作则会因错误的循环结束条件而陷入无限循环或加深循环嵌套，这常常会给整个系统都带来不利的影响。专业的程序员已经逐渐认识到这类问题，编写整洁代码的方法论也在不断发展，而关系数据库则直接将目标定为创建"从原理上就不会发生这类问题的系统"。这种尝试取得了巨大成功，当我们提到数据库时，默认说的就是关系数据库。

关系数据库的破坏性创新

回顾关系数据库的发展历史，我们可以发现这是典范转移（paradigm shift）的一个类型：破坏性创新。

破坏性创新和引起它的**破坏性技术**，是哈佛大学商学院的克莱顿·克里斯坦森教授在其著作《创新者的窘境》❶ 中提出的著名的经营学概念，用来说明技术产品市场中发生典范转移的原因。所谓破坏性技术，就是该技术或产品如果按传统市场中的评价标准（大多是可靠性或性能）来评价会得到较差的结果，而如果按其他标准来评价，就会发现它有优于现有产品的地方（使用方便等）。破坏性技术的特征是通过吸引早期采用者来获得小规模的市场份额，具体示例有小型硬盘驱动器（HDD）、数码相机和智能手机等。

最开始，新技术会得到诸如"小玩具""便宜没好货"等较低的评价，但随着质量的不断提高，即便按照旧的评价标准，它也能得到比现有主流产品更高的评价，这时市场份额就会发生戏剧性的逆转。这就是破坏性创新，也是解释拥有压倒性市场份额的优秀企业及其主力产品会被新兴企业及其（最初）看起来劣质的产品打败的有力理论。

回顾关系数据库的出现及其后来的发展，我们可以知道这就是破坏性创新的过程。最典型的例子就是迈克尔·斯通布雷克等人最初开发 Ingres 的时候，他们开发的就是在低端 UNIX 机器上运行的关系数据库。与运行于大型机上、支撑大型社会基础设施的层次数据库相比，无论是可靠性还是性能，Ingres 都无法与其相提并论。如今，关系数据库是"可靠性高、运行稳定"的代名词，但早期的关系数据库运行不稳定，性能也低，无法满足非常重要的任务需求。

从之前的评价标准来看，关系数据库的想法很有趣，但它只不过是一种"小玩具"，并不实用。但是，关系数据库具有层次数据库所不具有的优势，那就是前面讲到的"用户视角"精神。参考《创新者的窘境》所描绘的构图，我们就很容易能理解关系数据库为什么是由 Oracle、Ingres（PostgreSQL）、SQL Server 和 MySQL 等新兴产品和企业来推动的了 ❷。

注❶
原书名为 *The Innovator's Dilemma*，胡建桥译，中信出版社 2020 年出版。——译者注

注❷
克莱顿·克里斯坦森等人编写的《创新者的解答》（李瑜偲、林伟、郑欢译，中信出版社 2020 年出版）的第 2 章中就提到关系数据库是破坏性技术的一个例子。

▌破坏性创新会重复吗

关系数据库以简单、直观的数据模型"表"和便于用户使用的接口语言 SQL 作为武器，成为主流数据库，但这并不是说关系数据库是万能的。

从 20 世纪 90 年代后半期到 21 世纪，随着互联网的发展，系统的用途也变得多种多样。这样一来，人们就看到了之前从未意识到的关系数据库的"不便之处"，如果用一个确切的词来形容，那就是"局限性"。接下来，我们来了解一下关系数据库面临的问题，以及针对这些问题人们采取了什么样的解决方案。这是一个延续至今的主题，从这个意义上来讲，它就是数据库的"现代史"。

[问题 1] 性能与可靠性的平衡

近年来，关系数据库比较突出的问题是性能问题。性能的构成元素不止一个，我们可以将其简单理解为"系统的处理速度"。数据库一直以来都在存储大量数据，但近年来，随着数据量的不断增大，关系数据库成为系统中最容易遇到瓶颈的地方。

关系数据库容易遇到瓶颈的原因主要有两个。一个原因是，为了统一管理数据，进行严格的事务管理，系统需要采用共享存储设备的结构，这使得存储设备会成为单点瓶颈。换句话说，就是"无法横向扩展"。

另一个原因是，SQL 因其强大的表达能力和灵活性可以执行复杂的处理，特别是对大规模数据执行连接或子查询等复杂处理，但这会导致系统变得非常缓慢。

[问题 2] 数据模型的局限性

正如前面介绍的那样，关系数据库使用二维格式的表来表示数据。这是简单表示现实世界中大量数据的强大手段，但实际上，也有一些类型的数据很难通过这种手段来表示。其中，具有代表性的就是**图**和**非结构化数据**。

图是数学术语，相比其定义，我们还是看具体示例更容易理解。图通常包括组织图等**树形图**（图 2.1.1）和表示社交网络服务（SNS）中用户间关系的**网状图**（图 2.1.2）。前一种称为**非循环图**，后一种称为**循环图**。树形图正是被关系数据库抢占主流位置的层次数据库的数据模型，而讽刺的是，关系数据库并不擅长表示树形图。

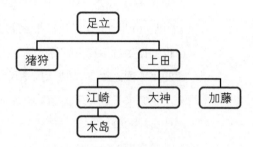

■ 图 2.1.1　非循环图之一：组织图

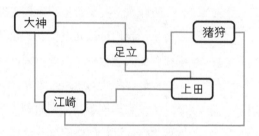

■ 图 2.1.2　循环图之一：社交网络服务上的人际关系

　　正如我们前面看到的那样，表的格式是二维的，但层次结构是递归的。在平面二维表中，我们很难表示这种**递归结构**（并不是无法表示，关于使用相当复杂的关系数据库来表示层次结构的方法，请参考本节末尾的参考文献）。

　　关于非结构化数据，相比其定义，我们也来看一下具体示例吧。其实，关系数据库的表中方便存储的数据（CSV 等）最初被称为"结构化数据"，与此相对，不容易使用表来处理的数据则统称为"非结构化数据"。

　　具有代表性的非结构化数据是 XML 和 JSON❶，它们都是互联网上交换数据时常用的格式。在这类数据中，各标签表示信息的规则是固定的，但各文档中包含的标签数量，以及一个标签持有的信息量等内容是不固定的（当然，在个别的商业规则中也有固定的，但通常是不固定的）。对于

注❶

XML 是树形结构，也是一种非循环图。这样来看，图和非结构化数据有时是重叠的。

这类数据，使用面向过程语言中的循环和分支处理起来并不难，但使用事先要确定列的含义和数量的表就很困难了。这是因为，关系数据库中的表的结构从某种程度上来说是静态的，在系统运行过程中不会动态修改。改变表的定义或表之间的关联意味着要进行大规模的修改，所以越是经验丰富的工程师，处理起来就越谨慎。

■ JSON 示例：包含"姓名""住址""兴趣" 3 个元素（对象）

```
{
  "姓名"："山田 太郎",
  "住址"："北区赤羽",
  "兴趣"：["棒球", "登山", "自行车"]
}
```

> 使用数组来表示多个兴趣。除此以外，还可以记述其他元素和增 / 删数组元素，自由度很高。

对于关系数据库面临的这两个问题，存在两种解决方法。

- 改进关系数据库的功能
- 使用关系数据库之外的数据库

前者可以扩展出很多有趣的话题，但本书要介绍的是后者，即通常被称为 NoSQL 的系列产品。

NoSQL 的类型和解决方案

NoSQL 虽然看起来像是某个技术或产品的既定名称，但实际上它并没有明确的定义。正如最开始人们还提出过 NoRel 一词，这其实是一个宽泛的定义，泛指那些"基于不同于关系数据库的架构和数据模型的数据库"。不过，无论是哪种数据库，它们基本上都是用于解决前面介绍的性能和数据模型的问题。

性能问题的解决方案

关系数据库性能问题的解决方案的思路大致有如下两个。

- 简化数据模型，限制复杂的数据操作
- 消除单点瓶颈，使其可横向扩展

　　遵循这种思路的解决方案在某种程度上牺牲了关系数据库的优点，如"通过严格的事务控制确保数据完整性""使用 SQL 实现高级数据操作"，以此来换取性能。

　　实现第一种思路的典型 NoSQL 是 KVS（Key-Value Store，键值存储）。我们也可以将作为数据模型的 KVS 看作一种表，其结构非常简单，包括"键"及其唯一确定的"值"。因此，KVS 的用途是使用唯一的键来实现高速查找（但无法执行连接等高级处理）。在熟悉编程的人看来，它是一个以关联数组为基本结构的数据库。关联数组的索引可以使用数字之外的值（如字符串）。

关联数组 Fruits

Redis 和 memcached 等产品拥有 KVS 功能。有的产品还会提供一些选项来提高性能，如进一步将这种简化的数据结构加载到内存中。另外，许多包含 KVS 的 NoSQL 产品使用多个数据库实例来组成集群，从而横向扩展、提高性能。

非结构化数据的解决方案

　　为了处理非结构化数据而出现的一种 NoSQL 类型称为**面向文档的数据库**（也称文档数据库）。这种数据库无须将 JSON 或 XML 等自由度高的文档转换为关系数据库的表就能够进行处理。这种类型的数据库产品有 MongoDB、CouchDB 等。另外，我们在前面还讲到关系数据库难以处理图这种数据模型，为了解决该问题，近年来人们也在不断开发图数据库，出现了 Neo4j 等产品。

NoSQL 会替代关系数据库吗

　　进入 21 世纪后，特别是从 2005 年开始，作为解决传统关系数据库局限性的新方法，NoSQL 系列产品相继出现在市面上。读到这里，有的读者可能会产生一个疑问：NoSQL 会是替代关系数据库的新破坏性技术吗？笔者对于这个问题的回答是：现阶段还不是。

这样说的原因有两个。

第一个原因是，在大多数情况下，使用 NoSQL 数据库是一种权衡利弊后的选择 ❶。当然，NoSQL 系列产品的设计目的是弥补关系数据库的缺点，从这个意义上来看，根据"新的评价标准"，它们确实超越了关系数据库。但是，（在用户知情的情况下）它们同时也牺牲了通过 ACID 事务管理原则实现的数据完整性和持久性，牺牲了使用 SQL 实现的高级数据操作和显示表间关联等功能。要实现破坏性创新，NoSQL 必须在这些传统的评价标准中也超越关系数据库才行，而在这之前，关系数据库和NoSQL 从长远来看仍是一种互补的关系。NoSQL 刚出现时曾按字面意思被解释为"NO SQL"，给人感觉它是关系数据库的反向存在，而近年来，"Not Only SQL"的解释则更符合实际情况，原因之一就是它能够反映二者之间的互补关系。

第二个原因是，关系数据库也支持 NoSQL 的功能，二者之间的差距在开始缩小。随着 Oracle、Db2、MySQL 和 PostgreSQL 等主流关系数据库产品开始支持处理 JSON 和 XML 的功能，关系数据库和 NoSQL 之间的区别越来越模糊。Oracle 和 Db2 等也开始支持图数据库，从这一点来看，NoSQL 在将来很有可能成为**关系数据库的一个功能**。

注❶
从层次数据库向关系数据库过渡时，关系数据库或许在处理层次数据方面也有所欠缺，但早期的关系数据库也提供了处理 BOM 树形结构的方法（邻接表模型、Oracle 的 CONNECT BY 等）。我们可以认为这是一种"软着陆"。

▌本节小结

本节以关系数据库为中心，回顾了数据库技术的发展历史，探讨了数据库发生重大技术变革的时机。

下面是本节要点。

1. 关系数据库取代层次数据库可以说是破坏性创新的一个很好的例子。以往，数据库只能由程序员和工程师来处理，而关系数据库使终端用户也可以参与到处理中，这一点具有划时代的意义。

2. 破坏性创新是由具有传统评价标准无法衡量的新功能的产品引发

的，但仅有新功能还不够，还需要在传统评价标准中也超越现有的产品。如果新旧产品各有取舍，则不会发生破坏性创新。

3. 进入 21 世纪后，关系数据库的性能扩展和非结构化数据的处理等问题日益凸显，作为解决方案，NoSQL 系列产品相继出现。不过，它们更有可能与关系数据库互补、共存，而不是第二次破坏性创新。

如果想更进一步了解关系数据库的发展历史，请参考下面的资料。

- 克里斯坦森 . 创新者的窘境 [M]. 胡建桥，译 . 北京：中信出版社，2020.

  克里斯坦森，雷纳 . 创新者的解答 [M]. 李瑜偲，林伟，郑欢，译 . 北京：中信出版社，2020.

  这两本书是使用破坏性创新的概念来分析技术市场典范转移的经典著作。本节也全面引用了该概念。虽然这两本书是面向经营者的，但工程师或程序员要想掌握自己所学所用的技术在技术市场所处的位置，以及今后技术可能发展的方向，最好还是阅读一下。

- National Research Council. Funding a Revolution: Government Support for Computing Research[M]. Washington, D.C.: National Academies Press，1999.

  本书是美国国家科学研究委员会（NRC）以"计算机领域如何实现创新"为主题发布的报告，报告的第 6 章简单介绍了关系数据库黎明时期的发展历史。虽然本节中并未介绍相关内容，但实际上，国家机构（特别是军事机构）在数据库的发展历史中扮演着重要的角色，对此感兴趣的读者可以阅读这篇报告。本节曾提到 IMS 数据库是针对大型公共项目阿波罗计划而开发的，而在关系数据库中，Ingres 也曾获得美国军方的资金支持，Oracle 则始于美国中央情报局（CIA）的项目。可以说，数据库与军事机构有着深厚的关联。这篇报告从与克里斯坦森不同的观点"国家是创新的赞助人"进行了分析，这点很有意思。

- 本橋信也，河野達也，鶴見利章，太田洋 . NOSQL の基礎知識

[M]. 東京：リックテレコム，2012.

《NoSQL 的基础知识》这本书发行时间较早，有些信息已经过时，但该书不只介绍了 NoSQL 的各个产品及其特征，还全面介绍了 NoSQL 产品是因为什么课题而出现的，以及人们试图使用什么样的架构来解决这些课题等。对于想要纵观 NoSQL 全局的读者来说，本书非常适合作为其第一本 NoSQL 书。

- CELKO J. Joe Celko's Trees and Hierarchies in SQL for Smarties[M]. Burlington：Morgan Kaufmann，2012.

这本书介绍了关系数据库中处理树形结构的内容，而且是介绍该内容最为全面的一本书。本书是塞尔科编写的《SQL 权威指南（第 4 版）》的衍生作品，阅读本书需要读者掌握一定的 SQL 知识。

2-2 为什么叫"关系"模型

▶ 为什么不叫"表"模型

我们平时都会不假思索地使用"关系数据库""关系模型"这样的词语，但不是很清楚这里的"关系"真正指的是什么。其实，这个词有着非常深刻的含义。

时不时地会有人问"为什么叫它关系模型,而不叫它表(tabular)模型"。原因有两个: (1) 当初思考关系模型的时候，从事数据处理工作的人们有一种普遍的观点，即认为多个对象之间的关系（或者关联）必须通过一种链接数据结构来表示。为了纠正这个误解，我特意选择了"关系模型"这个词作为名字；(2) 与关系相比，表的抽象度更低，容易给人可以像数组一样操作的印象，而 n 元关系就不会了。还有，数据库表中数据的内容和行的顺序没有关系，在这一点上表更容易带来误解。尽管表有这样的小缺点，但依然是表达关系概念时最重要的手段。毕竟表的概念人们更熟悉一些。❶

——科德

注❶
引自《关系数据库：生产力的实用基础》。

关系的定义

与其说关系数据库采用的数据模型是关系模型，不如反过来说，正是因为数据库采用了关系模型，所以才被称为关系数据库。

那么，这里所说的"关系"指的是什么呢？我们深入思考的话会发现，其实这个词很抽象，不太容易理解，而且很容易与我们日常生活中用的"人际关系""关系紧张"等说法中的"关系"混淆。

既然如此，从一开始就不使用"关系"这样的抽象词语，叫它"表"模型不是也行吗？所谓关系，说到底不还是二维表吗？像这样不无道理的疑问，从关系模型诞生之日起已经被提出过很多次了。"总说关系、关系的，那它到底是什么意思呢？"

关系模型之父科德本人也表示时不时地会收到这样的疑问（"时不时"的表述有点少说了，其实应该相当频繁吧），并给出了前文中的两个解释。

其中，(1) 与现在的数据库工程师没有什么关系。"链接数据结构"指的是使用指针连接数据的链表结构，所以这个理由仅适用于分层模型和网状模型数据结构流行的时期。

但是，(2) 在当下仍然有思考的价值，因为它触及了"关系"这一概念的本质。简单概括的话，关系和表看起来很相似，实质却不相同。为了帮助大家理解这一点，笔者列出了一些关系和表之间比较典型的区别。

- 关系中不允许存在重复的元组（tuple），而表中可以存在。即，关系是通常说的不允许存在重复元素的集合，而表是多重集合（multiset）
- 关系中的元组没有从上往下的顺序，而表中的行有从上往下的顺序
- 关系中的属性没有从左往右的顺序，而表中的列有从左往右的顺序
- 关系中所有的属性的值都是不可分割的，而表中列的值是可以分割的。换句话说，关系中的属性满足第一范式，而表中的列不满足第一范式

仅从列出来的这几条就能看出，关系和表之间的区别还是很大的。与关系相比，表的定义不太严谨，而且不明确。在前文中，我们用了很多次"元组"和"属性"这样的词，大家有没有觉得"元组≈行""属性≈列"呢？确实是这样的。元组和属性是关系模型中较为正式的术语，与非正式的日常用语有以下对应关系（表 2.2.1）❶。

注❶
关于该表，可参考《数据库系统导论》(机械工业出版社，2007年）。关系和表的区别也可以参考这本书。但是在翻译本书时，为了与下文出现的集合中的"域"（field）作区分，这里没有按照《数据库系统导论》一书中的用词把 Domain 译为"域"，而是译为了"定义域"。——编者注

■ 表 2.2.1　关系模型中的正式术语与非正式的日常用语的对应关系

正式的关系模型术语	非正式的日常用语
关系（relation）	表（table）
元组（tuple）	行（row）或记录（record）
势（cardinality）	行数（number of rows）
属性（attribute）	列（column）或字段（field）
度（degree）	列数（number of columns）
定义域（domain）	列的取值集合（pool of legal values）

　　虽然上面出现了个别看起来很专业的术语，但是大家完全不用在意。实际工作中把"列"称为"属性"，把"行数"称为"势"也并没有特别的好处。关系模型是以数学中的集合论为基础的，因此沿用了集合论的一些术语，我们了解这一点就可以了。不过，阅读一些偏理论的比较严谨的书时，可能会发现作者习惯使用"属性"代替"列"，使用"元组"代替"行"，所以知道它们的对应关系还是有好处的。

　　前面说得有些多，让大家久等了。接下来，我们介绍一下关系的正确定义。关系的定义可以用下面这样一个公式来给出。

$$R \subseteq (D1 \times D2 \times D3 \times \cdots \times Dn)$$

（关系用符号R表示，属性用符号A*i*表示，
属性的定义域用符号D*i*表示）

　　这个公式读作"关系 R 是定义域 D1, D2, $\cdots$, D*n* 的笛卡儿积的子集"。公式很简洁，为了便于理解，我们再举个简单的例子解释一下。首先，假设有 3 个属性 a1、a2、a3，然后我们描述一下它们的定义域。这里说的定义域与数学中函数的定义域一样，指的是"属性的取值集合"。我们假设属性 a1 可以取 1 种值，属性 a2 可以取 2 种值，属性 a3 可以取 3 种值。各属性对应的定义域分别叫作 d1、d2、d3。

```
d1 = { 1 }
d2 = { 男 , 女 }
d3 = { 红 , 绿 , 黄 }
```

　　那么笔者问个问题：使用这 3 个定义域生成关系时，最大的元组数是多少？

　　答案是 6。计算方法很简单，就是 1×2×3 ＝ 6。全部的元组如下表所示。

■ 笛卡儿积

a1	a2	a3
1	男	红
1	男	绿

（续）

1	男	黄
1	女	红
1	女	绿
1	女	黄

这个关系 R1 就是笛卡儿积。笛卡儿积是指"使用各个属性的定义域生成的组合数最多的集合"，在 SQL 中的实现为 CORSS JOIN。

因此通过上面 3 个定义域生成的所有关系 R*n*，都是这个笛卡儿积的子集。例如除了 R1，我们还可以定义 R2，将 R2 定义成由"R1 中的第 1 行和第 2 行"组成的关系。需要注意的是，元组个数为 0 的关系也是满足定义的 ❶。

这就是我们平时说到关系模型或者关系数据库时所说的"关系"（relation）的含义。最早给出这个定义的是关系模型的提出者科德，但是"关系"这个词并不是他发明的。集合论很早就把"两个集合的笛卡儿积的子集"称为"二元关系"了。科德所做的只是把它扩展到了 *n* 元关系。科德本身就是一位数学家，因此他当然是在知道集合论中关系的含义的情况下把它借来使用的。

注❶

势为 0 的关系在集合论中叫作空集。当然，从实现角度来看，势为 0 的关系相当于"有 0 行数据的表"。

定义域的忧虑

我们先来看一下下面这段引文。

想必很多读者已经注意到了，定义域其实就是（现代编程语言中的）数据类型。我们先看一个例子，下面是一段用 Pascal 语言写的代码。

```
type Day = { Sun, Mon, Tue, Wed, Thu, Fri, Sat };
var Today : Day;
```

在这段代码中，用户定义的数据类型为 "Day"（可取的值刚好有 7 个），然后用户定义的与该类型相关的变量为 "Today"（只能取上面定义的 7 个值）。这种情况看起来很像是一种拥有名为 "Day" 的定义域和定义于其上的属性 "Today" 的关系数据库。❷

——C.J. 戴特

注❷

请参考《数据库系统导论》。

在学习关系的正式定义时，我们接触到了定义域的概念，但是笔者认为，对于这个概念，恐怕很多经验丰富的数据库工程师也不是很熟悉。不过，因为直到现在也几乎没有实现了定义域的 DBMS，所以不熟悉也是可以理解的。定义域是关系模型在诞生之际就存在的一个重要的关键词（如果无法确定定义域的话，关系就无法确定了!），却一直都未受到人们的重视。不过，SQL-92 标准终于增加了这一功能，相信以后实现它的 DBMS 会多起来吧。

实现了定义域的 DBMS 很少——这种说法严格来讲是不正确的。因为对于比较初级的定义域，正好相反，几乎所有的 DBMS 已经实现了。这些定义域主要是字符型、数值型等叫作标量类型的数据类型。因为标量类型对属性的取值范围有约束，所以尽管有局限性，但是它们也是定义域的一种。我们除了不能往声明为 INTEGER 型的列中插入 abc 这样的字符串以外，还可以使用 CHECK 约束，执行比针对声明为标量类型的列进行的约束更为严格的约束。例如，给声明为字符型的列加上约束，限制该列只能取值为 'm' 和 'f'，就可以写成 CHECK (sex IN ('m', 'f')) 了。

因此，现在的 DBMS 是具备简单的定义域功能的，只不过比较初级。将数据库比作编程语言的话，可以说现在的 DBMS 相当于一种**只能使用系统定义好的类型，不能由用户自定义类型**的编程语言。

▌关系值和关系变量

古希腊哲学家赫拉克利特曾经说过：“人不能两次踏进同一条河流，因为河流永远在不停地变化。”另外，日本的鸭长明也说过：“河水流动经久不息，然而已经不是原来的水。”两人的话听起来都有些自相矛盾，但是想表达的却是同样的主题，即“保证一样东西不变的标准是什么?”。

那么，所谓的“不变”究竟是通过什么来保证的呢？据说，我们人类身体的全部细胞一周更新一次，那么一周后我们是不是就会变成另一个人呢？我们凭什么相信今天交谈过的朋友明天还是同一个人呢？

言归正传。**变量**（variable）和**值**（value）是很容易混淆的概念，在讨论和数据库相关的话题时，两者经常会被混用。一般提到“关系”这个词时，如果不加特殊说明，指的都是“关系变量”，而关系值指的是关系变量在某一时刻取的值。实际上，或许我们也可以说，值就是变量的时间切片（time-slice）。

变量和值容易混淆的一个原因是，科德在早期的论文中并没有明确地对两者加以区别。他的论文中出现了"随时间变化的（time-varying）关系"的说法，但准确的说法应该是"随时间变化的关系变量"，因为**关系值不会随时间变化**。

这与数学或者编程语言中变量和值之间的关系是一样的。在编程语言中，整数型变量存储整数值。同样，在关系模型中，关系型变量存储关系值。理解了这一点，我们应该就不会像刚接触这些概念时那样觉得不可思议了。关键在于我们在学校中学到的变量和值基本上是标量型的单一类型值，所以我们只是不习惯**把关系这样的复合型结构看成一个值**。FROM 子句中写的表名正是变量的名称❶。

想象一下，如果告诉赫拉克利特和鸭长明变量和值的区别，二人会有什么反应呢？笔者想，赫拉克利特也许会怒吼道："无聊！变量什么的毫无意义！世上存在的只有值！"而鸭长明可能会点头附和："嗯嗯，原来是数学版的《方丈记》❷啊。"

存在"关系的关系"吗

"存在'关系的关系'吗"——这样的问题听起来可能有点唐突，但请耐心地听下去。这是前面提到的观点"把关系这样的复合型结构看成一个值"的延伸。

这个问题还可以替换成

存在递归的关系吗？

或者

定义域中可以包含关系吗？

"关系的关系"在逻辑上是可能存在的。但是，为此必须定义能够使定义域包含关系的谓词，而且如果再考虑对关系的量化，就需要实现二阶谓词逻辑，因此实现"关系的关系"非常困难。

因此，这里我们只简单地了解一下描述这种现实中还不存在的"关系的关系"的关系模型大概是什么样子。首先，我们来看一张具体的表。

注❶

从这个意义上讲，我们每个人的名字也可以理解成变量。虽然 MICK 或者"凸山太郎"这样的名字指代的实体每时每刻都在变化，但是只要使用了同一个名字（变量名），就会被当成同一个变量来对待。

注❷

鸭长明的著作。鸭长明（1155—1216），日本平安时代末期至镰仓时代初期的作家与诗人。《方丈记》是他隐居时回忆生平际遇、叙述天地巨变、感慨人世无常的随笔集。——编者注

■ "关系的关系" 表

列 1	列 2	列 3
<table><tr><td>性别</td><td>性别编号</td></tr><tr><td>男</td><td>1</td></tr><tr><td>女</td><td>2</td></tr><tr><td>未知</td><td>0</td></tr></table>	列 1 中存储的值是关系	100
<table><tr><td>名字</td><td>职业</td><td>身高</td></tr><tr><td>山田</td><td>工艺师</td><td>160</td></tr><tr><td>上田</td><td>大学教授</td><td>185</td></tr><tr><td>矢部</td><td>刑警</td><td>175</td></tr><tr><td>山田</td><td>书法家</td><td>170</td></tr></table>	可以像这样在关系中存储另一个关系	

虽然这张表看起来有点杂乱，但"关系的关系"的关系模型就是这个样子。正如字面意思所示，这是一种"关系之中还有关系"或者"表中还有表"的状态。像这样包含关系的列（属性）叫作**关系值属性**（relation-valued attribute），现在有很多关于它在关系模型中的应用的研究。

不管怎样，如果接受了这种"关系的关系"，那么自然就能进一步扩展到"关系的关系的关系"或者"关系的关系的关系的关系"这样更高阶的关系。当然，它们也都是嵌套式的递归结构。

这种递归关系与目录结构是一样的。就像目录中可以放置目录或者文件一样，关系中可以放置关系值或者标量值。因此高阶的关系又是树形结构。

文件系统与数据库的目的都是提高数据的存储效率，因此从提高效率的角度来说，两者都采用树形结构是理所当然的。只不过如今的关系数据库只定义了一阶关系，拿文件系统类比的话，相当于**只能定义一层目录的文件系统**。在这一点上，比起文件系统，关系数据库的表达能力稍微弱一些。

能够定义高阶关系的 DBMS 还没出现，但是标准 SQL 语言已经支持了数组类型和集合类型的变量、JSON 和 XML，因此关系模型正朝着能够处理复合型数据的方向发展。我们在上一节中也介绍过，随着面向文档的数据库 NoSQL 的流行，关系数据库也开始扩展可支持的数据类型。戴特等人甚至还断言道：真正的关系系统就是支持关系值等全部复合型数据的系统。可以说，现在的关系数据库正在朝着这个方向前进。

2-3 开始于关系，结束于关系

▶ 关于封闭世界的幸福

关系就是集合——知道这一点只算是理解了关系模型的冰山之一角。关系这种集合其实有一些非常有趣且特殊的性质，其中之一就是与 SQL 语言的原理密切相关的"封闭性"（closure property）。

从运算角度审视集合

上一节主要介绍了"关系是集合的一种"这一基础概念，但是仅靠这一点，还不足以让我们充分理解关系这一概念的特殊性质。关系不只是集合，它还有许多非常有趣的性质，其中之一就是"封闭性"。这个性质简单地说就是"运算的输入和输出都是关系"，换句话来说，就是"保证关系世界永远封闭"的性质。在本节中，我们将以关系的这个性质为中心，再次探访一下数据库的世界。

SQL 中有各种各样的关系运算符。除了最初的投影、选择、并、差等基本运算符，SQL 后来又增加了许多非常方便的运算符，现在总的数量非常多。多亏了关系的封闭性，这些运算的输出才可以直接作为其他运算的输入。因此，我们可以把各种操作组合起来使用，比如对并集求投影，或者对选择后的集合求差，等等。这个性质也是子查询和视图等重要技术的基础。

关系的封闭性与 UNIX（及 Linux）中的管道的概念很像，拿它类比的话可能会容易理解一些。UNIX 中的文件也一样具有封闭性，可以作为各种命令的输入或者输出。因此，可以像 cat text.txt | sort +1 | more 这样将命令组合在一起来编写脚本。这种写法让 UNIX 的脚本编程变得非常灵活。

关系运算在形式上与水桶接龙是一样的（图 2.3.1）。关系运算符代表人，关系或文件代表人与人之间传递的水桶。只不过在传递过程中内容是有变化的，这一点和火灾现场的水桶接龙不同，因为水桶中的水是不会发生变化的。

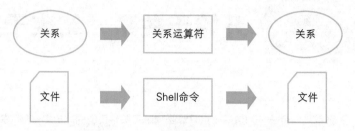

■ 图 2.3.1 关系的封闭性类似于水桶接龙

多数初次接触 UNIX 的人会觉得很惊讶，因为在 UNIX 系统中，从设备到控制台，一切都可以当作"文件"来处理。从外观上来看，打印机或显示器等物理设备只不过是 /dev 目录下的一个普通文件而已。这也是 UNIX 系统追求文件封闭性的结果。表达 UNIX 设计理念的词语之一就是**泛文件主义**，我们也可以把它说成"一切皆文件主义"。

而且，在 UNIX 中，文件对于 Shell 命令是封闭的。同样，**在关系模型中，关系对关系运算符也是封闭的**。关于这一点，从"SQL 中 SELECT 子句的输入 / 输出都是表"也能得到证明。SELECT 子句其实就是以表（关系）为参数，返回值为表（关系）的函数。SELECT 子句有时一条数据也查询不到，然而这时会返回"空集"，而不是不返回任何内容，只是因为我们没法实际看到，所以不好确认（MySQL 的 SQL 命令行会贴心地输出 Empty set 的消息）。仿照 UNIX 起名字的话，关系数据库的这个特性可以叫作**泛关系主义**。

上面两个例子中的封闭性原本是来自数学的概念。数学中会根据"对于什么运算是封闭的"这样的标准，将集合分为各种类型。这些对某种运算封闭的集合在数学上称为"代数结构"。例如，按照对四则运算是否封闭，我们可以把集合分为下面几类。

- **群**（group）：对加法和减法（或者乘法和除法）封闭
- **环**（ring）：对加法、减法、乘法封闭
- **域**（filed）：对加法、减法、乘法、除法封闭，即可以自由进行四则运算

如果要举个关于"群"的具体示例，那么最简单的就是整数集了，因为任何两个整数之间进行加法或者减法运算，结果一定还是整数。整数集

也是环，但却不是域，关于原因，看一个例子就知道了。比如 $1 \div 2$ 的结果是小数，不满足封闭性。如果将整数集扩展成有理数集或者实数集的话，那么结果就满足域的条件了。这是因为，使用实数自由地进行四则运算后，运算结果还是实数（图 2.3.2）❶。

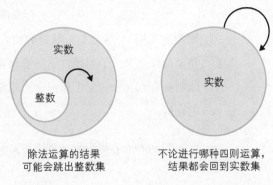

除法运算的结果
可能会跳出整数集

不论进行哪种四则运算，
结果都会回到实数集

■ 图 2.3.2　整数集是群，也是环，但不是域

实践和原理

那么，关系模型中的"关系"相当于这些代数结构中的哪一种呢？

我们回忆一下 SQL 中的集合运算符可以发现，关系支持加法（UNION）运算和减法（EXCEPT）运算，因此它满足群的条件。关系还支持相当于乘法运算的 CROSS JOIN，所以也满足环的条件。那么最后一个，除法呢？很遗憾，关系中没有除法运算符，所以不满足域的条件。

的确，SQL 中没有除法运算符。但是我们在 1-6 节中说过，它是有除法运算的定义的 ❷。因此，关系也满足域的条件。从满足运算相关特征的观点来看，关系可以理解为"能自由进行四则运算的集合"。C.J. 戴特和乔·塞尔科之所以非常重视除法运算，一方面是因为它的实用性很高，另一方面则是因为他们深知只有定义了除法，关系才有资格成为域。

由此可见，关系模型理论具有严密的数学基础。这样的好处是，它能够直接使用集合论和群论等领域中已经得到广泛应用的研究成果 ❸。科德深知构建这样严密的理论体系是多么重要 ❹。实际上，如果 UNION 和连接运算的结果不是关系（表），SQL 这门语言会变得非常难用。无法使用子查询的 SQL——这根本无法想象。SELECT 语句的执行结果是无序的，虽然乍一看很不方便，但这也是保持关系的封闭性所必需的。

综上所述，UNIX 的文件通过对 Shell 命令封闭实现了非常灵活的功能。同样地，关系通过对关系运算封闭，使 SQL 具有了非常强大的表达能力。

"追求理论的严谨，并不会降低它的实用性。相反，越严谨越优雅的理论越实用。"这是 C.J. 戴特的观点。虽然这是一种功能主义的主张，但是从前面几个关于封闭性的例子来看，这句话还是很有说服力的。笔者经常听到有人说在实际工作中理论并没有太大作用，但是笔者认为那是极大的误解。

Theory is practical.（理论是实用的！）

2-4 地址：巨大的怪物

▶ 为什么关系数据库里没有指针

　　科德提出关系模型的主要动机是将数据存储和管理从物理层的束缚中解放出来。关系数据库的历史可以说是将编程行为从对地址的依赖中解放出来的奋斗历史。

注❶
根据C.J.戴特在《深度探索关系数据库：实践者的关系理论》一书中的描述，数据独立性意味着我们能够自由地改变数据的物理存储和访问方式，无须按照数据被用户感知的方式进行相应的修改。——编者注

注❷
引自《关系数据库：生产力的实用基础》。

注❸
请参考自《数据库系统导论》。

　　在关系模型诞生之前的研究工作中，最大动机是明确区分数据管理中的逻辑层和物理层。我们可以把它叫作数据独立性目标❶（data independence objective）。❷

——科德

　　一般说到关系数据库中没有指针时，并不是说在物理层也完全没有指针。相反，在物理层，指针是存在的。但是，就像前面说过的那样，在关系系统中，物理层的详细存储信息对用户是不可见的。❸

——C.J. 戴特

写在前面

　　一般来说，关系数据库中不存在编程语言中一般被称为"指针"的物理性数据结构。但是严格来说，它其实是存在的，只不过被隐藏了，因而对用户不可见。对于这个说法，可能会有人列举出用户可以使用的指针，比如 Oracle 中的 rowid 或 PostgreSQL 中的 oid 来反对。确实，用户可以使用这些指针，但它们都是个别数据库供应商独自进行的扩展，标准 SQL 其实一直在努力摆脱指针。原因就在于 SQL 和关系数据库都想极力提升数据在表现层的抽象度，对用户隐藏物理层的概念。

　　但是反过来，对于已经习惯 C 语言中指针操作的程序员来说，这种做法可能有些奇怪。时不时就会有人批评道："SQL 中不能进行指针操作，非常不方便，这是一个缺陷。"

　　本节将整理一下"摆脱地址"这一 SQL 基本设计思想，解读为什么面向过程语言的程序员不喜欢 SQL。

▎关系模型是为摆脱地址而生的

在进入正题之前，笔者想先强调一些理所当然的事情。请大家在思考时摒弃掉作为程序员的一些先入为主的观念。归根结底，在现实世界的各种业务中，我们想要的是"数据"，而不是"用于表明数据位置的地址"。地址什么的只会增加额外的工作，丝毫不会让我们感到高兴。这一点，笔者认为怎么强调都不算过分，因为计算机中已经出现了违背我们意愿的地址溢出问题。还有，如果使用 C 语言或者汇编语言，程序员甚至不得不在编程过程中有意识地操作地址。

但是在 1969 年，数据库的世界几乎成功地摆脱了地址。科德在谈论关系模型理论时用到的"数据独立性目标"的概念，指的就是将数据库从地址中解放出来（相反，关系模型之前的数据库模型，例如分层模型和网状模型，都严重地依赖地址）。当时的编程世界还在进行着指针操作，因此这是非常超前的尝试。归功于此，现在的数据库工程师不用在意数据的存储地址了，他们只需关注数据内容就可以了。

关于这一点，科德曾经明确地这样说过：

在计算机编址中，位置的概念总是起着重要作用，从插板地址开始，然后绝对数值编址、相对数值编址以及带有算术性质的符号编址（例如，汇编语言中的符号地址 A+3；在 Fortran、Algol 或 PL/I 中称为 X 的数组中一个元素的地址 X（I+1, J−2）。在关系模型中，我们通过完全关联的编址来代替位置编址。在关系数据库中，每个数据可以借助于关系名、主键的值以及属性名唯一地编址。这种形式的关联地址使用户（是的，也使得程序员）把以下两点留给系统来完成：(1) 确定要插入数据库的一块新信息的放置细节；(2) 当检索数据时选择适当的存取通路。❶

注❶

引自《关系数据库：生产力的实用基础》。

需要注意的是，这里说的"地址"不仅包括指针操作的地址，还包括数组下标等。科德对所有依赖地址的数据存储和管理都感到厌烦（正因如此，最初的关系模型中并没有出现数组。后来在 SQL:1999 中新增了数组类型，但现在也并不怎么使用）。

和科德长期共事过的戴特曾经这样赞扬过科德的艰辛和努力：

其次，数据库中的关系无论如何都不能具有**指针**的那些属性。众所周知，关系数据库出现以前，数据库中充满了指针的概念，为了访问到想要的数据必须借助很多指针。对这些数据库进行应用程序编程时很容易出现错误，而且数据不能由终端用户直接访问，这些问题都是指针导致的。科德试图通过关系模型解决这些问题，并取得了成功。❶

数据的管理方法，从依据位置变为了依据内容。这个变化刚好与从物理层向逻辑层（抽象化）、从符号向名字（意义化）的转变相对应。很明显，这给系统的终端用户和程序员带来了非常大的好处。不论对谁来说，"翔泳太郎"这样的名字一定比 x002ab45 这样枯燥无味的地址更加方便且易于理解。因此放弃地址的深刻意义是，通过放弃掉系统中没有意义的东西，创造出一个**易于人类理解的有意义的世界**。科德之所以与成千上万的普通程序员不同，原因就在于他对人类认知特点的深刻理解❷。

"在关系模型中，我们通过完全关联的编址来代替位置编址。"科德的这一句话从数据模型的角度回答了一个从冯·诺依曼型计算机诞生之日起，就一直困扰着数据库工程师的难题，即"如何逃出地址的魔咒"。关系数据库的成功也证明了科德的这一观点的正确性❸。也就是说，一个优雅的数据结构胜过一百行杂耍般的代码。突然想起来，埃里克·史蒂文·雷蒙德（Eric Steven Raymond）也曾说过类似的话：

精巧的数据结构搭配笨拙的代码，远远好过笨拙的数据结构搭配精巧的代码。❹

编程中泛滥的地址

虽然关系模型确实是优雅且强大的数据模型，但是也没能使数据库彻底地摆脱地址。从物理层来看，数据还是与以前一样由地址来管理。但是，如果因此就断言科德的"数据独立性目标"半途而废了，还是有些苛刻的。（目前）我们可以使用的只有冯·诺依曼型计算机，它不仅使用地址管理数据，而且要求运行于其上的程序也要这样。因此，其实更应该说，科德是在受到各种限制的情况下思考出了关系模型这一折中的方案。

注❶
请参考《深度探索关系数据库：实践者的关系理论》。

注❷
过于强大的洞察能力也带来了一个不好的结果，那就是引入了臭名昭著的多值逻辑。详情请参考 1-4 节和 2-8 节。

注❸
标准 SQL 不支持自动编号功能，以及许多理论家对代理键持批评的态度，都是出于同样的理由。从"无意义的定位符"这一点来看，编号和代理键也与地址相似。

注❹
请参考《大教堂与集市》（卫剑钗译，机械工业出版社 2014 年出版）。

即使放眼 SQL 之外的其他编程语言，各个编程语言的历史中也都一直存在着"如何对程序员隐藏地址"的课题。与 C 语言以及汇编语言相比，Pascal、Java、Perl 等新一代的语言都在努力地对用户隐藏指针。在这一点上，关系数据库与 SQL 的发展轨迹是一致的。

对冯·诺依曼型计算机感到不满的人中，科德的态度还算温和，而有些人的批评就很尖锐了，其中之一就是约翰·巴克斯（John Backus，1924—2007）。他是 Fortran 语言和 BNF 范式的发明人，于 1977 年获得了图灵奖（顺便说一下，科德是 1981 年的图灵奖获奖者）。他认为，受到冯·诺依曼型计算机数据管理方式的限制，连编程的世界都充满着巨多地址，地址已经泛滥了。

因此程序设计基本上是通过冯·诺依曼瓶颈来计划和实现大量字的交通的细节策划，而且这个交通的许多部分不仅涉及重要的数据本身，而且还涉及在哪里找到它。❶

注❶

引自《程序设计能从冯·诺依曼风格中解放出来吗？程序的函数风格及其代数》。

关于编程语言受限于地址的结果，约翰·巴克斯这样感慨道："这 20 年，编程语言一步一步地发展成了现在这样臃肿的样子"。从他发出感慨到现在又过了 40 年，这一状况还是没有得到改善，甚至一直在恶化。因为过去的 20 年间又诞生了很多新的语言，但是其中没有一种语言真正摆脱地址这一怪物，实现真正的自由。

当然，在一定程度上对使用者隐藏地址，确实也是编程语言的进步。但是深入到内部看的话，还是到处都充斥着如同洪水一般的地址。面向对象的方法也没能成为通用的杜绝地址泛滥的有效手段。因为对象仍然是由 OID 这样的地址来管理的，而且程序变得复杂后，对象会被大量生成，这样就和以往的面向过程语言中的大量声明变量没有什么区别了。

没错，我们在编程时经常会用到的变量，正是编程语言中地址的化身。所有的变量都由没有实际意义的地址在管理着，而且要想在面向过程语言中处理数据，就必须把数据赋值给变量才行。只要使用变量，就无法逃出地址的魔咒。反过来说，SQL 之所以能成为不依赖于地址的自由的语言，就是因为它不使用变量（及赋值）。习惯了面向过程语言的程序员刚开始接触 SQL 时肯定会想："这门语言没有变量，用起来真不方便。"但是，SQL 采用这种风格的意图非常明显。

不曾远去的老将——约翰·巴克斯的梦想

约翰·巴克斯强调了函数式语言的重要性，认为它是摆脱被地址洪流吞没的低效编程的关键。在他那个时代，Lisp 基本上是唯一的选择，不过后来又出现了 Erlang、Scala 和 Haskell 等强大的函数式语言。现在，函数式语言也已成为编程开发中的一个重要选择。当然，尽管函数式语言也不是没使用变量，尽管也不是所有的开发者都是基于约翰·巴克斯的想法来选择这门语言的，但我们还是在无形中继承了很多遗产。

SQL 和函数式语言有许多共同点，作为编程语言，它们的发展方向也很接近 [1]。在这个瞬息万变的世界，关系数据库和 SQL 一直保持着独特的生命力，这恰恰证明各位创始人所追求的方向是正确的。

注[1]

请参考本书的 2-7 节。此外，塞尔科也曾多次提到二者的共同点，请参考《SQL 解惑（第 2 版）》一书的"谜题 61 对字符串排序"。

2-5 关于顺序的冒险

▶ SQL 的中心法则

　　了解窗口函数便捷性的人常常会有这样的疑问："为什么这么便捷的工具出现得这么晚？要是能早点用上就好了。"这是一个再正常不过的问题，但很难回答。这与各种因素有关，也可能与 SQL 的某种"思想倾向"相关。我们来回顾一下 SQL 的思想发展历史，就这个问题提出一个假说。

迟来的主角

　　窗口函数可以说是本书的主角，但从 SQL 的历史来看，它是最近才出现的。窗口函数在 20 世纪 90 年代后半期开始被引入到标准 SQL 中，而主流 DBMS 从 21 世纪才开始支持窗口函数，MySQL 甚至到了 2017 年才宣布支持窗口函数。

■ 窗口函数年表

1999	Oracle 8i 和 DB2 UDB7.1 支持（部分）面向 OLAP 的窗口函数。甲骨文和 IBM 公司一起向 ANSI 提议标准化，SQL:1999 中将其采纳为可选项
2003	SQL:2003 中全面实现标准化
2005	微软公司的 SQL Server 2005 支持窗口函数
2009	PostgreSQL 8.4 支持窗口函数
2011	SQL:2011 中，帧子句实现标准化
2017	MySQL 8.0.11(GA) 支持窗口函数

　　这样一来，窗口函数就可以在所有的 DBMS 中使用了，真是可喜可贺。但是，这里还有一个小问题，那就是

窗口函数为什么这么晚才出现呢？

　　窗口函数的内部实现只是对记录进行排序，不需要很复杂的逻辑，本书的第 1 章已经介绍过其无与伦比的便捷性。既然如此，为什么不在 SQL 发展的早期就实现它呢？如果能从一开始就可以使用窗口函数，不依赖关联子查询和自连接等复杂的工具（在不了解集合论背景的大多数用户看

来），那么被 SQL 难住的工程师肯定会非常少吧。

其中一个原因是，对于基本不使用数据库进行数据分析的人来说，其实并不需要通过窗口函数实现的统计处理功能。OLAP 被称为当今大数据分析的先锋，其构想始于 20 世纪 80 年代，从 20 世纪 90 年代开始市场需求上升，相应的 DWH 专用的 DBMS 和 BI 工具也开始相继出现❶。没有需求就没有发明，说的就是这个道理。

不过，笔者认为还有另外一个原因，那就是思想和意识形态。有的读者或许认为"这又不是宗教，系统或编程语言还与它们有关吗？"但因为关系数据库和 SQL 成功建立了相当严密的数学基础，所以在意识形态方面比其他编程语言更加突出。虽然不能定量判断这个因素是不是很大，但笔者认为它的影响或许不小。

专门用于 DWH 的 DBMS 有 Teradata、Greenplum 和 Amazon Redshift 等。在 20 世纪 90 年代到 21 世纪出现的 BI 工具有 IBM Cognos、Tableau 和 MicroStrategy 等。

行应该有顺序吗

前面的 2-1 节和 2-2 节中介绍过，关系数据库和 SQL 旨在去掉"数据位置"这种低层次的概念，表达高度抽象的数据。因此，"行的顺序"也就成了为被攻击的对象。关系数据库中表的定义不包含行的顺序，SQL 编码也不使用行的顺序，否则会被认为是"未摆脱面向过程思想的错误做法"。另外，带循环的 PSM（即所谓的存储过程）之所以被认为不像是 SQL 的做法，也是因为这个原因。

实际上，如果看一下科德关于这一点所发表的言论，我们会发现他的观点其实并没有那么绝对。关于行的顺序，他曾这样说过：

> n 元关系被选为关系模型唯一的集合结构，是因为使用合适的运算符和概念表达（表）可以实现前面讲述的 3 个目的。请注意，n 元关系是数学集合，行的顺序是非本质的。❷

注❷
原文请参考 1981 年科德获得图灵奖时，他发表的演讲稿 "Relational Database: A Practical Foundation for Productivity"（关系数据库：提高生产率的现实基础）。

英语原文中使用了一个生硬又委婉的单词 immaterial，其含义是"非本质的、不重要的"，想要表达的意思大概就是"即使行有顺序，对关系数据库和 SQL 来说也不是什么重要的事情，没什么关系"。科德并没有明确地否定行的顺序，而是选择了比较委婉的措辞。

传统主义保守派的主张

尽管科德并没有强烈地否定行的顺序，但后来的工程师们似乎有了不同的想法。科德的老朋友、在 IBM 公司负责数据库开发的戴特关于表的规范化曾这样说过：

表的行没有顺序。在规范化本身存在问题的情况下，这通常不会被明确指出，但这一点是毋庸置疑的。❶

注❶

原文请参考戴特所著的 *Date on Database: Writings 2000-2006*（《数据库杂谈: 2000-2006 合集》，尚无中文版）。

大家都知道，戴特主张严格遵守基本原理，他的言论中充斥着对于将原理、原则放在首位的肯定。对于行的规范，他也断言"行没有顺序"。另外，被称为 SQL 编程领头人的科德也曾这样说过：

行（row）不同于记录。记录只有在应用程序进行读取时才有意义。记录是有顺序的，第一个、最后一个、下一个或上一个等顺序都是有意义的。行没有任何物理顺序（ORDER BY 是游标中的子句，不属于 SQL）。❷

注❷

请参考《SQL 权威指南（第 4 版）》。这里对行与记录进行对比，行是关系数据库中表里的数据单位，记录是文件里的数据单位。

这两个人的共同之处在于，在关系数据库出现后，他们就果断告别了以文件和带有物理顺序的记录为基础的心理模式。为了确保关系模型不受物理层的限制，他们都刻意用强烈的语气来凸显行与记录的不同。

既然业界的元老们都在思想和策略上反复强调该命题，那么即使不像他们那样执着的数据库工程师和 SQL 程序员，也将"行没有顺序，也**不应该有顺序**"的命题内化为法则就不足为奇了。另外，基于集合论严格定义的数据模型能够吸引具有数学素养的工程师，也是自然而然的事情。在这种背景下，为了代替循环，SQL 中引入了基于聚合方法的关联子查询。

因此，在很长一段时间里，大家对于以"行有顺序"为前提进行 SQL 编码，简单来讲，就是引入等价于面向过程语言中的循环的功能这件事，是持消极态度的，甚至于回避使用存储过程。最终，为了实现同样的功能，大家不得不使用关联子查询或自连接。但是，正如第 1 章中介绍的那样，它们很难理解，让初学者很痛苦。科德自己认为没有循环的话，编程会变得简单，但这种情况的前提是仅做简单的 OLTP 处理，并没有考虑到某些复杂的分析场景。

现代主义改革派的主张

不过，随着时代的发展，SQL 也必须适应新的市场需求。在 20 世纪 90 年代后半期，甲骨文公司的安迪·维特科夫斯基（Andy Witkowski）等人的团队致力于实现窗口函数的标准化，他们对于引入窗口函数的动机是你下面这样描述的。

SQL 的一个不足之处是缺乏对分析计算的支持，如移动平均值、累积求和、排名、百分位数、时间方面的提前和滞后等，这些对 OLAP 应用程序至关重要。窗口函数可作用于有序的数据集。用当前的 SQL 表达这些函数时需要使用自连接，这并不优雅，而且难以优化。❶

他们明确宣称：“我们以‘行是有顺序的’为前提。”在关系数据库和 SQL 出现 30 年后，他们开始挑战面向集合的 SQL 法则。

在 20 世纪 90 年代后半期，关于窗口函数，甲骨文公司和 IBM 公司持有相同的想法，他们一起向 ANSI 提出标准化，“ANSI 以前所未有的速度给予了回应”（语出自塞尔科），因此窗口函数定义在了 SQL:1999 中。单从这一过程来看，关系数据库和 SQL 的开发社区似乎也对市场需求表现出了非常灵活的应对方式，但对此，并不是所有人都举双手赞成的。维特科夫斯基等人留下了一份关于 ANSI 的标准化讨论过程的论文，其中有这样一段话。

4. 对于反对“窗口函数标准化”意见的回答

4.1 行聚合不适合传统的 SQL 模式（mold）

存储过程也不符合传统的 SQL 模式（SQL 本就不是面向过程语言）。所有标准都必须处理市场发展过程中出现的新问题，有时还需要打破常规。如今，SQL 社区面临 OLAP 需求增加带来的问题。如果不积极处理该问题，SQL 将会背离数据库产业的成长领域，面临过时的危险。❷

这是一篇充满强烈危机感的文章。在这篇文章里，维特科夫斯基等人对全部 4 条（引入窗口函数的）反对意见进行了反驳，但从最初出现这些反对意见可以推断，还是有保守派提出“使用行顺序的运算违背 SQL 传

注❶

请参考文章 "Analytic Functions In Oracle 8i"（Oracle 8i 中的分析性函数）。

注❷

请参考论文 "Introduction to OLAP functions"（OLAP 函数简介）。

统"这种意见的。我们可以想象得到，从保守主义的阵营来看，窗口函数在关系数据库和 SQL 中似乎是一种"犯罪"，它将原本应该被驱逐的物理概念——"顺序"偷偷运了进来。

这种保守派和改革派的对立是拥有一定历史的组织或社区中普遍存在的现象，但在主张立场明确、严格遵守基本原理的社区（如 SQL 和关系数据库）中，这是一个特别敏感的话题。

维特科夫斯基等人认为，即使"畅销"的功能违背传统，数据库供应商等旨在满足市场或客户需求的组织也会积极导入这些功能，而且元老们的影响力在逐渐减小，这也有利于改革。

不管怎样，在带来新风气的人们的努力下，SQL 的生命得以延续，直到现在仍在全世界被广泛使用。在后人看来，维特科夫斯基等人无疑是 SQL 的"中兴之祖"。

2-6 GROUP BY 和 PARTITION BY

▶ 物以"类"聚

在 SQL 的功能中，GROUP BY 和 PARTITION BY 非常相似——也可以说几乎一样。而且，两者都有数学的理论基础。本节将以集合论和群论中的"类"这一重要概念为核心，阐明 GROUP BY 和 PARTITION BY 的意义。

二者的区别

在使用 SQL 进行各种各样的数据提取时，一个常用的操作是按照某种标准为数据分组。不仅是使用 SQL 的时候，在日常生活中整理或者分析数据时，我们也经常需要给数据分组。

SQL 的语句中具有分组功能的是 GROUP BY 和 PARTITION BY，它们都可以根据指定的列为表分组。区别仅仅在于，GROUP BY 在分组之后会把每个分组聚合成一行数据。

例如，有下面这样一张存储了几个团队及其成员信息的表 Teams。

Teams

member	team	age
大木	A	28
逸见	A	19
新藤	A	23
山田	B	40
久本	B	29
桥田	C	30
野野宫	D	28
鬼塚	D	28
加藤	D	24
新城	D	22

对这张表使用 GROUP BY 或者 PARTITION BY，可以获取以团队为单位的信息。无论使用哪一个，都可以将原来的表 Teams 分割成下面几个子集，然后通过 SUM 函数进行聚合，或者通过 RANK 函数计算位次。

```
SELECT member, team, age ,
       RANK() OVER(PARTITION BY team ORDER BY age DESC) rn,
```

```
      DENSE_RANK() OVER(PARTITION BY team ORDER BY age DESC) dense_rn,
      ROW_NUMBER() OVER(PARTITION BY team ORDER BY age DESC) row_num
  FROM Teams
ORDER BY team, rn;
```

■ 执行结果

```
member  team  age  rn  dense_rn  row_num
------  ----  ---  --  --------  -------
大木      A     28   1         1        1
新藤      A     23   2         2        2
逸见      A     19   3         3        3
山田      B     40   1         1        1
久本      B     29   2         2        2
桥田      C     30   1         1        1
野野宫    D     28   1         1        1
鬼塚      D     28   1         1        2
加藤      D     24   3         2        3
新城      D     22   4         3        4
```

位次有跳跃！

分割后的子集如图 2.6.1 所示。

■ 图 2.6.1　子集的示意图

一般情况下，集合用圆来表示，本书中其他章节也都是用圆来画维恩图的。但是，为了使"分割"（cut）操作看起来更直观，这里故意使用了直线来划分子集。

接下来，我们重点关注一下划分出的子集，可以发现它们有下页这 3 个性质。

1. 它们全都是非空集合。
2. 所有子集的并集等于划分之前的集合。
3. 任何两个子集之间都没有交集。

因为这些子集都是通过表中存在的 team 列的值分割出来的，所以不可能存在空集 **❶**。而且，将分割后的子集全部加起来，很明显就是原来的集合。换句话说，分割之后不存在没有归属的成员。

还有，不存在同时属于两个子集（＝同时属于多个团队）的成员。一个成员一定只属于分割后的某个子集。所以我们也可以认为，GROUP BY 和 PARTITION BY 都是用来划分团队成员的函数。

在数学中，满足以上 3 个性质的各子集称为"类"（partition），将原来的集合分割成若干个类的操作称为"分类"。这些都是群论等领域的术语。被分割出来的类，和"分类"中的"类"意思是相同的，这很好理解。

SQL 中 PARTITION BY 子句的名字就来自于类的概念（即 partition）。虽然我们可以让 GROUP BY 子句也使用这个名字，但是因为它在分类之后会进行聚合操作，所以为了避免歧义而采用了不同的名字。一般来说，我们可以采取多种方式给集合分类。在 SQL 中也一样，如果改变 GROUP BY 和 PARTITION BY 的列，生成的分组就会随之变化。

在 SQL 中，GROUP BY 的使用非常频繁，由此可以知道我们身边存在着很多类。例如学校中的班级和学生的出生地等。没有学生的班级是没有存在意义的，而出生地为两个省的人应该也是不存在的（出生地不详的人可能会有，但是这样的人应该属于列为 NULL 的类）。

扑克牌的卡片也一样。52 张卡片根据花型可以分为 4 类，根据颜色可以分为红色和黑色两类。属于同一类的元素满足相同的标准，就像朋友一样——至少比与不同类的元素之间的关系近一些（数学上这种关系称为"等价关系"）。用一个不算很贴切的词语来说就是"物以类聚"。

群论和 SQL

在群论中，根据分类方法不同，分割出来的类有各种各样的名字。群论中有很多非常有趣的类，比如"剩余类"。正如其名，它指的是通过对整数取余分割出的类（一般来说类不一定都是数的集合，不过现在我们只考虑数的情况）。

注❶

还有一种只包含 NULL 的集合——这听起来有点奇怪，但是它和空集不同。如果 team 列存在空值，NULL 也会成为分类的列。而且，数学中规定，如果原来的集合是空集，那么分割出来的类也是一个空集。SQL 中的 GROUP BY 在这种情况下也会生成空集。

例如，通过对 3 取余给自然数集合 N 分类后，我们会得出下面 3 个类。

- 余 0 的类：M1 = {0, 3, 6, 9, ⋯}
- 余 1 的类：M2 = {1, 4, 7, 10, ⋯}
- 余 2 的类：M2 = {2, 5, 8, 11, ⋯}

从类的第 2 个性质我们知道，这 3 个类涵盖了全部自然数。可以用下面的公式来描述这种情况。

M1 + M2 + M3 = N

我们将这 3 个类称为 "模 3 剩余类"。模指的是除数，英文是 Modulo。与类相比，模的概念稍微有些抽象，不太好理解。

模在 SQL 中也有实现，即取模函数 MOD。虽然标准 SQL 中没有定义，但是它在大部分数据库中有实现（SQL Server 中使用 % 运算符）。在 SQL 中一般是下面这样的用法。假设表 Natural 中存储着从 0 到 10 的整数。

```sql
-- 对从 1 到 10 的整数以 3 为模求剩余类
SELECT MOD(num, 3) AS modulo,
       num
  FROM Natural
 ORDER BY modulo, num;
```

■ 执行结果

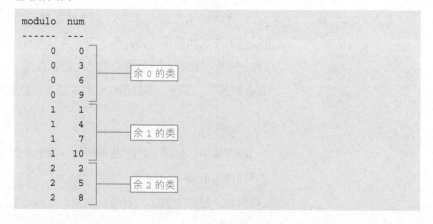

剩余类也有很多有趣的性质,可以有广泛的应用。举一个例子,求剩余类会将自然数集合分割成大小相等的一些类,所以在需要从大量数据中按照特定比例抽样的时候非常方便。例如,使用下面的查询语句可以随机地将数据减为原来的五分之一(表中没有连续编号的列时,使用 ROW_NUMBER 函数重新编号就可以了)。

```sql
-- 从原来的表中抽出(大约)五分之一行的数据
SELECT *
  FROM SomeTbl
 WHERE MOD(seq, 5) = 0;


-- 表中没有连续编号的列时,使用 ROW_NUMBER 函数就可以了
SELECT *
  FROM (SELECT col,
               ROW_NUMBER() OVER(ORDER BY col) AS seq
          FROM SomeTbl)
 WHERE MOD(seq, 5) = 0;
```

当然,实际上表中数据的行数未必刚好是 5 的倍数,所以剩余类之间的大小也不一定相等。但是,上面的查询语句肯定满足"随机地等分数据"这一随机抽样的需求。

读到这里,对于 GROUP BY 和 PARTITION BY 的执行过程,以及它们的数学基础,大家是否有了更深的理解呢?总地来说就是,SQL 和关系数据库中大量引入了集合论、群论中的成果。

可能大家会觉得这些内容有些抽象——好吧,确实很抽象,但是正因为抽象,所以它们才有了广泛的应用。数学理论并不是脱离实际的游戏,它其实隐藏了大量能够用于日常工作的技巧。但是如果只是等待,很难发现它们的身影。工程师们只有通过自身的努力,在理论和实践之间搭建起连通的桥梁,才能提高自身的数学应用能力。

2-7 从面向过程思维向声明式思维、面向集合思维转变的 7 个关键点

▶ 画圆

很多软件工程师在习惯了 C、COBOL、Java、Perl 等面向过程（至少以此为基础的）语言之后，不管再使用什么语言，都会不由自主地用面向过程的思维方式来思考问题。但是，对于 SQL 这种非面向过程语言，如果想灵活运用，就必须理解它独特的原理和机制。

学习以 SQL 的思维方式来思考问题，对于很多程序员来说是一个挑战。相信你们中的大多数，在职业生涯的大部分时间里编写的是面向过程语言的代码。如果有一天，你们必须编写非面向过程语言的代码了，那么最重要的就是将顺序的思维方式改为集合的思维方式。❶

——乔·塞尔科

写在前面

正如塞尔科所说，学习 SQL 的思维方式时，最大的阻碍就是我们已经习惯了的面向过程语言的思维方式。具体地说，就是以赋值、条件分支、循环等作为基本处理单元，并将系统整体分割成很多这样的单元的思维方式。同样地，文件系统也是将大量的数据分割成记录这样的小单元进行处理的。不管是面向过程语言还是文件系统，都是将复杂的东西看成是由简单单元组合而成的——这是一种还原论❷的思维方式。

SQL 的思维方式，从某种意义上来说刚好相反。SQL 中没有赋值或者循环的处理，数据也不以记录为单位进行处理，而以集合为单位进行处理。SQL 和关系数据库的思维方式更像是一种整体论❸的思维方式。

如果硬要以面向过程的方式写 SQL 语句，那么写出的 SQL 语句要么长且复杂、可读性不好，要么大量借助于存储过程和游标，又回到已经习惯的面向过程的世界。随着窗口函数的引入，虽然 SQL 也逐渐加入了面向过程的思维方式，但其根基还是声明式、面向集合的思维方式。

为了熟练掌握 SQL，我们必须理解并运用支配 SQL 和关系数据库世界的独特原理。原理或者理论只靠理解是不够的，我们必须在实际工作中使用它们，才能让它们发挥作用。这也是贯穿本书的一个观点。发挥出全部功能的 SQL，其表达能力丝毫不逊于面向过程语言。

本节将总结几个关键点，帮助大家将面向过程的思维习惯转换为 SQL 的思维习惯。如果这些关键点能有效地帮助大家在日常工作中实践面向集合的思维方式，笔者将备感欣慰。

1. 用 CASE 表达式代替 IF 语句和 CASE 语句。SQL 更像一种函数式语言

在面向过程语言中，条件分支是以"语句"为单位进行的。而在 SQL 中，条件分支是以语句中的"表达式"为单位进行的。SQL 还可以在一个 SELECT 语句或 UPDATE 语句中，表达与面向过程语言一样非常复杂而且灵活的条件分支，不过这需要借助 CASE 表达式。

之所以叫它 CASE "表达式"而不是 CASE "语句"（statement），是因为 CASE 表达式与 1+(2-4) 或者 (x*y)/z 一样，都是表达式，在执行时会被整体当作一个值来处理。既然同样是表达式，那么能写 1+1 这样的表达式的地方就都能写 CASE 表达式 ❶，而且因为 CASE 表达式最终会作为一个确定的值来处理，所以我们也可以把 CASE 表达式当作其他表达式或函数的参数来使用。

笔者曾经见过一些拘泥于面向过程语言的思维方式的写法，以语句为单位进行条件分支，从而导致写出的 SQL 语句非常臃肿的事例。其实如果以"表达式"为单位进行条件分支，那么用非常简洁且易读的代码就能达成同样的效果。

对于任意输入返回的都是一个值——从这个角度来说，我们还可以把 CASE 表达式看作一种**函数**。因此使用 CASE 表达式时的思维方式与使用函数式语言时是相似的。Lisp 语言也支持使用 cond 或 case 来描述条件分支，但是它们都是函数，这一点和面向过程语言中的 IF 语句不同。因此 Lisp 语言与 CASE 表达式一样，不是以语句而是以表达式（函数）为单位进行条件分支的，返回的结果都是一个值（Lisp 中的列表也可以看成一个值，这一点与 SQL 不同，但是相信将来 SQL 也可以处理复合型的数据）。

下面列举了两者的写法，大家可以比较一下。

```
'Lisp 中使用 cond 函数进行条件分支
cond(
      ((= x 1) 'x 是 1')
      ((= x 2) 'x 是 2')
       (t 'x 是 1 和 2 以外的数'))
```

```
--SQL 中使用 CASE 表达式进行条件分支
CASE WHEN x = 1 THEN 'x 是 1'
      WHEN x = 2 THEN 'x 是 2'
      ELSE 'x 是 1 和 2 以外的数'
  END
```

可以看到，除了 Lisp 代码中使用了波兰式写法之外，两者实现的功能都是一样的。因为条件中可以嵌套条件，所以支持表达多层条件分支，这一点也是相同的。因此已经习惯函数式语言的人应该很容易理解 SQL 中的 CASE 表达式，反过来说也是一样的。由此可见，找到让编程语言互相连通的关键点，加深对多种编程语言的理解是非常重要的。

参考 ➡ 1-1 节 "CASE 表达式"

2. 用 GROUP BY 和窗口函数代替循环

SQL 中没有专门的循环语句。虽然可以使用游标实现循环，但是这还是面向过程的做法，和纯粹的 SQL 没有关系。SQL 在设计之初，就有意地避免了循环。这一点，我们从科德的话中就可以明白 ❶。

面向过程语言在循环时经常用到的处理是"控制、中断"。在 SQL 中，这两个处理可以分别用 GROUP BY 子句和关联子查询来表达。其中，对于 SQL 语言的初学者来说，关联子查询可能不太好理解，但是这个技术非常适合用来分割处理单元。面向过程语言中使用的循环处理完全可以用这两个技术代替。

我们有时会见到这样的例子：原本用 GROUP BY 聚合一下就能实现的功能，写 SQL 的人非要先用 SELECT 选出需要的行，然后再使用游标一行一行地聚合。这是一种将关系数据库简化为一个文件、将 SQL 简化为逐行调用记录的接口，试图用面向过程思维解决所有问题的方式。

注❶
请参考本书第 241 页的内容。

请大家牢记，**SQL 中没有循环，而且没有循环也不会带来什么问题**，因为只要有集合运算和窗口函数，大多操作能够简洁表达且被高效执行。

参考 ➡ 1-7 节 "用窗口函数进行行间比较"
　　　1-9 节 "用 SQL 进行集合运算"

3. 表中的行没有顺序

已经习惯面向过程语言和文件系统的工程师们（这几乎包括所有工程师）都有将关系数据库的 "表" 类比成 "文件" 来理解的毛病。

从某种意义上来说，这也是没有办法的事情。在理解未知的概念时，我们首先会根据已经理解的概念去理解——这是一种行之有效的方法，也几乎是唯一的方法。但是在理解达到某种程度之后，我们必须放弃对旧概念的依赖。将表看成文件的最大问题就是 "会误认为表中的行是有顺序的"。

对于文件来说，行的顺序是非常重要的。打开文本文件时，如果各行按照随机的顺序展示，那么文件是没法使用的。但是在关系数据库中，从表中读取数据时的的确确会发生这样的情况。读出的数据不一定是按照 INSERT 的顺序排列的，因为 SQL 在处理数据时不需要它们这样。SQL 在处理数据时可以完全不依赖顺序。

关系数据库中的表（关系）是一种数学上的 "集合"。表有意地放弃了 "行的顺序" 这一形象的概念，从而使它具有了更高的抽象度。文件和表原本就是不同的概念，两者之间自然会有些不一致。与其将表比作排列整齐的书架，还不如说它更像是随意堆放各种物品的 "玩具箱" 或者 "袋子"。

如果没有意识到这一点而继续依赖顺序，那么我们就容易写出复杂无用且可移植性不好的代码。例如，在定义视图时指定 ORDER BY 子句（如果某种数据库支持这种写法，那么它本身就有问题），或者轻易地使用 Oracle 中的 rownum 这样依赖具体实现的 "行编号" 列，都是典型的依赖顺序的不好的写法。

注❶

"'量子力学'详细描述的是物质
和光的性质，特别是原子级的现
象。因为量子是非常非常细小的
东西，所以和大家日常接触的东
西没有任何相似性。它不像波
动，也不像粒子。和云、撞击运
动、弹簧秤等一切大家见到过的
东西都不一样。"（请参考《费恩
曼物理学讲义》）

物理学泰斗费恩曼（Feynman）曾经这样告诫即将开始学习量子力学
的学生们：理解这门新学问时，不要和你们学习过的牛顿力学进行类比，
量子和你们至今为止了解过的任何东西都不一样❶。

学习新的概念时，我们需要暂时舍弃掉旧的概念，或者最起码要把旧
的概念用括号括起来，再拿它与新的概念对比。这种学习方法并不新鲜，
是长期以来一直被人们普遍使用的正面攻击法。但是，正面攻击法往往是
最困难的。这是因为，在舍弃已经习惯了的风格时，我们需要的不只是理
智，还有勇气。

参考 ➡ 1–6 节"HAVING 子句的力量"

4. 将表看成集合

前面说过，表的抽象度比文件更高。文件紧密地依赖于它的存储方
法，但是 SQL 在处理表或视图时，丝毫无须在意它们是如何存储的（不
考虑性能的情况下）。虽然我们很容易把表看成与文件一样的东西，但是
实际上，一张表并非对应一个文件，读取表时也并不是像读取文件一样一
行一行地进行的。

理解表的抽象性的最好的方法是使用自连接。原因很显然，自连接本
身就是基于集合这一高度抽象（也可以说成自由）的概念的技术。在 SQL
语句中，我们给同一张表赋予不同的名称后，就可以把这两张表当成不同
的表来处理。也就是说，通过自连接，我们可以添加任意数量的集合来处
理。这种高度自由正是 SQL 的魅力及力量所在。

参考 ➡ 1–3 节"自连接的用法"

5. 理解 EXISTS 谓词和"量化"的概念

支撑 SQL 的基础理论，除了集合论，还有谓词逻辑，具体地说，是
一阶谓词逻辑。谓词逻辑有 100 多年的历史，是现代逻辑学的标准逻辑体
系（因此，在逻辑学领域不加解释地提到"逻辑"时，一般都指一阶谓词
逻辑）。

在 SQL 中，谓词逻辑的主要应用场景是"将多行数据作为整体来处理"的时候。谓词逻辑中具有能将多个对象作为一个整体来处理的工具"量化符"。对于 SQL 来说，量化符就是 EXISTS 谓词。

EXISTS 的用法和 IN 很像，比较好理解。不过，我们更应该灵活掌握的其实是其否定形式——NOT EXISTS 的用法。可能是因为 SQL 在实现量化符时偷懒了（?），两个量化符只实现了一个。因此，对于 SQL 中不具备的全称量化符，我们只能通过在程序中使用 NOT EXISTS 来表达。

说实话，使用 NOT EXISTS 的查询语句，可读性都不太好。而且，因为同样的功能也可以用 HAVING 子句或者 ALL 谓词来实现，所以很多程序员不太愿意使用它。但是，NOT EXISTS 有一个很大的优点，即性能比 HAVING 子句和 ALL 谓词要好得多 **❶**。

在优先考虑代码的可读性时，我们没必要强行使用 NOT EXISTS 来表达全称量化。但是也有需要优先考虑性能的时候，为此我们有必要理解通过德·摩根定律和 NOT EXISTS 来表达全称量化的方法。

注❶

本书介绍的重点并不是 SQL 的性能，如果读者想详细了解相关内容，请参考 3-2 节中"性能"部分提到的参考文献。

参考 ➡ 1–5 节 "EXISTS 谓词的用法"

6. 学习 HAVING 子句的真正价值

HAVING 子句可能是 SQL 诸多功能中最容易被轻视的一个。不知道它的真正价值是一个很大的损失。可以说，HAVING 子句是集中体现了 SQL 之面向集合理念的功能。多年以来，笔者一直认为掌握 SQL 的思维方式的最有效的捷径就是学习 HAVING 子句的用法。

这样说的原因是，与 WHERE 子句不同，HAVING 子句正是设置针对集合的条件的地方，因此为了灵活运用它，我们必须学会从集合的角度来理解数据。通过练习 HAVING 子句的用法，我们会在不经意间加深对面向集合这个本质的理解，真是一举两得。此外，在使用 HAVING 子句处理数据时，常用的方法是下面即将介绍的方法——画圆。

参考 ➡ 1–6 节 "HAVING 子句的力量"

▌7. 不要画长方形，去画圆

面向过程语言在不断发展的过程中积累了许多用于辅助编程的视觉工具。特别是产生于 1970 年并发展至今的结构图（structure diagram）和数据流图（data flow diagram），它们已经成为业内的标准，并有着很好的效果。这些图一般都用长方形表示处理过程，用箭头表示数据的流转方向（图 2.7.1）。

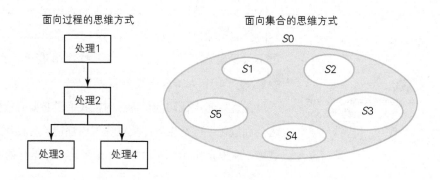

■ 图 2.7.1　面向过程和 SQL（面向集合）的思维模式的区别

但是，这些传统工具并不能用于辅助 SQL 的编程。SQL 只是用来描述所需数据的查询条件的，并不能描述动态的处理过程。表也只是用来描述静态的数据而已。举个例子，写 SQL 的过程就像是打出招聘广告时加上"××岁以下"或"不限经验"等条件，实际查找符合条件的人才的工作是由数据库来做的。

目前，能够准确描述静态数据模型的标准工具是维恩图，即"圆"。通过在维恩图中画嵌套子集，可以很大程度地加深对 SQL 的理解。这是因为，嵌套子集的用法是 SQL 中非常重要的技巧之一。例如，GROUP BY 或者 PARTITION BY 将表分割成一些称为"类"的子集❶，以及冯·诺依曼型递归集合、用来处理树结构的嵌套子集模型，都是子集的代表性应用。能否深刻理解并灵活使用嵌套子集（＝递归集合），可以说是衡量 SQL 编程能力是否达到中级水平的关键。

动作电影领域的"大神"李小龙曾说过一句名言：不要思考，去感

注❶

类是 GROUP BY 和 PARTITION BY 的基础，关于类的概念，请参考本书 2-6 节的内容。关于子集，可以参考乔·塞尔科所著的 Joe Celko's Trees and Hierarchies in SQL for Smartie（《SQL 中的树结构和层级》，尚无中文版）一书。

受。同样，数据库领域的"大神"乔·塞尔科也说过类似的名言：不要画长方形和箭头，去画圆 ❶。这句话非常精辟。

参考 ➡ 1-6 节 "HAVING 子句的力量"
　　　1-9 节 "用 SQL 进行集合运算"

2-8 人类的逻辑学

▶ 浅谈逻辑学的历史

　　SQL 采用的三值逻辑属于"非古典逻辑"这一比较新的逻辑学流派。在逻辑学的发展过程中，长期占据统治地位的是古典逻辑学。它以二值逻辑为前提，认为对于命题，我们一定能够判断真假。但在二十世纪二十年代，逻辑学又有了革命性的发展。本节将简单介绍一下三值逻辑诞生的历史背景。

适当地抛开命题的真假吧

　　为了兼容 NULL，关系数据库选择了允许空值（**unknown**）的三值逻辑来代替标准的二值逻辑。关于这个选择过程中的一些故事，1-4 节曾详细介绍过，想必大家都已经了解了。在一般的逻辑学中，命题只包含"真"和"假"这两个可能值。而三值逻辑除了这两个值，还增加了表示"未知"状态的第三个值。据说，但丁途经的地狱之门上写着这样的话："进入此门者，先抛开所有的希望吧"。那么，三值逻辑的大门上大概写着这样的话吧："进入此门者，先**适当地**抛开命题的真假吧"。

　　本节，我们暂时把关系数据库搁置一边，来回顾一下"三值逻辑"这一奇妙的理论体系的背景，即逻辑学的发展历史，借此从不同的角度深入理解三值逻辑体系的意义，以及为什么 SQL 和数据库选择了这一体系等。

　　历史上最早提出三值逻辑体系的是波兰的著名逻辑学家扬·武卡谢维奇（Jan Lukasiewicz，1878—1956）。他和提出模型论的阿尔弗雷德·塔尔斯基（Alfred Tarski，1902—1983），以及斯坦尼斯瓦夫·列斯涅夫斯基（Stanislaw Lesniewski，1886—1939）等著名的数学家一道，开启了战争期间波兰数学和哲学发展的黄金时期。函数式语言中用到的波兰式写法（把"3 + 2"写成"+ 3 2"）也是由他提出的，他的一些其他贡献直到现在仍然被广泛应用着。

　　在二十世纪二十年代，他定义了"真"和"假"之外的第三个逻辑值"可能"。此前的逻辑学中，命题取"真""假"之外的其他值，根本就是无法想象的。当时的主流观念认为，如果命题是一种描述事实的语句，那么当然必须是有真假的。

如果阅读过武卡谢维奇的论文，我们会发现他用来表达第三个值的分类其实包含在科德提出的"未知"分类里。他曾举过这样一个例子：关于未来某个时间自己在哪里的陈述，我们现在既无法确定它为真，又无法确定它为假。完整的表述有点长，但是由于这段内容非常关键，所以这里就直接引用了。

我认为，明年的某一个时间点（比如12月21日正午）我是否在华沙，在今天这一天看来无法肯定也无法否定，这并不矛盾。因此在指定的时间点我也许在华沙这件事是可能的，但却不是必然的。进而，"明年的12月21日正午我也许在华沙"这个命题，在今天这一天看来既不可能是真也不可能是假。……因此，在今天这一天，这个命题的值只能是一个全新的值，不同于表示真的数值"1"，也不同于表示假的数值"0"。我们可以用"1/2"来表示这个值。它的含义是"可能"，它是和"真""假"并列的第三个值。

在提出命题逻辑的三值逻辑体系的背后，有着上面这些思索。❶

这篇论文首次提出三值逻辑，非常有纪念意义。我们接下来解释一下其中需要特别注意的两个论点。关于第一个论点，我们从前文也可以看出，武卡谢维奇考虑的"可能"这一真值的本质，其实是对未来不确定性的描述，丝毫没有科德提出的"不适用"的含义。虽然不能断言，但是笔者认为，可能对于武卡谢维奇来说，科德认为"不适用"的那些命题是完全没有意义的，所以他根本不会考虑用真值来描述吧。

第二个论点突破了一个命题只能有一个固定真值的观念，开拓出了新的思路，认为命题的真值可能会随时间发生"可能"→"真"，或者"可能"→"假"这样的变化。这是站在传统逻辑学的立场上无法想象的革命性的（或者说是超越常识的）的思考方式。虽然武卡谢维奇自身并没有写明其思考延伸到了这么细致的地方，但是他确实表达过相近的观点——他认为命题的作用其实不在于表达事实，而在于反映人们对这件事实的认知。按照这个观点理解，命题其实不存在于客观世界，而是存在于我们的内心。

从提出这样一个心理学式命题理论的贡献来看，逻辑学家武卡谢维奇确实可以说是科德的前辈，为关系数据库奠定了理论基础。

■ 逻辑学的革命

那么，为什么三值逻辑刚好诞生于这个时期呢？这是因为，在逻辑学发展史上，二十世纪二三十年代刚好是掀起批判古典逻辑学运动的"革命时期"。除了三值逻辑，还有布劳沃（Brouwer）和海廷（Heyting）等人创立的直觉主义逻辑学。三值逻辑通过导入第三个真值，从语义学的角度对二值逻辑发起了挑战；而直觉主义逻辑从语法学的角度对二值逻辑发起了挑战。自此，非古典逻辑学以摧枯拉朽之势一扫十九世纪后期以来逻辑学停滞不前的阴霾，迎来了百花齐放的春天。

古典逻辑学最受批判的理论是**排中律**（A ∨ ¬ A），以及支撑它的二值原理。排中律是一条公理，意思是"A 或者非 A 总有一个成立"。二值原理的意思是"一个命题必然有真假"。虽然二值原理非常简洁，但是对于我们人类而言，并不能那么轻易地认同它。在这个充满不确定性的世界里，无法判断真假的命题难道不是有很多吗？

一方面，古典逻辑学这样回答这个问题：**神肯定知道所有命题的真假**。有人认为，作为神，无论多难的问题都能瞬间解决，精通开天辟地以来的全部历史；只要愿意，神还能进行时空穿梭，因为神是全能全知的。因此，古典逻辑学被一些人称为"神的逻辑学"❶。

另一方面，很多人认为既然"神的逻辑学"超出了人类的认知范围，那么为什么不能存在能够忠实反映人类有限认知能力的逻辑学呢？武卡谢维奇和布劳沃是最早公开支持这种逻辑学的学者。他们将逻辑学从神的手里移交到了人类的手里，或者说是将逻辑学从神那里解放了出来。反过来看，**在神具有极高权威的时期，人类是没有能力否定二值原理的**。过去，在西方，像逻辑学家这样的知识分子大多同时也是神学家。因此，怀疑神的全能性这样亵渎神的行为是不允许的。而非古典逻辑学是在近代，当人类认识到神并不存在之后才诞生的。

因此不难想象，这种近代思维方式它招来了大量来自同时期的宗教保守人士的反对。事实上，布劳沃身上还发生过这样的趣事：在某次演讲会上，他说出了自己的一个观点——"在圆周率 π 的小数部分，9 将重复出现 10 次"这个命题无法判断真假。有一位听众这样反驳："也许我们人类无法判断，但是神肯定知道它的真假"。讲台上的布劳沃这样回答："但是，

注❶

把古典逻辑学和非古典逻辑学分别称为"神的逻辑学"和"人类的逻辑学"的说法来自户田山和久的著作《逻辑学的创立》（原书名为「論理学をつくる」，尚无中文版）。

我们没有他老人家的电话号码啊"。

我们人类和神中断了联系——布劳沃和武卡谢维奇都生活在这样一个"暗淡"的时期。人类和神失去了联系之后，只能以有限的认知活在有限的世界里。既然如此，多出一种与人类有限的认知相称并且能够适当地描述这个充满未知的世界的新的逻辑学，难道不是一件好事吗？

人类的逻辑学

在这种新的逻辑学中，命题的真值不仅有"真"和"假"，还可以有"无意义""当前未知""矛盾"等反映各种认知的值。于是，三值逻辑诞生了，而且允许三个以上的真值的多值逻辑学（many-valued logic）的研究也在进行中 ❶。没有神的逻辑学——人类的逻辑学诞生了。

数据库的使用者当然是人类，而不是神。因此，数据的表达方式也应该基于有限且不完美的人类的认知，而不是神的完美无缺的认知。这就是关系数据库采用三值逻辑的原因。正如哲学家汉斯·赖兴巴赫（Hans Reichenbach）所言，三值逻辑非常适合用来表示人类的认知或知识。

如果二分法能够推导出满足人类行动不可或缺的知识体系，那我们就可以认为分类恰当。我们在日常语言和古典科学中采用二值逻辑，就是这个原因。不过，有时或许我们感觉二值逻辑不太适合某些特定目的。在这种情况下，最好将命题分成三类。这时，我们就应该毫不犹豫地采用三值逻辑，抛弃排中律。❷

但是，这种面向人类的思维方式是一把双刃剑。确实，通过采用三值逻辑（主要是 NULL 和 **unknown**），关系数据库会如科德所言，变得非常接近人类的认知，而且具有非常灵活的表达能力，但讽刺的是，同时人类也不得不引入许多不太直观的奇怪的逻辑运算。

注❶

多值逻辑非常适合用来描述人类含糊的认知，因此关于它的一个叫作模糊逻辑的分支，人们现在还在研究着。在模糊逻辑中，真值取的不是 1 和 0 这样的离散值，而是连续的实数。它其实是无限多值逻辑的一种。站在真值已经扩展到无限个的今天来看，三值逻辑和四值逻辑让人更好接受了，难道不是吗？

注❷

出自 *Bertrand Russell's Logic*（《伯特兰·罗素的逻辑学》，尚无中文版）。

SQL 和递归集合

▶ **SQL 和集合论的紧密关系**

　　从集合论的角度思考是提升 SQL 编程能力的关键。特别是理解嵌套子集，即递归集合的使用方法，这具有非常重要的意义。本节将介绍递归集合在 SQL 中的重要性。

实际工作中的递归集合

　　1-3 节的专栏"SQL 与冯·诺依曼"介绍了使用非等值自连接代替 RANK 函数来求位次的 SQL 语句，大家还记得吗？如果不记得，试着回想一下使用关联子查询求累计值的查询语句也可以（1-7 节）。这两节都简单介绍过 SQL 查询的基本思维方式，即由冯·诺依曼提出的基于递归集合的自然数定义。

　　第一次接触到这种思维方式的读者可能会觉得非常惊讶。虽然它很好地说明了 SQL 和集合论之间有着非常紧密的联系，但是对于没有深入了解"内情"的人来说，集合和数之间的这种关系还是比较新鲜的。冯·诺依曼究竟是如何想到"用集合定义自然数"这样非同寻常的方法的呢？大家有这样的疑问也不算奇怪。本节将介绍一下相关的历史背景，解答一下这个疑问。关于冯·诺依曼提出递归集合这一概念的背景，要从更早以前说起。

冯·诺依曼的前辈们

　　冯·诺依曼提出用递归集合定义自然数，是在 1923 年发表的论文《关于超限序数的引入》中。这是他发表的第二篇论文，当时他还只是个高中生。从论文标题中的"序数"可以看出，实际上冯·诺依曼提出的与其说是"自然数的定义"，还不如说是"序数的定义"。序数可以理解成自然数的别称，即在强调 0 的下一个是 1，1 的下一个是 2，2 的下一个是 3……这种顺序时的名称（相反，在不强调顺序时，自然数有"基数"这样一个别称）。

其实，从冯·诺依曼的定义中可以看出，先定义 0，然后用 0 定义 1，再用 1 定义 2……整个过程都是有顺序的。关于这个定义，我们再来看一下（表 2.9.1）。

■ 表 2.9.1 冯·诺依曼提出的自然数的递归定义

自然数	关注自然数的顺序时	还原成集合时
0	Ø	Ø
1	{ 0 }	{Ø}
2	{ 0, 1 }	{Ø, {Ø}}
3	{ 0, 1, 2 }	{Ø, {Ø}, {Ø, {Ø}}}
⋮	⋮	⋮

或者反过来说，我们可以从大数追溯到 0，这样理解起来可能更容易一些。定义 3 时需要 2，定义 2 时需要 1，定义 1 时需要 0。像这样，想要定义某个数时，必须先准备好它的"前一个"数。这种阶段性的定义方法叫作"递归定义"。在引入窗口函数之前的 SQL 中，就是通过计算"定义了各自然数的集合中的元素个数"来计算位次的。

接下来是本节的核心内容。其实，就采用递归的方法定义自然数来说，冯·诺依曼并不是最早的。在他之前，至少有两个人曾经提出过这种方法。其中一位是伟大的哲学家弗雷格（Frege），他几乎以一己之力创建了关系模型基础之一的谓词逻辑。另一位是因完善了现代集合论体系，并提出良序定理和选择公理而闻名的数学家策梅洛（Zermelo）。两人都是留名数学史的伟大人物。

这两个人的做法都是先任意指定一个集合表示 0，然后按照某种规则逐步生成表示 1, 2, 3, …的集合。我们来比较一下他们两人的做法和冯·诺依曼的做法的区别（表 2.9.2）。

■ 表 2.9.2 **各种自然数的递归定义**

自然数	冯·诺依曼方法	策梅洛方法	弗雷格方法
0	Ø	Ø	{Ø}
1	{Ø}	{Ø}	{Ø, {Ø}}
2	{Ø, {Ø}}	{{Ø}}	{Ø, {Ø}, {Ø, {Ø}}}
3	{Ø, {Ø}, {Ø, {Ø}}}	{{{Ø}}}	{Ø, {Ø}, {Ø, {Ø}}, {Ø, {Ø}, {Ø, {Ø}}}}
⋮	⋮	⋮	⋮

这么多括号看起来有点眼晕吧？其实三人的做法既有相似的地方，又有各自的特点。我们会首先注意到策梅洛的做法，它很简洁。以空集代表 0 这一点与冯·诺依曼的做法类似，想要生成后续的自然数时只需在外面增加括号就可以了。例如，30 这个数可以像下面这样表示。

$$\{\varnothing\}$$

这样深层嵌套的集合，即使是 Lisp 程序员，看到了也会吓一跳吧？不过不用担心，上面这个集合是否真的表示 30，非常容易验证。因为左边（或者右边）的括号有 30 个，刚好等于我们想要定义的数。这里说一下，按照冯·诺依曼方法，**集合中的元素个数等于想要定义的数**。SQL 可以通过 COUNT 函数计算出元素个数，与冯·诺依曼方法的定义方式兼容性很好。相反，策梅洛方法不可以在 SQL 中使用（SQL 本来就不使用括号表示集合）。

弗雷格方法和冯·诺依曼方法很像，区别在于不用空集表示 0，而用包含空集的集合来表示 0。从时间上看，弗雷格方法提出于 1884 年，是三者之中最早的。但是后来策梅洛和冯·诺依曼分别改良了它。冯·诺依曼的一个可贵的才能是善于借鉴别人的观点，并快速地加以改进，从而提出自己的新观点，这个才能在这里得到了充分的展现。

通过前文，我们理解了冯·诺依曼提出的方法在历史上有着非凡的价值。但是，当前仍然有下面两个尚未解决的问题。

1. 为什么自然数有这么多种定义？定义一般不都是只有一种？
2. 为什么要使用集合来定义自然数？

这两个疑问提得很有道理。稍后我们将从第一个开始讨论。

在思考这些问题的过程中，我们会在不经意间窥得二十世纪初期"现代数学黎明期"的情景。

▌ 数是什么

一般来说，我们在学习 0 或者 1 这种"数"的概念时，需要结合具体物品的个数来理解。笔者现在还记得小学数学课本里画着的苹果或者橘子。但是显然，如果要考虑数的一般定义，那么像这样与具体物品联系起来的做法是不可行的。假如我们使用苹果来定义 1 这个数，那么没有见过苹果的人就无法理解这个定义（使用橘子也是一样）。不过事实上，无论是见过苹果的人还是没见过苹果的人，他们对于 1 这个数的理解都是一致的。因此，我们必须把数作为不依赖于任何具体物品的更加抽象的对象来定义。

最早提出自然数的一般定义的勇者是意大利数学家皮亚诺（Peano）。他在 1891 年提出，只要满足一定的条件，无论什么样的东西都可以作为自然数，并且列出了自然数必须满足的 5 个条件。这就是现在通用的作为自然数定义的"皮亚诺公理"❶。这种定义方式跟相亲很像，例如被问到"希望结婚对象是一位什么样的男性"的时候，我们一般不直接回答"销售部的田中先生"这样具体的某个人，而是列举出"东大毕业、在外企工作、年收入 1000 万日元以上……"这样必须满足的条件。只要满足这些条件，无论是谁都可以作为"结婚对象"——这就是皮亚诺的态度，某种意义上还是有点现代人的洒脱的。

皮亚诺列出的自然数必须满足的条件有"存在起到 0 的作用的东西""没有在 0 前面的自然数"等，大多数是理所当然的。这些相当于作为公民必须遵守的基本标准，类似于"遵纪守法"等。其中有一个重要的条件与我们当前的话题相关，那就是

每一个自然数 a，都具有后继自然数（successor）。

5 的后面必须有 6，1988 的后面必须有 1989，这也是相当理所当然的条件。如果"17 的后面有缺失，直接到了 19"，那么这样的自然数就没什么实用价值了。

像这样得出某个自然数的后继自然数的函数叫作后继函数，写作 suc(x)。于是有 suc(5) = 6、suc(17) = 18。因此，使用后继函数生成自然数时，可以像下面这样嵌套使用。

```
0 = 0
1 = suc(0)
2 = suc(suc(0))
```

注❶

皮亚诺的 5 条公理如下所示。

1. 存在第一个自然数。
2. 对于任意的自然数 a，都存在它的后继自然数。
3. 第一个自然数不是任何自然数的后继自然数。
4. 不同的自然数，拥有不同的后继自然数。
5. 如果当第一个自然数满足某个性质，而且自然数 a 满足这个性质时，它的后继自然数也满足这个性质，则所有的自然数都满足这个性质。

```
3 = suc(suc(suc(0)))
   ⋮
```

这里需要着重理解的是，我们并没有指定该后继函数的内部实现。无论什么样的内部实现，只要能够生成下一个自然数就可以，这是一个比较宽松的条件。如果还用结婚对象的要求来比喻，这个条件就相当于"不论是什么样的职业，只要年收入 1000 万日元以上就行"。也就是说，不关心过程，只重视结果。

当然，冯·诺依曼等三人思考的自然数中也都存在后继函数。

冯·诺依曼方法和弗雷格方法的后继函数：suc(a) = a ∪ {a}
策梅洛方法的后继函数：suc(a) = {a}

可以看出，在后继函数的实现方式上，冯·诺依曼方法和弗雷格方法相同，但是策梅洛方法与它们不同，不过哪一种方法都没有问题。不管从山梨县开始爬还是从静冈县开始爬，都能到达富士山的峰顶。同样，无论采用哪种方法，只要能够找到后继自然数就可以了。

好了，到这里，我们终于给出了第一个问题的答案。其实，冯·诺依曼等人思考的是**符合皮亚诺定义的构建方法**。根据定义的内容不同，"定义"的范围也不同，但从实用角度来看，只有完整定义到具体的构建方法（后继函数）才有意义。

接下来，我们来解释第二个问题。**构建自然数并不一定要使用集合。**在计算机科学相关领域还有一种使用 λ 演算函数来构建自然数的方法。使用 λ 演算构建的自然数被阿朗佐·邱奇（Alonzo Church）以自己的姓氏命名为了"邱奇数"。不过，虽然取名叫"数"，其本质却是输入输出均为函数的高阶函数。我们仍然可以像下面这样递归地生成自然数。

$0 := \lambda fx.x$

$1 := \lambda fx.fx$

$2 := \lambda fx.f(fx)$

$3 := \lambda fx.f(f(fx))$

冯·诺依曼等人活跃在十九世纪末至二十世纪初，那时抽象代数还没有得到长足发展，因此他们并没有采用这种高度抽象的定义方式，而是采用了在当时抽象度最高的集合来进行自然数的构建。

SQL 的魔术与科学

在本节中，从使用 SQL 计算位次的实际操作到二十世纪初期的数学史，我们进行了非常宽泛的讨论。是不是觉得跳跃性太强了呢？其实笔者认为，理论和实践这种惊人的相近正是 SQL 和关系数据库充满魅力的地方。在关系数据库这扇大门的背后，有着令人惊讶的广阔世界。而令人意外的是，打开这扇门的钥匙，竟然是我们熟悉的 SQL 语言。

一开始看到计算位次的查询语句时，我们可能完全不知道它要做些什么，觉得它像咒语一样难以理解。但是当我们深入思考一下它的理论基础之后，就会发现它其实是某个数学体系的一部分。而这个"从魔术到科学"的理解过程，对于系统工程师和程序员来说，才是至上的乐趣。

2-10 消灭 NULL 委员会

▶ 全世界的数据库工程师团结起来

　　1-4 节介绍了 SQL 中的三值逻辑的理论背景，2-8 节又介绍了它的历史背景。本节将在此基础上讨论一下如何在实际工作中处理 NULL，并给出一些指南。

表明决心：告全体数据库工程师书

　　成千上万的数据工程师，你们好。笔者是消灭 NULL 委员会亚洲分委会会长 MICK。笔者知道，大家每天都在忙着搭建数据库、写 SQL 语句、优化查询性能，以及帮不小心删除数据库表的新人擦屁股，斗志昂扬地支撑着研发团队的运作。笔者今天写这封通告的目的是，让大家彻底了解昨天在美国总部全员通过的消灭 NULL 基本宣言。

　　我们先来看一下 NULL 这个怪物最可怕的地方：它一开始会让我们觉得很好用，于是在设计系统时，我们会非常自然地保留它，但当注意到问题的时候，系统已经变得非常复杂、低效、不符合预期了，开发和维护也变得非常困难。为了避免 NULL 带来的问题，我们首先必须了解它的本质，理解它是如何在我们不经意间迅速地给系统带来问题的。其实笔者在 1-4 节已经想到了一句能彻底揭示这个怪物的真面目的话。

　　本节将从 NULL 的问题讲起，主要介绍一些避免问题的具体方法。不过这些方法执行起来非常简单，大家只需在设计的时候稍微注意一下就行，因此这里不作详细讲解。笔者希望通过揭示这些方法，促使大家也加入到消灭 NULL 的运动中来。

为什么 NULL 如此惹人讨厌

　　NULL 惹人讨厌的原因数不胜数，其中具有代表性的原因有如下几个。

1. 在进行 SQL 编码时，必须考虑违反人类直觉的三值逻辑。

2. 在指定 IS NULL、IS NOT NULL 的时候，限制使用索引，执行起来性能低下。在许多 DBMS 中，如果索引中有很多 NULL，则索引不会被引用，有的实现根本不使用索引，如 Oracle。

3. 如果四则运算以及 SQL 函数的参数中包含 NULL，会引起"NULL 的传播"。

4. 在接收 SQL 查询结果的宿主语言中，NULL 的处理方法没有统一标准。另外，各 DBMS 的 NULL 处理规范也不统一。

5. 与一般列的值不同，NULL 是通过在数据行的某处加上多余的位（bit）来实现的。因此 NULL 会使程序占据更多的存储空间，使得检索性能变差。

6. 在包含 NULL 的列中创建唯一索引的"唯一"在每个 RDBMS 中的含义也不一样。例如，在包含多个 NULL 的列中创建唯一索引时，针对重复的 NULL，有的会发生错误，有的不会发生错误。

7. 由于 NULL 并不是值，所以在使用 ORDER BY 语句进行排序时，我们需要注意排序规则。因为 NULL 并不是定义域中包含的值，所以本不可以进行排序。而在实际业务中，我们必须将其显示在报告中的某处，因此，我们通常将其作为最大值或最小值来处理。根据具体实现，默认是最大值还是最小值也不一样，这就变得更加复杂了 ❶。

注❶
标准 SQL 在 ORDER BY 子句中定义了 NULLS FIRST、NULLS LAST 选项，分别用来控制 NULL 在最前、最后显示，这也可以用在 Oracle、PostgreSQL、Db2 等中。

第 1 个原因是笔者认为必须消除 NULL 的最重要的原因，1-4 节已经讨论过，这里就不再赘述了（笔者时不时就会听说有这样一群家伙：他们一边肆意地使用 NULL，一边又盲目地相信 SQL 是遵从二值逻辑的。我们必须要尽快改变他们的错误想法）。第 2 个原因是优化性能方面必须要注意的，这一点很多人都知道。对于第 3 个原因，笔者来稍微解释一下。例如，如果四则运算中包含 NULL，那么运算结果也肯定都是 NULL。

```
1 + NULL = NULL
2 - NULL = NULL
3 * NULL = NULL
4 / NULL = NULL
NULL / 0 = NULL
```

从最后一个例子可以看出，就连除数为 0 的时候都不会出错。有很多 SQL 函数在参数为 NULL 时都会返回 NULL，这种现象被称为"NULL 的传播"（NULL's propagate）。propagate 有"（杂草）丛生"的意思，一般作为贬义词来使用，刚好适合形容 NULL 这个可恶的家伙。

关于从第 4 个原因到第 7 个原因，是不是很少人知道呢？说实话，这 4 个问题依赖于宿主语言和 DBMS 的实现方式，将来被解决掉的可能性很大。但是，正如 1-4 节的专栏"字符串和 NULL"中介绍的，现在的各种实现方式差别很大，如果过多使用 NULL，在迁移时就很有可能会落入意想不到的陷阱中。

并不能完全消除 NULL

分会长，也就是笔者写在标题里的这句话让大家又感到疑惑了吧？其实在关系数据库的世界里，NULL 是很难完全消除掉的。此外，对于不那么重要的列，即使存在 NULL，在工作中系统工程师们也会忽视掉吧？

无法完全消除 NULL 的原因是它扎根于关系数据库的底层中。仅仅靠在表中所有列加上 NOT NULL 的约束是不够的。因为即使这样做，在使用外连接，或者 SQL:1999 中添加的带 CUBE 或 ROLLUP 的 GROUP BY 时，还是很容易引入 NULL 的。因此我们能做的最多也只是"尽量"去避免 NULL 的产生。实际上，如果合理利用，NULL 还是有很多非常方便的用途的。但问题是，"合理使用"NULL 正是最困难的地方。NULL 最恐怖的地方就在于即使你认为自己已经完全驾驭它了，但还是一不小心就会被它**在背后捅一刀**。

正因为如此，一直以来 NULL 都是有识之士们争相议论的话题。科德坚持认为 NULL 是关系模型中不可或缺的要素。他的盟友，也是当前关系数据库领域的领军人物 C.J. 戴特却是消除 NULL 运动的超级积极分子。大声疾呼"驱逐 NULL 吧，NULL 是一切问题的元凶"的他，对 NULL 的憎恶程度可以从下面的短文中清楚地感受到。

重要的是，如果存在 null，那么我们讨论的就不是关系模型了（我也不知道我们正在讨论的是什么，反正不是关系模型）。null 出现之后，之前已经构建好的体系立刻就崩塌了，一切就都回到了一张白纸的状态。❶

从个人心情上来讲，笔者很想成为 C.J. 戴特的伙伴，加入激进派的阵营。但是，作为一线的数据库工程师，笔者感觉还是塞尔科的处理方式更为稳妥。因此我们亚洲分委会决定将塞尔科的一段话作为我们的官方指南。

我们可以把 NULL 视为一种药品：适当使用可能有益，但滥用会导致毁灭。最好的策略是尽可能地避免适用 NULL，并在不得不使用时适当使用。❶

请不要以为这是一种机会主义，毕竟人生的真理绝不存在于追求极端纯粹的激进主张里。这是必须向现实妥协的地方。

那么，接下来我们分几个场景来讨论一下消除 NULL 的具体做法。

▌编号：使用异常编号

大家使用的数据库表中一定存储了各种各样的编号。例如，企业编号、顾客编号、行政区划编号、性别编号，等等。像性别这样更多地被称作"标志"的属性，我们也可以从广义上把它看成一种编号。标志这类编号通常只用来表示两个值。像这类编号，一般都用于表中重要的列，很多时候会作为搜索和连接的列来使用。因此，我们当然要把它作为消除 NULL 的首要目标。

解决方法很简单，**分配异常编号**就行了。例如 ISO 的性别编号中，除了"1: 男性""2: 女性"，还定义了"0: 未知""9: 不适用"这两个用于异常情况的编号。编号 9 可用于法人的情况。这真是一种很棒的解决方案，无意间刚好与由科德区分的两类 NULL"未知"和"不适用"相吻合了 ❷。

并不是所有的情况都必须预留这两个编号，很多时候，有一个就足够使用了。例如当必须往数据库中插入编号未知的顾客信息时，定义一个表示未知的编号"×××××"就可以了。需要说明的是，请尽量避免使用"99999"这样的编号作为异常编号。因为当编号个数很多的时候，使用数字的话，有可能会出现用来表示异常的编号和真实的顾客编号重复的情况。因此，编号列应该使用字符串类型。笔者偶尔会看到一些将编号列定义为数值型的表，这令笔者感到很难过 ❸。

▌名字：使用"无名氏"

大家使用的数据库表中一定存储了数量不亚于编号的各种各样的名

注❶
引自《SQL 权威指南（第 4 版）》（人民邮电出版社，2012 年出版）。

注❷
关于这个分类方法，请参考 1-4 节。

注❸
编号列使用字符串类型的好处还有两个。
第一个是，很多时候编号的位数是固定的，因此前几位可能需要补零。例如 3 位的编号可能会出现 008、012。如果是数值型，那么前面的 0 会被忽略掉，从而变成 8、12。这样会影响排序。
第二个是，一旦表中插入了数据，那么再想改列的类型就比较麻烦，有时甚至需要把所有的数据都先删掉，这样看来还不如从一开始就设计好。

字。在使用名字的时候，处理方法和编号是一样的。也就是说，赋予表示未知的值就可以了。不论是"未知"还是"UNKNOWN"，只要是在开发团队内部达成一致的适当的名字就行。

一般来说，与编号相比，名字被用于聚合的频度很低，大多时候只作为冗余列使用❶。我们不用刻意地消除其中的 NULL，但是最好还是让 NULL 从名字列中消失。

数值：用 0 代替

对于数值型的列，笔者认为最好的方法是一开始就将 NULL 转换为 0 再存储到数据库中。如果允许 NULL，那么就必须在统计数据时使用 NULLIF 函数或者 IS NOT NULL 谓词来排除 NULL，笔者不推荐这样来做。从笔者的经验来看，将 NULL 转换成 0 从来没有带来过任何问题，而且消除 NULL 带来的好处有很多。

严格来讲，这种做法有点儿粗暴，这一点不可否认。就像塞尔科说的那样，"（拥有的）车的油箱是空"和"没有车"是不同的❷。因此，更加可行的方案是下面这样的方案。

1. 转换为 0。
2. 如果一定要区分 0 和 NULL，那么允许使用 NULL。

如果能转换为 0，希望大家还是尽量把 NULL 转换为 0。

日期：用最大值或最小值代替

对于日期，NULL 的含义存在多种可能性，需要根据具体情况决定是使用默认值还是使用 NULL。

当需要表示开始日期和结束日期这样的"期限"的时候，我们可以使用 0000-01-01 或者 9999-12-31 这样可能存在的最大值或最小值来处理。例如表示员工的入职日期或者信用卡的有效期的时候，就可以这样处理。这种方法一直都被广泛使用着。

相反，当默认值原本就不清楚的时候，例如历史事件发生的日期，或者某人的生日等，也就是当 NULL 的含义是"未知"的时候，我们不能像

注❶
相反，如果必须使用名字列作为连接列来使用，那么请思考一下是不是设计有问题。本书中有些例子直接使用名字作为连接列，但那只是为了读者理解起来方便而已。

注❷
请参考《SQL 权威指南（第 4 版）》。

前面那样设置一个有意义的默认值。这时可以允许使用 NULL。

本节小结

至此，我们分 4 种数据类型介绍了消除 NULL 的具体方法，这里总结如下。

1. 首先分析能不能设置默认值。
2. 仅在无论如何都无法设置默认值时允许使用 NULL。

笔者认为，如果遵守这两条原则，那就足以避免 NULL 带来的各种问题，使系统开发能够更加顺利地进行。此外，大家可能会遇到"这种做法行不通"或者"有更好的方法"的情况，这时请务必向分委会会长，也就是笔者汇报一下。

最后介绍一下参考资料。

- **卡尔文 . SQL 反模式 [M]. 谭振林，Push Chen，译 . 北京：人民邮电出版社，2011.**

  第 14 章"对未知的恐惧"对表设计中的 NULL 问题进行了讨论。其立场与分委会会长一样，也是稳健派，尽可能不使用 NULL，仅在无论如何都需要时才使用 NULL。

- **维卡斯，斯蒂尔，克洛西尔 . Effective SQL：编写高质量 SQL 语句的 61 条有效方法 [M]. 文浩，译 . 北京：机械工业出版社，2018.**

  关于 NULL 和索引，"第 10 条：创建索引时空值的影响"中根据每种实现方式的特征详细介绍了使用指南。

SQL 中的层级

▶ 严格的等级社会

在 SQL 中，使用 GROUP BY 聚合之后，我们就不能引用原表中除聚合键之外的列。对于不习惯 SQL 的程序员来说，这个规则很让人讨厌，甚至被认为是多余的。但是，其实这只是 SQL 中的一种逻辑，是为了严格区分层级。本节就从这个乍一看不可思议的现象讲起，逐步带大家接近 SQL 的本质。

谓词逻辑中的层级、集合论中的层级

本书的 1-5 节介绍过，SQL 引入了谓词逻辑的概念"阶"（order），大家还记得吗？这个概念的作用是区分层级，可以用来区分集合论中的元素和集合，以及谓词逻辑中的参数和谓词，是一个非常重要的概念。

前面讲过，在 SQL 中，使用 EXISTS 谓词时如果能意识到阶，那么 EXISTS 谓词就容易理解了。此外，对于 SQL 中我们非常熟悉的运算——GROUP BY 聚合来说，层级也有着非常重要的意义。

对于 EXISTS 来说，层级的差别与 EXISTS 谓词及其参数有关，因此属于谓词逻辑中的阶。而 GROUP BY 中的阶与元素和集合的区别有关，因此属于集合论中的阶。即使像 GROUP BY 这样被广泛使用的运算符，其实也有很多值得深入思考的地方。本节将一一解开这些秘密。

为什么聚合后不能再引用原表中的列

接下来，我们结合具体的例题来思考一下。首先，准备下面这样一张曾在 2-6 节中使用过的表。

Teams

member	team	age
大木	A	28
逸见	A	19
新藤	A	23
山田	B	40
久本	B	29

（续）

桥田	C	30
野野宫	D	28
鬼塚	D	28
加藤	D	24
新城	D	22

这是一张管理 A~D 这 4 个小组的成员信息的表。首先，我们还是以组为单位进行聚合查询。

```
-- 以组为单位进行聚合查询
SELECT team, AVG(age)
  FROM Teams
 GROUP BY team;
```

■ 执行结果

```
team    AVG(age)
----    --------
A          23.3
B          34.5
C          30.0
D          25.5
```

这条查询语句没有任何问题，它求的是每个组的平均年龄。那么如果我们把它改成下面这样，结果会怎么样呢？

```
-- 以组为单位进行聚合查询？
SELECT team, AVG(age), age
  FROM Teams
 GROUP BY team;
```

这条查询语句的执行结果会出错。原因是不能选择 SELECT 子句中新加上的 age 列。MySQL 数据库支持这样的查询语句，但是这样的查询语句违反了标准 SQL 的规定，因此不具有可移植性。在编程时，我们不应该过度依赖这种扩展（MySQL 在版本 8.0 之后也修改了这种操作）。

标准 SQL 规定，在对表进行聚合查询的时候，只能在 SELECT 子句中写 3 种内容。

1. 通过 GROUP BY 子句指定的聚合键

2. 聚合函数（SUM、AVG 等）

3. 常量

SQL 的初学者大多会忽略这条约束，从而犯下在聚合查询时往 SELECT 子句中加入多余列的错误。他们会在不断出错的过程中慢慢地习惯，并在不经意间学会正确的写法，但是很少有人能正确地理解为什么会有这样的约束。当大家被新入职的下属程序员们问到"为什么不能把表中的很多列写在 SELECT 子句中"时，有没有觉得无从解释呢？

其实，这里隐藏了一个与本节主题紧密相连的问题。表 Teams 中的 age 列存储了每位成员的年龄信息，但是需要注意的是，这里的年龄只是每个人的属性，而不是小组的属性。所谓小组，指的是由多个人组成的集合，因此小组的属性只能是平均或者总和等统计性质的属性（图 2.11.1）。

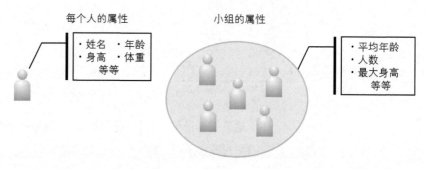

■ 图 2.11.1　个人与小组的属性区别

询问每个人的年龄是可以的，但是询问由多个人组成的小组的年龄就没有意义了。对于小组来说，只有"平均年龄是多少？"或者"最大身高是多少？"这样的问法才是有意义的。强行将适用于个体的属性套用于团体之上，纯粹是一种分类错误。就像 2-6 节提到过的，GROUP BY 的作用是将一个个元素划分成若干个子集。这样看的话，关系模型中"列"的正式名称叫作"属性"，其实也是有道理的。

MySQL 会忽略掉层级的区别，因此这样的语句执行起来也不会出错。可能对用户来说这样会比较舒服，但实际上它违背了 SQL 的基本原理 ❶。使用 GROUP BY 聚合之后，SQL 的操作对象便由 0 阶的"行"变为了 1 阶

注❶

相反，窗口函数会严格遵守 SQL 语法，生成的结果会忽略掉存在的层级。请参考本书的 1-7 节。

的 "行的集合"。此时，行的属性便不能使用了。SQL 的世界其实是层级
分明的等级社会。将低阶概念的属性用在高阶概念上会导致秩序的混乱，
必须遭到惩罚。

因此，我们很容易就会明白，下面这条语句的错误也是相同的原因造
成的。

```
-- 错误
SELECT team, AVG(age), member
  FROM Teams
 GROUP BY team;
```

向小组询问姓名是不会得到回答的。如果非要在结果中包含 member
列的值，那么只能像下面这样使用聚合函数。

```
-- 正确
SELECT team, AVG(age), MAX(member)
  FROM Teams
 GROUP BY team;
```

MAX(member) 会计算出小组成员中以某种顺序排序后最后一个人的姓
名，因此这无疑是小组的属性。

如果稍微扩展一下这条查询语句，我们还可以求出 "小组中年龄最大
的成员"，SQL 语句如下所示。

```
SELECT team, MAX(age),
       (SELECT MAX(member)
          FROM Teams T2
         WHERE T2.team = T1.team
           AND T2.age = MAX(T1.age)) AS oldest
  FROM Teams T1
 GROUP BY team;
```

■ 执行结果

```
team   max(age)  oldest
-----  --------  ------
A      28        大木
B      40        山田
C      30        桥田
D      28        野野宫
```

这条语句稍微有些意外，而且很有趣。member 是聚合之前的表的属性，一般来说，不可能出现在聚合后的结果中（因为层级不同）。但是像这样使用标量子查询的话，那就可以实现。

这条语句的关键点有两个。第一个是，子查询中的 WHERE 子句里使用了 MAX(T1.age) 这样的聚合函数作为条件。我们在初学 SQL 时，会学到不可以在 WHERE 子句中使用聚合函数，但是在本题中却是可以的。原因是，这里对外层的表 T1 也进行了聚合，这样一来我们就可以在 SELECT 子句中通过聚合函数来引用 age 列了（不能反过来在子查询中直接引用 age 列）。SQL 中的层级差别就是如此的严格，大家是否体会到了呢？

另一个是，当一个小组中年龄最大的成员有多人时，必须选出其中一个人作为代表。这个是通过子查询中 SELECT 子句里的 MAX(member) 来实现的。例如，D 小组中野野宫和鬼塚两人的年龄都是最大的，但是结果中只出现了野野宫一人。如果不使用 MAX 函数，那么子查询会返回多条数据，这样就会出现执行错误。

单元素集合也是集合

经过前面的讨论，相信大家已经理解了在 SQL 中，集合中的元素（称为元）和集合是有区别的。不过，这里还有一点需要大家特别注意。

请把注意力放在 C 组上。这个小组虽然称为小组，但是其实只有桥田一位成员。因此小组的平均年龄就刚好与桥田的年龄相同。不只是年龄，其他的属性也一样。像这样只有一个元素的集合，在集合论中叫作单元素集合（singleton）。一般来说，单元素集合的属性和其唯一元素的属性是一样的（图 2.11.2）。这种只包含一个元素的集合让人觉得似乎没有必要特意地当成集合来看待。其实在数学史上，围绕着是否承认单元素集合也曾经有过一些争论。也有过这样的意见：单元素集合与元素在本质上是相同的，没有必要特意当成集合。

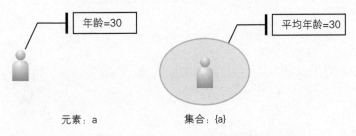

■ 图 2.11.2　在单元集合中，元素的属性和集合的属性是一样的

　　这里先给出结论吧，现在的集合论认为单元素集合是一种正常的集合。单元素集合和空集一样，主要是为了保持理论的完整性而定义的。因此对于以集合论为基础的 SQL 来说，当然也需要严格地区分元素和单元素集合。因此，元素 a 和集合 {a} 之间存在着非常醒目的层级差别。

$$a \neq \{a\}$$

　　这两个层级的区别分别对应着 SQL 中的 WHERE 子句和 HAVING 子句的区别。WHERE 子句用于处理"行"这种 0 阶的对象，而 HAVING 子句用来处理"集合"这种 1 阶的对象。

　　读到这里，对于为什么聚合查询的 SELECT 子句中不能直接引用原表中的列，大家是否彻底理解了呢？如果明天新入职的程序员问大家这样基础的问题，大家能像老手一般作出合理的解答吗？

第 **3** 章

附录

3-1 习题解答

这里针对第 1 章中各节的练习题进行解答。如果能把这些练习题全都做出来，那么大家就达到中级水平了。

解答 1-1 CASE 表达式

➡ 练习题 1-1-1：多列数据的最大值

求两列中的最大值，应该很简单吧？只需要使用"y 比 x 大时返回 y，否则返回 x"这样的条件分支就可以表达。

```
-- 求 x 和 y 二者中较大的值
SELECT key,
       CASE WHEN x < y THEN y
            ELSE x END AS greatest
  FROM Greatests;
```

扩展成 3 列时，思路是一样的，需要将上面的条件分支嵌套进又一层条件分支里。没错，CASE 表达式是可以嵌套的——这一点在这里很关键。

通过上面的语句，我们求出了 x 和 y 中的较大值。接下来，我们需要拿这个较大值和 z 进行比较。

```
-- 求 x 和 y 和 z 三者中的最大值
SELECT key,
       CASE WHEN CASE WHEN x < y THEN y ELSE x END < z
            THEN z
            ELSE CASE WHEN x < y THEN y ELSE x END
        END AS greatest
  FROM Greatests;
```

这里，前面的 CASE 表达式 CASE WHEN x < y THEN y ELSE x END 被嵌套进了又一层 CASE 表达式里。之所以能这样写，是因为 CASE 表达式在执行时会被解析成标量值。当增加到 4 列、5 列时，当然也可以用一样的方法来扩展，但是这样写出来的代码会因为嵌套太深而变得不易

注❶
《SQL HACKS：100 个业界最尖端的技巧和工具》(清华大学出版社，2008 年) 第 5 章中的 "计算两个字段的最大值" 一节介绍过这种方法。UNION ALL 的性能比 UNION 的要好一些。

阅读。这时可以考虑像下面这样，先进行行列转换，然后使用 MAX 函数来求解❶。

```sql
-- 转换成行格式后使用 MAX 函数
SELECT key, MAX(col) AS greatest
  FROM (SELECT key, x AS col FROM Greatests
         UNION ALL
        SELECT key, y AS col FROM Greatests
         UNION ALL
        SELECT key, z AS col FROM Greatests)TMP
 GROUP BY key;
```

■ 执行结果

```
key    greatest
-----  --------
A             3
B             5
C             7
D             8
```

如果使用依赖于实现的函数，那么我们可以用下面的简便方法来求解。真心希望标准 SQL 里也能加进 GREATEST 和 LEAST 的功能。

```sql
SELECT key, GREATEST(GREATEST(x,y), z) AS greatest
  FROM Greatests;
```

➡ 练习题 1-1-2：转换行列——在表头里加入汇总和再揭

使用 CASE 表达式对表格进行水平展开时，在某个列的统计中使用过的行的数据也可以用于其他列的统计。从这一点上来说，各个列之间是相互独立的。因此，我们分别按照"全国""四国"这样的条件进行汇总就可以了。

```sql
SELECT sex,
       SUM(population) AS total,
       SUM(CASE WHEN pref_name = '德岛'
                THEN population ELSE 0 END) AS col_1 -> dedao,
       SUM(CASE WHEN pref_name = '香川'
                THEN population ELSE 0 END) AS col_2 -> xiangchuan,
       SUM(CASE WHEN pref_name = '爱媛'
                THEN population ELSE 0 END) AS col_3 -> aiyuan,
```

```
      SUM(CASE WHEN pref_name = '高知'
               THEN population ELSE 0 END) AS col_4 -> gaozhi,
      SUM(CASE WHEN pref_name IN ('德岛', '香川', '爱媛', '高知')
               THEN population ELSE 0 END) AS zaijie
  FROM PopTbl2
 GROUP BY sex;
```

"全国"指的是不分都道府县的所有行的和，因此无须指定条件直接 SUM 就可以。"四国（再揭）"指的是 4 个县的和，因此需要使用 IN 谓词指定对象县的范围。

这里进一步思考一下，如果不在表头（列中）展示合计和再揭，而在表侧栏（行中）展示，应该怎么做呢？实际上，将上面的查询结果的表头和表侧栏调换一下，就是我们想要的形式。但是，这个问题解决起来要困难得多。

对于 SQL 语言来说，处理复杂的表头不算太困难，但是处理复杂的表侧栏就非常困难了。

➡ 练习题 1-1-3：用 ORDER BY 生成"排序"列

解题思路是使用 CASE 表达式生成"排序"列。解法如下所示。

```
SELECT key
  FROM Greatests
 ORDER BY CASE key
          WHEN 'B' THEN 1
          WHEN 'A' THEN 2
          WHEN 'D' THEN 3
          WHEN 'C' THEN 4
          ELSE NULL END;
```

■ 执行结果

```
key
---
B
A
D
C
```

如果想在结果中展示"排序"列，需要把"排序"列放到 SELECT 子句中。

```
SELECT key,
       CASE key
         WHEN 'B' THEN 1
         WHEN 'A' THEN 2
         WHEN 'D' THEN 3
         WHEN 'C' THEN 4
         ELSE NULL END AS sort_col
  FROM Greatests
 ORDER BY sort_col;
```

■ 执行结果

```
key sort_col
--- --------
B        1
A        2
D        3
C        4
```

　　这种写法和 1-1 节的"将已有编号方式转换为新的方式并统计"中介绍过的，在 GROUP BY 子句中引用声明于 SELECT 子句的列的写法是相似的，只不过这种写法更符合标准 SQL 的要求。因为 ORDER BY 子句在 SELECT 子句之后执行，所以在 SELECT 子句中生成的列（本例中的 sort_col），ORDER BY 子句中可以引用。

　　其实，这种查询语句笔者不是很推荐，因为它有几个问题。首先是表设计非常糟糕。如果从一开始就在表中加入了用来排序的列，就不用这样大费周折了。其次，SQL 语句的本职工作是查询数据，而对查询结果进行格式化其实是宿主语言的工作。

　　不过，确实有些情况下我们不得不使用这样的查询语句，因此笔者在这里进行了简单的介绍。

解答 1-2 必知的窗口函数

➡ 练习题 1-2-1：窗口函数的结果预测 (1)

　　执行结果如下所示。

■执行结果

```
server    sample_date     sum_load
--------  -------------   ---------
A         2018-02-01         74448
A         2018-02-02         74448
A         2018-02-05         74448
A         2018-02-07         74448
A         2018-02-08         74448
A         2018-02-12         74448
B         2018-02-01         74448
B         2018-02-02         74448
B         2018-02-03         74448
B         2018-02-04         74448
B         2018-02-05         74448
B         2018-02-06         74448
C         2018-02-01         74448
C         2018-02-07         74448
C         2018-02-16         74448
```

　　sum_load 列的所有行的值都是 74448。这是 load_val 列的所有行的合计值。由于没有 PARTITION BY 子句，整个窗口作为一个大的分区进行处理，所以出现了这样的结果。这与使用无 GROUP BY 子句的聚合函数时，把整张表当作一个大组进行处理是一样的，这样就容易理解了吧。

　　另外，把聚合函数用作窗口函数时，如果未指定 ORDER BY 子句，程序就不会对记录进行排序和累积计算（当然也是因为不清楚该按什么规则进行排序），只是对该分组应用聚合函数。因此，这时我们只是根据窗口函数来计算表的 sum_load 列的合计值。

➡ 练习题 1-2-2：窗口函数的结果预测 (2)

　　执行结果如下所示。

■执行结果

```
server    sample_date     sum_load
--------  -------------   ---------
A         2018-02-01         8521
A         2018-02-02         8521
A         2018-02-05         8521
A         2018-02-07         8521
A         2018-02-08         8521
A         2018-02-12         8521
```

B	2018-02-01	62427
B	2018-02-02	62427
B	2018-02-03	62427
B	2018-02-04	62427
B	2018-02-05	62427
B	2018-02-06	62427
C	2018-02-01	3500
C	2018-02-07	3500
C	2018-02-16	3500

添加 PARTITION BY 子句后,程序即可按 server 分组,并对各组执行 SUM 函数的计算。由于这里仍然没有 ORDER BY 子句,所以我们只是对分组应用聚合函数,计算各组内部的总负载(即每台服务器的总负载)。

解答 1-3 自连接的用法

→ 练习题 1-3-1:可重组合

在求商品组合的时候,本书正文使用了不等号作为连接条件,于是结果中没有出现同一商品的组合。因此在本题中,我们只需要加上等号就可以了。

```
SELECT P1.name AS name_1, P2.name AS name_2
  FROM Products P1 INNER JOIN Products P2
 ON P1.name >= P2.name;
```

至此,我们集齐了可重排列、排列、可重组合、组合这 4 种类型的 SQL 语句。请根据具体的需求选择合适的类型来使用。

→ 练习题 1-3-2:使用窗口函数去重

(name, price) 不是唯一的,反过来讲,如果将这两列作为键进行分组,分配唯一的连续编号,那么序号 "1" 之外的记录是不需要的。

```
-- 创建 (name, price) 分组的连续编号唯一的表
CREATE TABLE Products_NoRedundant
AS
SELECT ROW_NUMBER()
        OVER(PARTITION BY name, price
              ORDER BY name) AS row_num,
```

```
      name, price
  FROM Products;
```

■执行结果 Products_NoRedundant

```
row_num      name      price
---------   -------   ------
     1       香蕉        80
     1       橘子       100
     2       橘子       100  ←—— 不需要
     3       橘子       100  ←—— 不需要
     1       苹果        50
```

然后，我们只是删除编号 1 之外的记录。

```
-- 删除编号 1 之外的记录
DELETE FROM Products_NoRedundant
 WHERE row_num > 1;
```

另外，或许有人认为，我们可以不使用 Products_NoRedundant，而是使用视图，查询一次就删除。

```
DELETE FROM
      (SELECT ROW_NUMBER()
                OVER(PARTITION BY name, price
                        ORDER BY name) AS row_num
        FROM Products)
 WHERE row_num > 1;
```

这在 SQL Server 等 DBMS 中可以正常执行，但在 Oracle、MySQL 等 DBMS 中无法执行。这是因为在 MySQL 中，使用窗口函数的子查询结果是一个实体，它是一个独立于原始表的不同对象 ❶。

窗函数的影响策略的优化研究：
如果子查询有窗函数导出表为子查询合并被禁用。子查询总是物化。
　　　　——节选自《MySQL 8 参考手册》的 "8.2.1.19 窗函数优化"

注❶
这道练习题的解答是木村明治先生想出来的。

解答 1–5　EXISTS 谓词的用法

→ 练习题 1-5-1：数组表——行结构表的情况

为了使用 EXISTS 表达"所有的行都满足 val＝1"这样的全称量化条件，需要使用双重否定。因此我们可以像下面这样进行条件转换。

所有的行都满足 **val = 1**

＝不存在满足 **val <> 1** 的行

将转换后的条件翻译成 SQL 语句的话如下所示。

```
SELECT DISTINCT key
  FROM ArrayTbl2 AT1
 WHERE NOT EXISTS
       (SELECT *
          FROM ArrayTbl2 AT2
         WHERE AT1.key = AT2.key
           AND AT2.val <> 1);
```

但是，这种写法是有问题的。结果中确实包含 C，但是也包含了不应该出现的 A。

■错误的结果

```
key
----
A
C
```

为什么会出现 A 呢？有点奇妙，我们需要好好思考一下。因为 A 是"val 字段全部都是 NULL"的实体，所以子查询里的 val <> 1 这个条件的执行结果是 **unknown**。因此 A 的 10 行记录不会出现在子查询的返回结果中，但是相反，外部条件 NOT EXISTS 会把 A 的记录看成 **true**。我们分析一下具体的步骤，像下面这样。

```
-- 第 1 步：与 NULL 比较
WHERE NOT EXISTS
       (SELECT *
          FROM ArrayTbl2 AT2
```

```
                WHERE AT1.key = AT2.key
                   AND AT2.val <> NULL);
```

```
-- 第2步：与 NULL 的比较会被看成 unknown
WHERE NOT EXISTS
        (SELECT *
           FROM ArrayTbl2 AT2
          WHERE AT1.key = AT2.key
            AND unknown);
```

```
-- 第3步：因为子查询不返回数据，所以 NOT EXISTS 会认为 A 是 true;
```

　　这是由 SQL 的缺陷导致的问题，我们在 1-4 节中论述 NOT IN 和 NOT EXISTS 的兼容性时也曾遇到过。在条件为 **false** 或 **unknown** 时，子查询的 SELECT 都会返回空。但是 NOT EXISTS 不区分这两种情况，都会统一按照 "没有返回数据→ **true**" 来处理。也就是说 SQL 采用了这种奇怪的设计：SQL 中的谓词大多数都是三值逻辑，唯独 EXISTS 谓词是二值逻辑 ❶。

　　因此，为了得到正确的结果，我们必须在子查询的条件中添加 val 为 NULL 的情况。

注❶
关于这个奇怪的设计，C.J.戴特曾经批评道："SQL 中的 EXISTS 并不是基于三值逻辑的正确的 EXISTS。"

```
-- 正确解法
SELECT DISTINCT key
  FROM ArrayTbl2 A1
 WHERE NOT EXISTS
        (SELECT *
           FROM ArrayTbl2 A2
          WHERE A1.key = A2.key
            AND (A2.val <> 1 OR A2.val IS NULL));
```

■ 执行结果

```
key
----
 C
```

　　为了满足 "val 不是 NULL"，我们在查询中增加了相反的条件 val IS NULL。请注意条件连接符用的是 OR 而不是 AND。

　　到这里这个问题就解决了，是不是没有表面看起来那么简单呢？

顺便说一下其他解法，即可以使用 ALL 谓词或者 HAVING 子句来解决。先看一下使用 ALL 谓词的解法。

```
-- 其他解法 1：使用 ALL 谓词
SELECT DISTINCT key
  FROM ArrayTbl2 A1
 WHERE 1 = ALL
       (SELECT val
          FROM ArrayTbl2 A2
         WHERE A1.key = A2.key);
```

查询条件是，具有相同 key 的所有行的 val 字段值都是 1。对于实体 C 来说，这条查询语句会被解析成 1 = ALL(1, 1, 1, …, 1)。

使用 HAVING 子句的解法如下。

```
-- 其他解法 2：使用 HAVING 子句
SELECT key
  FROM ArrayTbl2
 GROUP BY key
HAVING SUM(CASE WHEN val = 1 THEN 1 ELSE 0 END) = 10;
```

这个解法非常简单，就不用多解释了吧？如果所有行都是 1，加起来和应该是 10。就本例来说，写成 SUM(val) = 10 也是可以的，但是为了能够简单应对"全是 9"或"全是 A"这样的需求，我们使用了更具普遍性的特征函数来解答了。

我们还可以像下面这样解答。

```
-- 其他解法 3：在 HAVING 子句中使用极值函数
SELECT key
  FROM ArrayTbl2
 GROUP BY key
HAVING MAX(val) = 1
   AND MIN(val) = 1;
```

这个解法利用了集合的一个性质：当集合中的最大值和最小值相等时，该集合中只有一个元素（本例中为 1）。但是需要注意这种解法与前两种解法不同，如果表中 val 字段只有 1 和 NULL 两个值，那么值为 NULL 的行也会被选中。

➡️ 练习题 1-5-2：使用 ALL 谓词表达全称量化

把 NOT EXISTS 改写成 ALL 谓词的话，就不需要双重否定了。

```
-- 查找已经完成到工程 1 的项目：使用 ALL 谓词解答
SELECT *
  FROM Projects P1
 WHERE 'O' = ALL
                (SELECT CASE WHEN step_nbr <= 1
                             AND status = '完成' THEN 'O'
                             WHEN step_nbr  > 1
                             AND status = '等待' THEN 'O'
                             ELSE 'x' END
                   FROM Projects P2
                  WHERE P1.project_id = P2. project_id);
```

■ 执行结果

project_id	step_nbr	status
CS300	0	完成
CS300	1	完成
CS300	2	等待
CS300	3	等待

　　这里解释一下这条查询语句，如果对满足条件的行标记"O"，对不满足条件的行标记"×"，那么我们要查找的其实就是"所有行都被标记了O的项目"。这也是特征函数的一种应用。这种解法没有使用双重否定句，使用的是肯定句，理解起来很轻松。

　　这条查询语句有一个好处是查询结果中还包含集合的具体内容，但是因为需要对所有的行标记O或者 ×，所以性能没有使用 NOT EXISTS 时好。

➡️ 练习题 1-5-3：求质数

　　你是否注意到了质数的定义其实是一个全称量化语句呢？"不能被 1 和它自身以外的所有自然数整除"——换而言之就是"除了 1 和它自身以外，**不存在**能整除它的自然数"。理解这一点后，我们需要做的就只是使用 NOT EXISTS 将条件直接翻译成 SQL 语句而已。

-- 解法：用 NOT EXISTS 表达全称量化

```
SELECT num AS prime
  FROM Numbers Dividend
 WHERE num > 1
   AND NOT EXISTS
       (SELECT *
          FROM Numbers Divisor
         WHERE Divisor.num <= Dividend.num / 2  ◄──── 除了自身之外的约数必定小于
           AND Divisor.num <> 1  ◄──── 约数中不包含1              等于自身值的一半
           AND MOD(Dividend.num, Divisor.num) = 0)  ◄──── "除不尽"的否定条件是
 ORDER BY prime;                                                "除尽"
```

⬇

■ 执行结果

```
prime
-------
  2
  3
  5
  ⋮
 89
 97
```

结果一共有 25 行。首先，准备被除数（dividend）和除数（divisor）的集合。因为约数不包含自身，所以约数必定小于等于自身值的一半（例如找 100 的约数时，没有必要从 51 以上的数中找），因此我们可以通过 Divisor.num ≤ Dividend.num/2 这样的条件缩小查找范围。此外，因为连接条件可以用到 num 列的索引，所以性能也比较好。

这个问题还有其他几种解法，有兴趣的话大家可以思考一下。

解答 1-6　HAVING 子句的力量

➡练习题 1-6-1：寻找缺失的编号——升级版

比较笨的做法是，将两个条件直接写在 HAVING 子句中，然后再 UNION 起来。

```
SELECT '存在缺失的编号' AS gap
  FROM SeqTbl
HAVING COUNT(*) <> MAX(seq)
UNION ALL
SELECT '不存在缺失的编号' AS gap
```

```
    FROM SeqTbl
HAVING COUNT(*) = MAX(seq);
```

　　这种做法的问题是会发生两次表扫描和排序，性能不太好。

　　大家还记得 1-1 节的"在 CASE 表达式中使用聚合函数"部分讲过的内容吗？把使用 HAVING 子句进行条件分支的查询语句，改写成使用 SELECT 子句进行条件分支会更简洁。因此，更好的解法是下面这样的。

```
SELECT CASE WHEN COUNT(*) <> MAX(seq)
            THEN '存在缺失的编号'
            ELSE '不存在缺失的编号' END AS gap
  FROM SeqTbl;
```

　　因为"存在缺失的编号"和"不存在缺失的编号"这两个条件是互斥的，所以指定其中一个条件后，另一个条件用 ELSE 就可以表达。使用这种做法时只进行一次表扫描和排序即可。

➡ 练习题 1-6-2：练习特征函数

　　CASE 表达式中的条件应该这样写：把在 9 月份提交完成的学生记为 1，否则记为 0。如果这个 CASE 表达式的合计值与集合全体元素的数目一致，就说明该学院的所有学生都在 9 月份提交完成了。

　　"9 月份"这个条件有多种写法，比较简单的是使用 BETWEEN 谓词。解答如下所示。

```
-- 查找所有学生都在 9 月份提交完成的学院 (1)：使用 BETWEEN 谓词
SELECT dpt
  FROM Students
 GROUP BY dpt
HAVING COUNT(*) = SUM(CASE WHEN sbmt_date BETWEEN '2018-09-01'
                                            AND '2018-09-30'
                      THEN 1 ELSE 0 END);
```

■ 执行结果

```
dpt
------
经济学院
```

　　下页这张表可能会让我们更好理解一些。这张表在原表的基础上增加了一个"特征函数标记"列。从表中可以看到，4 个学院中，学院的学生人数和"特征函数标记"列的合计值相一致的只有经济学院。

Students

student_id（学号）	dpt（学院）	sbmt_date（提交日期）	特征函数标记
100	理学院	2018-10-10	0
101	理学院	2018-09-22	1
102	文学院		0
103	文学院	2018-09-10	1
200	文学院	2018-09-22	1
201	工学院		0
202	经济学院	2018-09-25	1

另一种解法是，使用 EXTRACT 函数（SQL 标准函数，返回数值）将日期中的年、月、日等要素解析出来分别用于匹配，代码如下所示。

```
SELECT dpt
  FROM Students
 GROUP BY dpt
HAVING COUNT(*) = SUM(CASE WHEN EXTRACT (YEAR FROM sbmt_date) = 2018
                           AND EXTRACT (MONTH FROM sbmt_date) = 09
                      THEN 1 ELSE 0 END);
```

这种写法的好处是，即使查询条件的月份变化了，也不用关心月末日期是 30 日还是 31 日（或者是其他），相比前一个写法，这种写法容易应对查询条件的变化。如果大家在工作中经常需要对日期进行操作，不妨记住这个函数的用法。

➡ 练习题 1-6-3：关系除法运算的优化

所求的商品件数可以通过查询表 Items 的行数得到，然后用求得的商品件数减去各个商店的商品件数就可以了。但是需要注意一点，像电视和窗帘这样不属于表 Items 的商品，不管商店里有多少件都不应该参与件数的计算。为了排除掉这些"无所谓的商品"，需要使用内连接。

```
SELECT SI.shop,
       COUNT(SI.item) AS my_item_cnt,
       (SELECT COUNT(item) FROM Items) - COUNT(SI.item) AS diff_cnt
```

```
FROM ShopItems SI INNER JOIN Items I
   ON SI.item = I.item
GROUP BY SI.shop;
```

解答 1-7　用窗口函数进行行间比较

➡ 练习题 1-7-1：移动平均值 (1)

解答如下所示。

```
-- 使用关联子查询求移动平均值
SELECT prc_date, A1.prc_amt,
       (SELECT AVG(prc_amt)
          FROM Accounts A2
         WHERE A1.prc_date >= A2.prc_date
           AND (SELECT COUNT(*)
                  FROM Accounts A3
                 WHERE A3.prc_date
                         BETWEEN A2.prc_date
                             AND A1.prc_date ) <= 3 ) AS mvg_sum
  FROM Accounts A1
 ORDER BY prc_date;
```

这个解法的思路是假设 A3.prc_date 在起点（A2.prc_date）和终点（A1.prc_date）之间移动。通过修改 <= 3 里的数字，我们可以以任意行数为单位来偏移统计对象的窗口，比如以 4 行或 5 行为单位。这可以说是用来代替窗口函数的帧子句。

如果觉得这条 SQL 语句的处理过程难以理解，可以输出去掉聚合后的明细数据来看一下，这样应该会容易理解一些。

```
-- 去掉聚合并输出
SELECT A1.prc_date AS A1_date,
       A2.prc_date AS A2_date,
       A2.prc_amt AS amt
  FROM Accounts A1, Accounts A2
 WHERE A1.prc_date >= A2.prc_date
   AND (SELECT COUNT(*)
          FROM Accounts A3
         WHERE A3.prc_date BETWEEN A2.prc_date AND A1.prc_date ) <= 3
 ORDER BY A1_date, A2_date;
```

■ 执行结果

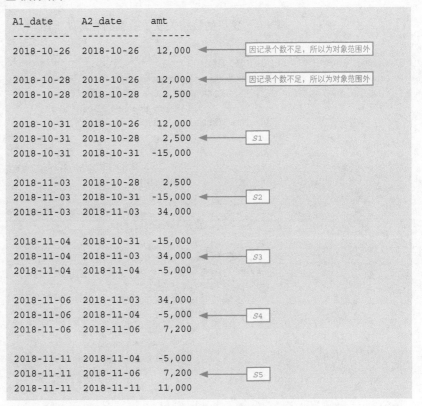

```
A1_date      A2_date      amt
----------   ----------   -------
2018-10-26   2018-10-26    12,000    ◄——  因记录个数不足，所以为对象范围外

2018-10-28   2018-10-26    12,000    ◄——  因记录个数不足，所以为对象范围外
2018-10-28   2018-10-28     2,500

2018-10-31   2018-10-28    12,000
2018-10-31   2018-10-28     2,500    ◄——  S1
2018-10-31   2018-10-31   -15,000

2018-11-03   2018-10-28     2,500
2018-11-03   2018-10-31   -15,000    ◄——  S2
2018-11-03   2018-11-03    34,000

2018-11-04   2018-10-31   -15,000
2018-11-04   2018-11-03    34,000    ◄——  S3
2018-11-04   2018-11-04    -5,000

2018-11-06   2018-11-03    34,000
2018-11-06   2018-11-04    -5,000    ◄——  S4
2018-11-06   2018-11-06     7,200

2018-11-11   2018-11-04    -5,000
2018-11-11   2018-11-06     7,200    ◄——  S5
2018-11-11   2018-11-11    11,000
```

　　像上面这样展开后可以发现，这里的基本思路与 1-3 节的专栏 "SQL 与冯·诺依曼" 中介绍的冯·诺依曼递归集合一样，生成了几个集合。只不过，这些集合间的关系不是嵌套，而是存在交集，又有一点 "偏移"。而且，集合 $S3$ 刚好与所有集合都有交集（图 3.1）。

　　像这样，无论是关联子查询还是窗口函数，它们目的都是一样的，即 "将记录集合定义为窗口，并将它们偏移排列"，但是它们在实现方法上有很大区别，关联子查询使用的 "集合" 没有顺序，而窗口函数会使用记录的顺序。

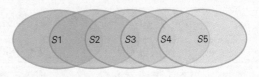

■ 图 3.1　存在部分交集的集合簇

➡ 练习题 1-7-2：移动平均值 (2)

窗口函数和关联子查询的解答如下所示。

```
-- 窗口函数
SELECT prc_date, prc_amt,
       CASE WHEN cnt < 3 THEN NULL
            ELSE mvg_avg END AS mvg_avg
  FROM (SELECT prc_date, prc_amt,
               AVG(prc_amt)
                OVER(ORDER BY prc_date
                     ROWS BETWEEN 2 PRECEDING AND CURRENT ROW) mvg_avg,
               COUNT(*)
                OVER (ORDER BY prc_date
                      ROWS BETWEEN 2 PRECEDING AND CURRENT ROW) AS cnt
        FROM Accounts) TMP;
```

```
-- 关联子查询
SELECT prc_date, A1.prc_amt,
       (SELECT AVG(prc_amt)
          FROM Accounts A2
         WHERE A1.prc_date >= A2.prc_date
           AND (SELECT COUNT(*)
                  FROM Accounts A3
                 WHERE A3.prc_date
                       BETWEEN A2.prc_date AND A1.prc_date ) <= 3
                HAVING COUNT(*) =3) AS mvg_sum -- 不满 3 行数据就不显示
  FROM Accounts A1
 ORDER BY prc_date;
```

　　窗口函数的解法是使用窗口函数来获取行数（cnt），使用 CASE 表达式来设置不满 3 行时的 NULL 分支。这里也体现了窗口函数拥有将不同层级的信息移到同一行的特性。

　　关联子查询的解法则是使用 HAVING 子句找出元素数刚好为 3 行的集合，这样就可以去掉元素数为 1 或 2 的集合了。

解答 1-8　外连接的用法

➡ 练习题 1-8-1：先连接还是先聚合

　　请思考一下，当需要减少中间表时，应该去掉 MASTER 还是 DATA。为了生成表侧栏，必须生成所有年龄和性别的组合，所以 MASTER 似乎是无法去掉的。

这样的话，就必须去掉 DATA 视图了。因为它是由表 TblPop（通过年龄层、性别）聚合出来的，所以原来的表 TblPop 和 MASTER 视图实际上是一对多的关系。因此表 TblPop 和 MASTER 视图连接之后，结果中的行数不会增加。修改后的代码如下所示。

```
-- 去掉一个内联视图后的修正版
SELECT MASTER.age_class AS age_class,
       MASTER.sex_cd AS sex_cd,
       SUM(CASE WHEN pref_name IN ('青森', '秋田')
                THEN population ELSE NULL END) AS pop_dongbei,
       SUM(CASE WHEN pref_name IN ('东京', '千叶')
                THEN population ELSE NULL END) AS pop_guandong
  FROM (SELECT age_class, sex_cd
          FROM TblAge CROSS JOIN TblSex) MASTER
            LEFT OUTER JOIN TblPop DATA          ← 关键在于理解 DATA
              ON MASTER.age_class = DATA.age_class    其实就是 TblPop
             AND MASTER.sex_cd = DATA.sex_cd
 GROUP BY MASTER.age_class, MASTER.sex_cd;
```

关于该解法可行的原因，正文中也多次介绍过，连接运算其实相当于"乘法运算"。在一对一、一对多的列上进行连接操作，效果与将一个数乘以 1 是一样的。

➡练习题 1-8-2：请留意孩子的人数

因为是以员工为单位进行聚合，所以我们应该很容易就能想到 GROUP BY EMP.employee。难点在于孩子的计数。如果直接用 COUNT(*)，得到的结果是不正确的。

```
SELECT EMP.employee, COUNT(*) AS child_cnt   ← 不能使用 COUNT(*)！
  FROM Personnel EMP
        LEFT OUTER JOIN Children
          ON CHILDREN.child IN (EMP.child_1, EMP.child_2, EMP.child_3)
 GROUP BY EMP.employee;
```

■ 执行结果

```
employee child_cnt
-------- ---------
```

赤井	3
工藤	2
铃木	1
吉田	1 ← ???

注❶
关于 COUNT 函数的细节，请参考 1-6 节的 "查询不包含 NULL 的集合" 部分。

奇怪的是，吉田并不是孩子，但是也被统计出了 "1"。这是因为 COUNT(*) 在计数时会把 NULL 的行包含在内 ❶。因此在这里必须使用 COUNT(列名)。

```
SELECT EMP.employee, COUNT(CHILDREN.child) AS child_cnt
  FROM Personnel EMP
        LEFT OUTER JOIN Children
          ON CHILDREN.child IN (EMP.child_1, EMP.child_2, EMP.child_3)
  GROUP BY EMP.employee;
```

➡ **练习题 1-8-3：全外连接和 MERGE 运算符**

这次我们先给出结论，然后进行分析。

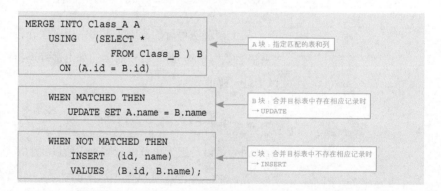

MERGE 语句主要分为 3 块。第 1 块指定合并的表和匹配列，即代码中的 A 块。ON (A.id = B.id) 是匹配条件。

然后对每条记录进行匹配，并根据是否匹配到进行分支处理。本例中，对匹配到的记录执行 UPDATE（B 块），对没有匹配到的记录执行 INSERT（C 块）。执行结果后会得到 "A + B" 这样存储了完整信息的表（id 为 2 的记录会被覆盖掉，从某种意义上来说也算是信息丢失，但是这里所说的 "完整" 强调的是 "没有缺失的 id"）。在无法使用 MERGE 语句的环境中，比如在 PostgreSQL 和 MySQL 中，我们可以使用 UPDATE 和 INSERT 分两次处理，或者使用外连接后将结果 INSERT 到另一张表中。

解答 1-9 用 SQL 进行集合运算

➡ 练习题 1-9-1: 改进 "只使用 UNION 的比较"

因为该查询需要判断两张表 UNION 之后的结果与原来的两张表行数是否相等，所以属于针对查询结果进行条件分支的问题。因此，我们需要在 SELECT 子句中使用 CASE 表达式。

```
SELECT CASE WHEN COUNT(*) = (SELECT COUNT(*) FROM  tbl_A )
            AND COUNT(*) = (SELECT COUNT(*) FROM  tbl_B )
          THEN '相等'
          ELSE '不相等' END  AS result
  FROM ( SELECT *
           FROM tbl_A
        UNION
         SELECT *
           FROM tbl_B ) TMP;
```

可以看到这种做法非常简单粗暴，一点也说不上优雅。

➡ 练习题 1-9-2: 精确关系除法运算

使用有余数的除法运算时，员工即使掌握了被要求的技术之外的其他技术也是没问题的。而这次我们查询的是掌握的技术和所要求的技术完全一致的员工，所以不仅要求 EmpSkills－Skills 是空集，同时也要求 Skills－EmpSkills 是空集。

```
SELECT DISTINCT emp
  FROM EmpSkills ES1
 WHERE NOT EXISTS
       (SELECT skill
          FROM Skills
        EXCEPT
        SELECT skill
          FROM EmpSkills ES2
         WHERE ES1.emp = ES2.emp)
   AND NOT EXISTS
       (SELECT skill
          FROM EmpSkills ES3
         WHERE ES1.emp = ES3.emp
        EXCEPT
        SELECT skill
          FROM Skills );
```

这条查询使用了判断集合相等的公式"($A \subseteq B$）且（$A \supseteq B$）$\Leftrightarrow$（$A = B$）"。

还有一种解法，即通过员工掌握的技术数目来匹配，代码如下所示。

```
SELECT emp
  FROM EmpSkills ES1
 WHERE NOT EXISTS
        (SELECT skill
           FROM Skills
         EXCEPT
         SELECT skill
           FROM EmpSkills ES2
          WHERE ES1.emp = ES2.emp)
 GROUP BY emp
HAVING COUNT(*) = (SELECT COUNT(*) FROM Skills);
```

解答 1-10 用 SQL 处理数列

➡ 练习题 1-10-1：求所有的缺失编号——NOT EXISTS 和外连接

使用 NOT EXISTS 时的解法和使用 NOT IN 时的解法非常相似，所以这道题应该很简单。

```
--NOT EXISTS 版本
SELECT seq
  FROM Sequence N
 WHERE seq BETWEEN 1 AND 12
   AND NOT EXISTS
        (SELECT *
           FROM SeqTbl S
          WHERE N.seq = S.seq );
```

使用外连接的解法稍微麻烦一些。这里使用的主要技巧是"两张表进行外连接时表 SeqTbl 中缺失编号的行会出现 NULL"，然后通过 WHERE 子句将这些 NULL 的行排除掉 ❶。

注❶
关于这个技巧，更多内容请参考 1-8 节。

```
SELECT N.seq
  FROM Sequence N LEFT OUTER JOIN SeqTbl S
    ON N.seq = S.seq
 WHERE N.seq BETWEEN 1 AND 12
   AND S.seq IS NULL;
```

至此，我们凑齐了 4 种进行差集运算的方法。

1. 首选方法：EXCEPT
2. 不支持 EXCEPT 的数据库也能使用，而且易于理解的方法：NOT IN
3. 与 NOT IN 相似的方法：NOT EXISTS
4. 麻烦的方法：外连接

从可读性和性能方面来看，这 4 种方法都有哪些有缺点呢？首先从可读性来看，就是按上面的顺序下降。不管怎么看，EXCEPT 都比 NOT EXISTS 好一些。外连接本身就不能拿来做差集运算，就更谈不上可读性了。

从性能上来看，最好的显然是 NOT EXISTS。它的好处首先是不需要排序，其次是连接条件可以用到表 SeqTbl 中 seq 列的索引。EXCEPT 需要扫描两张表，而且还会排序（不过使用 ALL 可选项可以避免排序）。NOT IN 会产生临时视图，所以性能差了很多，而且当表 SeqTbl 的 seq 列存在 NULL 时结果会出乎意料，这也是一个明显的缺点。

而外连接的性能却不容小觑。它同样不需要排序，连接条件可以用到两张表的 seq 列的索引，性能方面基本与 NOT EXISTS 差不多强大。

➡ **练习题 1-10-2：求序列——面向集合的思想**

正文中也曾多次提到，使用 SQL 描述全称量化的方法有两个，即使用 NOT EXISTS 或者使用 HAVING。从前者改写为后者时，只需要将 NOT EXISTS 的双重否定直接改为肯定句就行了，非常简单。下面是改写后的代码。

```
SELECT S1.seat AS start_seat, '~' , S2.seat AS end_seat
  FROM Seats S1, Seats S2, Seats S3
 WHERE S2.seat = S1.seat + (:head_cnt -1)
   AND S3.seat BETWEEN S1.seat AND S2.seat
 GROUP BY S1.seat, S2.seat
HAVING COUNT(*) = SUM(CASE WHEN S3.status = '未预订' THEN 1 ELSE 0 END);
```

■ 执行结果

```
start_seat    '~'      end_seat
----------   ----    ---------
3             ~              5
```

7	~	9
8	~	10
9	~	11

　　请注意 HAVING 子句的条件。使用 NOT EXISTS 时的条件是 S3.status <> ' 未预订 '，这里改成了 S3.status = ' 未预订 '。

　　当座位有换排时，只需要增加 CASE 表达式的条件就可以了。

```
-- 座位有换排时
SELECT S1.seat AS start_seat, '~' , S2.seat AS end_seat
  FROM Seats2 S1, Seats2 S2, Seats2 S3
 WHERE S2.seat = S1.seat + (:head_cnt -1)
   AND S3.seat BETWEEN S1.seat AND S2.seat
 GROUP BY S1.seat, S2.seat
HAVING COUNT(*) = SUM(CASE WHEN S3.status = '未预订'
                           AND S3.row_id = S1.row_id
                           THEN 1 ELSE 0 END);
```

■ 执行结果

start_seat	'~'	end_seat
3	~	5
8	~	10
11	~	13

3-2 参考文献

下面，笔者介绍一些大家在读完本书后可以去阅读的书，以及一些讲解了本书并未涉及的主题的图书。

SQL 整体

MICK. SQL 基础教程（第 2 版）[M]. 孙淼，罗勇，译 . 北京：人民邮电出版社，2017.

　　这是一本由笔者编写、面向 SQL 初学者的入门书。如果有读者在读本书时，发现自己对 SQL 的基本语法掌握不牢固，那么建议去好好读一读这本基础教程，它涵盖了本书涉及的所有工具。

乔·塞尔科 . SQL 权威指南（第 4 版）[M]. 王渊，钟鸣，朱巍，译 . 北京：人民邮电出版社，2013.

　　不管是从水平还是内容涵盖性上来讲，这本书都堪称 SQL 编程的巅峰之作。正因如此，这本书是面向真正想要把 SQL 编程做到极致的人而写的。塞尔科的写作风格比较简练，坦白来讲，这本书并不适合初学者阅读。也就是说，这本书有特定的读者群。笔者认为需要有一本书来对其进行讲解，故编写了本书的第 1 版。

乔·塞尔科 . SQL 解惑（第 2 版）[M]. 米全喜，译 . 北京：人民邮电出版社，2008.

　　这是 SQL 的习题集。正如书名中的"解惑"一词所示，这本书是塞尔科对世界各地的工程师或程序员在实际业务中遇到的问题进行的解答，非常具有实践意义。由于出版年代久远，这本书没怎么使用窗口函数，现在看来实在是太可惜了，让我们期待第 3 版的发行。

★ ★ ★

如今，大数据这个词已经普及开来，利用数据分析进行商业决策也不是什么新鲜事了，SQL 也成了一种数据分析的工具。SQL 既可以用于分析，也可以用于整理和收集数据等"数据预处理"（旧称为 ETL）的工作。关于这种应用方法，下面这两本书包含大量具有实践意义的示例代码。

本桥智光 . 数据预处理从入门到实战：基于 SQL、R、Python[M]. 陈涛，译 . 北京：人民邮电出版社，2021.

加嵜长门，田宫直人 . ビッグデータ分析・活用のための SQL レシピ [M]. 東京：マイナビ出版，2017.

数据库设计

比尔・卡尔文 . SQL 反模式 [M]. 谭振林，Push Chen，译 . 北京：人民邮电出版社，2011.

数据库设计看似有标准的明确方针，但实际上它是一个奇妙到令人惊叹的设计模式宝库。特别是表的设计，设计者拥有极高的自由度，人类的创造性被发挥得淋漓尽致（坏的方向）。

这本书对这些反模式逐个进行讲解，告诉我们错在哪里、应该怎么做。虽然书名中写的是 SQL，但是除 SQL 编程之外，这本书还介绍了数据库设计的整体内容，这本书更合适不亲自进行 SQL 编程，只负责"上游"工作的工程师阅读。

约翰・L. 维卡斯，道格拉斯・J. 斯蒂尔，本・G. 克洛西尔 . Effective SQL：编写高质量 SQL 语句的 61 条有效方法 [M]. 文浩，译 . 北京：电子工业出版社，2017.

这本书详细介绍了标准的数据库设计和 SQL 编程的相关内容。关于 NULL 和性能等依赖于实现方式的复杂课题，这本书结合各种 DBMS 中的实际情况给出了详细的建议。

性能

性能是数据库中最难的部分。在组成系统的组件中，数据库处理的数据量最大，也最有可能成为瓶颈。性能问题是从数据库诞生到现在一直都未得到解决的"永恒课题"。

本书的 1-11 节介绍了 SQL 优化的初期诊断指南，不过性能本来就是一个需要深入 SQL 执行计划和 DBMS 内部结构来理解的课题。性能问题的最大难点是，我们需要掌握很多物理层或实现方式相关的知识。因此，尽管有些书的主题是介绍 MySQL 性能优化或 Oracle 性能设计等，但从通用的角度来谈数据库性能的书很少。下面介绍的两本书也是以特定实现方式为前提的，只是关于通用的执行计划阅读方式，以及 DBMS 内部的内存机制和索引，这两本书讲解得非常不错。

理查德·尼米克 . Oracle Database 12cR2 性能调整与优化（第 5 版）[M]. 董志平，刘永甫，吕学勇，译 . 北京：清华大学出版社，2019.

格里高利·史密斯 . PostgreSQL 9.0 性能调校 [M]. 吴骅，周娟，王学昌，译 . 北京：人民邮电出版社，2013.

集合论和谓词逻辑 / 三值逻辑

现在，市面上有很多面向大众的关于数学和逻辑学的优秀图书，大家挑选网上评价较高的书来阅读一般不会有什么差错。笔者在这里介绍一些在本书编写过程中让笔者受益颇多的书。

戸田山和久 . 論理学をつくる [M]. 名古屋：名古屋大学出版会，2000.

《逻辑学的创立》是一本入门书，对不懂数学和逻辑学的初学者可能会遇到的困难进行了非常细致的讲解。这本书不仅谓词逻辑的部分简单易懂，还为读者详细介绍了非古典逻辑和三值逻辑。

远山启 . 数学与生活 3：无穷与连续 [M]. 逸宁，译 . 北京：人民邮电出版社，2021.

这是一本有半个多世纪历史的经典文化素养读物，它在不使用数学公式的前提下，准确讲解了大学课程水平的集合论和群论，受到了众多读者和专家的支持。

　　有些读过本书第 1 版的人这样评价它："与其说这是一本技术书，倒不如说是一本培养文化素养的书。"这样的读后感恰恰体现了笔者对《数学与生活 3：无穷与连续》一书的好感和崇拜。

后记

有人曾问笔者为什么研究 SQL，也就是为什么要对在系统开发中居于次要位置的小型语言进行这么深入的研究。

笔者的回答可能很无趣，那就是"因为工作需要"。

笔者于 21 世纪初开始参加工作，当时是一名工程师，工作内容是使用关系数据库和 SQL 分析（模拟）医疗数据。那个时候，大数据或数据科学家这样的词还没出现，BI 工具尚处于发展阶段，很少有像现在这样灵活的产品，笔者只能从零开始编写应用程序，编写很复杂的 SQL 代码，进度很慢。

SQL 乍一看只有简单的语法，如果要执行高级处理，就要求编码足够巧妙。初学者对 SQL 稍加了解后会产生的疑问，笔者也都有过同感。而且不可思议的是，与其说 SQL 的语言规范是因为设计者没有好好思考才变得乱七八糟，倒不如说他们是在明确的意图下将 SQL 变成这样的。

但是，不管怎样，笔者都得继续工作。当笔者向职场的前辈请教该怎么办时，得到的回答是把表看成文件就可以了。的确，如果将表比作文件，将 SQL 限定为只读 / 写一行的管道，那么接下来只需在应用程序端处理所有的数据就可以了。这是一个很现实的办法。

笔者暂且按照这种建议使用 SQL，但还是会有这样的疑问：这门语言是不是还有更多的潜力呢？还有一个比较现实的原因，那就是与代理服务器相比，数据库服务器的资源更加丰富，笔者还是想尽可能地把处理交给数据库来做。

因此，抱着了解一下美国那边是如何使用关系数据库和 SQL 的想法，笔者去读了塞尔科的《SQL 权威指南（第 2 版）》。这是一本难懂到令人苦恼的书，好在从自己能够理解的那部分内容中，笔者也找到了自己想要的答案，这让笔者更加确信自己还是不完全了解 SQL。之后，笔者又通过塞尔科的书，读到了科德和戴特的作品，这才发现已经有很多人对 SQL 进行了反复的思考和试错。这个过程非常有趣，甚至令人感动。在了解这些内容的过程中，笔者渐渐脱离了工作需求，全身心地将 SQL 当作一种兴趣来研究。

因此，对于开头的问题，真正的回答应该是"其实也不是非 SQL 不可"。笔者研究的主题是关系数据库和 SQL 只是一个巧合，如果笔者最初从事的是关于网络或虚拟化的工作，或许现在深入研究的就是这些领域的主题了。

本书的第 1 版是笔者写作的第一本书，其中总结了笔者的研究结果。坦率地说，那是热情大于体系的一本书，这次的修订也只对各章进行了最低限度的整合，结构还是沿袭了第 1 版的。这本书加入了一些要点的讲解和随笔，这在技术书中还是比较有特色的。幸运的是，第 1 版受到了众多读者的好评，所以笔者想再写出这样的一本书。再次感谢各位读者的包容。

　　往事谈得有些多了。笔者现在已不再从事数据库的相关工作（或者说关注的领域更大了），这或许是笔者最后一次写关于 SQL 和关系数据库的内容了。希望本书对大家有所帮助。如果本书还能够让大家体会到系统世界的奥妙，笔者将深感荣幸。希望大家在自己的专业领域，也能够遇到不由自主地想要追寻本质的主题。如果大家遇到这样的主题，获得了觉得有趣的知识，这时请一定把它写成文章或书。笔者非常喜欢阅读各个领域的这种资料。

　　最后，感谢木村明治、坂井惠帮助审阅原稿，他们提出了很多有益的建议。另外，感谢翔泳社的片冈仁从本书策划到出版过程中对我的关照。

MICK

版 权 声 明